環境と政策

倉敷市からの証言

井上堅太郎 編著

大学教育出版

まえがき

　水島開発の頃から今日に至る50余年の間に、倉敷市において**環境**をめぐるさまざまなできごとがあった。水島開発をめぐる大気汚染、水質汚濁等による公害の発生と対応を初めとし、瀬戸大橋架橋にかかる環境影響評価、水銀法苛性ソーダ工場をめぐる紛争、三菱石油（当時）のタンク破裂による重油流出事故、大気汚染健康被害の発生と倉敷公害訴訟など、また、自然環境保全に関係するさまざまな取組みが行われた経緯などである。そうした経緯を経て倉敷市の大気・水質等は良好な状態を維持するに至っているが、近年においては全国の約1,700市町村の中で最大の温室効果ガスを排出する地域として地球温暖化対策に取り組むようになっており、また、生物多様性保全にも取り組むようになっている。

　それらのできごとをめぐる環境保全上の経緯は、地域的な特徴とともに、日本の環境をめぐるさまざまな経験や環境政策の形成過程に重要な意味を持っている側面がある。ところがそういう特徴や側面等が明確に評価・認識されないままに埋もれようとし、また、貴重な関係資料は散逸しつつある。本書の出版は倉敷市の環境経験の歴史的な意味を明らかにし、また、これからの地域の環境課題を考えるものである。

　本書の出版にあたり、大学在職中から今日に至るまで筆者に貴重な示唆を与え続けてくれた泉俊弘先生に深く御礼申し上げる。また、各章にわたり資料の提供やインタビュー等を通じてご協力をいただいた倉敷市役所、水島財団、その他の関係者の方々に御礼申し上げる。

　本書の5章分については筆者を含む複数の共著者による論文をもとにしており、特にそのうち3つの論文について筆頭著者は前田泉氏である。また、筆者が書き下ろした5章分について大学在職中の研究室のゼミ生諸君の研究の成果を活用した部分がある。本書は泉先生、前田氏をはじめとする初出論文の共著者、ゼミ生諸君による研究の成果をもとにしたものである。

　各章の記述に当たって、諸資料をもとに客観的な事実に基づくよう、それぞれのできごとにおける市民・関係者・関係機関の関わりを把握するよう努めたが、肝腎の情報・資料を見いだすことができないなどの理由から、十分に踏み込むことがで

きなかった点が多々あり、また、今回書き起こすことができなかった分野もある。ご叱正・ご指摘をいただければ幸甚である。

　本書の取りまとめに当たってあらためて感じさせられたのは、公害対策や自然環境保全等に関わった住民・市民、大気汚染健康被害を受けた住民・関係者、農水産物被害を受けた関係者・関係機関、倉敷市・岡山県の関係者、水島地域をはじめとする企業関係者、研究者や関係組織による調査・研究とその成果、マスメディアの報道、国の環境政策などが、50余年の経緯のそれぞれの場面において深く関わっていることである。日本の環境政策がさまざまな主体の関与によって今日に至っていることを倉敷市の経緯が証言している。地域における関係者・関係機関の方々のご苦労やご努力に深く敬意を表したい。そうした苦労や努力が的確に評価・認識され、日本と地域の環境政策の形成過程との関係において的確に位置づけられ、語り継がれていくことを、また、地域がこれからの環境課題である循環型社会形成、地球温暖化対策、生物多様性保全などに果敢に取り組むこととなるよう願っている。

　2015年11月

編著者　井上堅太郎

環境と政策
—— 倉敷市からの証言 ——

目　次

iv

まえがき …………………………………………………………………… i

序　章　倉敷市における環境と政策 ………………………………… *1*

1　はじめに　*1*

2　倉敷市における環境保全と主体の関わり　*2*

3　本書の構成等　*4*

第 1 章　倉敷市の環境保全と住民・市民のかかわり ………………… *10*

1　はじめに　*10*

2　倉敷市における環境保全と住民・市民のかかわりの経緯　*11*

　⑴ 1950 年代後半から 1960 年代半ば頃　*11*

　⑵ 1960 年代半ばから 1980 年頃　*12*

　⑶ 1980 年頃から 1990 年代後半　*16*

　⑷ 1990 年代末以降　*18*

3　日本の環境保全と住民・市民および NGO・NPO　*22*

4　倉敷市の環境保全と住民・市民　*24*

　⑴ 倉敷における環境をめぐる住民・市民の活動の経緯　*24*

　⑵ 倉敷における環境をめぐる住民・市民の活動の経緯の特徴　*25*

　⑶ 住民・市民の活動と行政施策等　*27*

第 2 章　瀬戸大橋架橋と環境影響評価 ………………………………… *32*

1　はじめに　*32*

2　日本の環境影響評価制度の構築と瀬戸大橋環境影響評価　*33*

3　瀬戸大橋環境影響評価の経緯等　*34*

　⑴ 瀬戸大橋環境影響評価の基本指針・技術指針等　*34*

　⑵ 環境影響評価書案の手続き等　*35*

　⑶ 評価書案に対する意見等　*37*

　⑷ 環境影響評価書における景観、二酸化窒素大気汚染および鉄道騒音　*38*

4　瀬戸大橋環境影響評価における主要な論点の背景と経緯等　*40*

　⑴ 自然景観への影響評価の経緯等　*40*

　⑵ 二酸化窒素大気汚染に係る環境保全目標等に関する背景と経緯　*43*

目　次　　*v*

　　(3) 橋梁部に係る鉄道騒音に関する経緯等　*46*

　5　瀬戸大橋環境影響評価の意義等　*47*

　　(1) 環境影響評価手続きについて　*47*
　　(2) 瀬戸大橋環境影響評価の意義　*49*
　　(3) 岡山県と香川県への影響　*50*

第3章　倉敷市における環境保全をめぐる問題・課題と対応 ……… *54*

　1　はじめに　*54*

　2　水島工業地域をめぐる環境保全対策の経緯　*55*

　　(1) 1950 年代から 1960 年代半ば頃　*55*
　　(2) 1960 年代半ばから 1980 年頃　*56*

　3　1980 年頃から 1990 年代後半　*64*

　4　1990 年代末以降　*65*

　5　倉敷市における環境保全対策の特徴　*68*

　　(1) 公害発生の未然防止に失敗した水島開発　*68*
　　(2) 公害反対運動および住居移転問題　*69*
　　(3) 倉敷市による公害対策施策と公害反対運動等との関係　*70*
　　(4) 地域開発としての水島開発と公害対策導入のタイムラグ　*71*
　　(5) 1990 年代以降の倉敷市の環境課題　*72*
　　(6) 倉敷市における環境保全対策の経緯と主体　*73*

第4章　水島開発に伴う二酸化硫黄大気汚染および対策 ……………… *80*

　1　はじめに　*80*

　2　水島開発と公害被害の発生　*81*

　3　水島地域における二酸化硫黄汚染および対策の経緯　*82*

　　(1) 1960 ～ 1980 年代の二酸化硫黄汚染　*82*
　　(2) 水島地域における燃料使用量、硫黄酸化物排出量および燃料中平均硫黄分の推移　*84*

　4　水島地域における二酸化硫黄汚染対策の経緯　*85*

　　(1) 1960 年代後半における産業公害事前調査等　*85*
　　(2) 旧環境基準の閣議決定と硫黄酸化物排出量の削減　*86*
　　(3) 1973 年の新環境基準の閣議了解と総量規制等　*87*
　　(4) 二酸化硫黄汚染の改善のためにとられた対策　*88*

5　水島工業地域の二酸化硫黄汚染対策の経緯と特徴　*92*

　　　　(1)　二酸化硫黄汚染対策と主体　*92*

　　　　(2)　二酸化硫黄汚染対策の経緯と背景　*94*

第5章　水島開発に伴う二酸化窒素大気汚染および対策 ……………　*98*

　　1　はじめに　*98*

　　2　日本の二酸化窒素汚染対策　*99*

　　　　(1)　二酸化窒素大気汚染への関心の高まり　*99*

　　　　(2)　二酸化窒素環境基準の設定と改正をめぐる経緯　*100*

　　　　(3)　固定発生源および自動車排出ガスの規制　*101*

　　3　水島開発と二酸化窒素大気汚染等　*104*

　　　　(1)　地域における二酸化窒素汚染への関心の高まり　*104*

　　　　(2)　地域における二酸化窒素汚染と窒素酸化物排出量の推移　*105*

　　　　(3)　1970年代前半頃における岡山県内の二酸化窒素汚染と健康影響　*108*

　　4　倉敷市における二酸化窒素汚染対策の経緯　*109*

　　　　(1)　二酸化窒素汚染対策のための暫定総量規制　*109*

　　　　(2)　暫定総量規制の見直しと公害対策審議会への諮問　*110*

　　　　(3)　二酸化窒素環境基準を達成するための総量規制　*112*

　　5　水島開発と二酸化窒素汚染対策の特徴等　*114*

　　　　(1)　水島開発と二酸化窒素汚染対策　*114*

　　　　(2)　二酸化窒素環境基準をめぐる経緯と地域における二酸化窒素汚染対策の関係　*115*

　　　　(3)　地方自治体の主導による二酸化窒素汚染対策　*116*

第6章　水島海域における水質汚濁をめぐる3つの事件
　　　　── 発生の経緯と対応・顛末 ──　………………………………　*119*

　　1　はじめに　*119*

　　2　水島開発の初期に発生した魚介類の着臭・へい死等　*120*

　　　　(1)　魚介類の着臭　*120*

　　　　(2)　呼松港水路における魚類のへい死　*121*

　　3　異臭魚の発生と対策　*122*

　　　　(1)　異臭魚捕獲海域の拡大　*122*

　　　　(2)　異臭魚の買取り　*123*

　　　　(3)　油分汚染と対策の経緯　*124*

目次　*vii*

　4　水銀法による苛性ソーダ製造工場に関する紛争　*127*
　　　(1) 1973 年の水銀汚染報道と水島地域への影響　*127*
　　　(2) 国の対応の経緯と水銀汚染等　*130*
　　　(3) 水銀法による苛性ソーダ製造工場における製法転換　*131*

　5　重油タンクの破損による流出油事故　*132*
　　　(1) 重油タンクの破損事故の発生と流出油の拡散　*132*
　　　(2) 流出油による汚染影響等　*133*
　　　(3) 事故原因の調査および事故後の対応等　*135*

　6　水島開発と水質汚濁問題に係る経緯の特徴　*137*
　　　(1) 異臭魚をめぐる経緯と特徴　*137*
　　　(2) 水銀法苛性ソーダ製造に係る水銀汚染問題の経緯　*138*
　　　(3) 三菱石油流出油事故　*140*
　　　(4) 地域の水質汚濁をめぐる経験から知られるもの　*142*

第**7**章　水島地域におけるベンゼン大気汚染と対策 ……………… *147*

　1　はじめに　*147*

　2　有害大気汚染物質対策等　*148*
　　　(1) 中央環境審議会の答申および大気汚染防止法の改正等　*148*
　　　(2) 事業者による自主的な取組みの促進等　*149*
　　　(3) 岡山県条例の制定と対策　*150*

　3　水島地域におけるベンゼン汚染と対策の経緯　*150*
　　　(1) 水島地域におけるベンゼン汚染　*150*
　　　(2) 全国のベンゼン汚染等の推移　*153*
　　　(3) 水島地域におけるベンゼン排出源および排出量　*155*

　4　ベンゼン大気汚染と対策の経緯・特徴　*160*
　　　(1) 水島地域のベンゼン汚染　*160*
　　　(2) 日本および地域のベンゼン大気汚染対策の成果と特徴　*161*

第**8**章　倉敷市における大気汚染健康被害の発生と対応 …………… *165*

　1　はじめに　*165*

　2　健康被害発生の経緯　*166*
　　　(1) 1963 〜 1965 年　*166*
　　　(2) 1966 〜 1970 年　*166*

(3) 1969 年 2 月の大気汚染と健康影響　*168*

(4) 1968 ～ 1971 年に倉敷市等により実施された住民検診調査結果　*169*

(5) 1971 年および 1972 年に岡山県により実施された住民健康調査結果　*171*

(6) 1970 ～ 1975 年の調査結果　*173*

(7) 公害健康被害補償法の指定にかかる 1974 年度の調査結果　*175*

3　1960 年代から 1970 年代の大気汚染　*179*

(1) 1960 ～ 1970 年代における二酸化硫黄汚染　*179*

(2) その他の大気汚染　*182*

4　健康被害の救済と補償　*186*

(1) 倉敷市条例による救済　*186*

(2) 公害健康被害補償法による地域指定と健康被害補償　*188*

5　倉敷公害訴訟の経緯と和解　*189*

(1) 倉敷公害訴訟の提訴と背景　*189*

(2) 倉敷公害訴訟の経緯と和解　*192*

6　倉敷市における大気汚染健康被害の発生と対応の特徴　*195*

(1) 健康被害の発生に至る経緯　*195*

(2) 健康影響と大気汚染の関係等　*196*

(3) 健康被害の発生と水島開発および大気汚染対策　*198*

(4) 条例による健康被害救済　*199*

(5) 公健法による補償地域指定　*200*

(6) 倉敷公害訴訟の経緯および和解等　*201*

(7) 公害からの地域健康管理の重要性と主体　*202*

第9章　倉敷市の自然保護
—— 自然環境保全から生物多様性保全へ ——······························ *209*

1　はじめに　*209*

2　倉敷市の自然　*210*

(1) 地勢　*210*

(2) 市街地・農用地・山林　*211*

(3) 水域　*213*

(4) 自然公園、野生生物、生態系等　*214*

3　自然環境保全条例および自然環境保全基本計画等　*215*

(1) 条例制定の経緯　*215*

(2) 自然環境保全条例および自然環境保全基本計画等　*216*

目 次　ix

　4　自然環境保全条例制定後の自然環境保全の推移　*218*

　　　(1)　倉敷の自然をまもる会と由加山系開発等　*218*

　　　(2)　自然史博物館および自然史博物館友の会　*220*

　5　1990 年代以降の自然環境保全および生物多様性保全への取組み　*222*

　　　(1)　環境基本条例の制定と自然環境保全条例の改正　*222*

　　　(2)　生物多様性地域戦略の策定　*222*

　6　倉敷市の自然環境保全の特徴　*224*

　　　(1)　倉敷市自然環境保全条例の制定の背景　*224*

　　　(2)　自然環境保全条例　*226*

　　　(3)　国内の自然環境保全の動向等　*228*

　　　(4)　倉敷市における自然環境保全の経緯の特徴　*229*

　　　(5)　倉敷市の生物多様性地域戦略の意義と課題　*230*

第 **10** 章　倉敷市の地球温暖化対策 ………………………………………… *237*

　1　はじめに　*237*

　2　倉敷市実行計画　*238*

　　　(1)　倉敷市と温室効果ガス排出状況の概要・特徴　*238*

　　　(2)　倉敷市協議会および実行計画策定の経過　*238*

　　　(3)　倉敷市実行計画の特徴　*240*

　3　倉敷市実行計画の意義と特徴等　*245*

　　　(1)　倉敷市実行計画策定の意義等　*245*

　　　(2)　倉敷市の環境保全責任からみた倉敷市実行計画の意義等　*248*

　　　(3)　長期目標と環境省マニュアルについて　*249*

　　　(4)　倉敷市実行計画の施策について　*251*

　　　(5)　倉敷市実行計画の作成過程と市民・事業者との関わり　*252*

　　　(6)　倉敷市実行計画と銑鋼一貫製鉄所のある主要市の実行計画　*254*

　4　倉敷市実行計画について　*257*

執筆・初出論文および執筆者等 …………………………………………………… *261*

序　章

倉敷市における環境と政策

1　はじめに

　現在の倉敷市は、1967 年 2 月に当時の倉敷市、児島市、玉島市の 3 市が合併（3 市合併）して倉敷市となり、1971 年に旧・庄村、1972 年に旧・茶屋町、2005 年に旧・船穂町、旧・真備町を合併して今日に至っている。面積約 350 km^2、人口約 48 万人、岡山県内で岡山市に次ぐ都市で、2002 年に中核市に指定されている。

　この倉敷市において、近年の 60 有余年の間にさまざまな環境をめぐるできごとがあったが、日本の環境政策の形成における先駆的、あるいは代表的な事例がみられる。

　第 1 に水島工業地域開発に伴う公害問題の発生と対策である。大気汚染健康被害を初め農作物被害、水産物被害等さまざまな公害を経験し、対策を模索・導入していったが、日本の環境政策形成において重要な意味を有するものがあった。

　第 2 に日本の環境影響評価制度の導入の黎明期ともいうべき 1970 年代の後半に、瀬戸大橋（児島・坂出ルート）の建設に当たって、環境影響評価が実施されたことである。1970 年代後半以降、日本における環境影響評価制度については、その法制化等において曲折がみられるのであるが、瀬戸大橋の児島・坂出ルートの環境影響評価は先駆的な事例であった。

　第 3 に倉敷市における自然環境保全についてである。全国的に自然環境保全への関心が高まり、1970 〜 1972 年末までに 41 都道府県において自然保護条例等が制定され、1972 年には自然環境保全法が制定された。そうした時期に倉敷市では1973 年に当時の市長が自然環境保全に取り組む姿勢を示し、1974 年 3 月に「倉敷市自然環境保全条例」を制定した。また、自然史博物館の設置、市民参加による自然環境保全活動の実施など、1970 〜 1990 年代に市のレベルとしては注目される取組みが行われた。

第4に地球環境保全に関する取組みについてである。倉敷市が地域の環境保全に主体的に取り組むようになった象徴的なできごとは、1999年に環境基本条例を制定し、地域の環境保全と併せて地球環境保全に貢献すると規定したことである。2011年に「倉敷市地球温暖化対策実行計画（区域施策編）」、2014年に「倉敷市生物多様性地域戦略」を策定している。前者については全国の市町村の中では最も二酸化炭素排出量の多い市である倉敷市計画である。また、後者については自然環境保全に取り組んできた倉敷市が生物多様性保全に取り組もうとする計画である。

2　倉敷市における環境保全と主体の関わり

本書では倉敷市における環境保全上の代表的なできごとを10章にわたってまとめている。それぞれの問題・課題について経緯、背景、顛末、意義等を記述しているが、特に注意を払ったのは、それぞれの問題、課題等に対して、誰がどのように取り組んできたかという視点である。結論として言えることは、それぞれに住民・市民・市民団体、事業者、倉敷市、岡山県、および国が関与しており、問題、課題ごとに関与する関係者・関係機関が一様ではないということである。

水島開発の初期段階、1950〜1970年代に発生した公害に対しては、被害を受けた住民と公害原因となった事業者が直接に対峙した。岡山県と倉敷市は水島開発を推進する立場にあり、公害発生を理由に開発を中断させる事態にならないことを希求していたと考えられる。このため県・市は農業・漁業被害に対する補償的な対応を仲介して問題の沈静化を図った。また、市は大気汚染による健康被害を受けた住民に医療救済措置をとり、公害を懸念した工業地域周辺の住居移転希望者に対する移転助成を行った。

1960年代〜1970年代に、岡山県は倉敷市とともに、立地企業を指導して公害の拡大を防ぐために大気汚染物質の硫黄酸化物、窒素酸化物、水質汚濁物質の鉱物性油分の削減などの公害防止対策に取り組んだ。岡山県と倉敷市は公害に対する法規制が不十分であったため、法規制にかわる手法として公害防止協定を締結し立地企業に汚染物質の排出抑制を求めることができる基盤を得た。1970年に倉敷市議会は続発する公害を懸念して公害から市民を守るとする決議を行い、1973年に倉敷市長が締結されていた公害防止協定を根拠として、環境汚染負荷のほとんどない

場合を除いて工場の新増設を認めないとする措置をとることとした。この措置は、総量規制その他の公害防止対策が確立されたとして解除されるまで、1983年まで続けられた。

1977～1978年に瀬戸大橋架橋児島・坂出ルートの環境影響評価が事業者である本州四国連絡橋公団（本四公団）によって実施された。この頃は、日本の環境影響評価制度の導入期とも言うべき時期にあった。環境庁（当時）は、瀬戸大橋環境影響評価に先立ち、北海道が実施した苫小牧東部開発にかかる環境影響評価を指導し、むつ小川原開発について青森県に基本指針を示し、青森県がそれに沿って環境影響評価を実施した。瀬戸大橋環境影響評価は、それらに続いて環境庁が基本指針を示し、架橋等の開発主体である本四公団が環境影響評価手続きを行ったものであり、環境庁が主導したとみることができる。倉敷市における環境保全をめぐる過去数十年のさまざまなできごとのなかで、環境庁が事業者、地方自治体、関係機関等を差配した事例であった。

倉敷市の環境保全をめぐって住民・市民は様々な形で関わってきた経緯をみることができる。水島工業地域の開発初期の段階においては、発生した農水産物被害、悪臭・騒音公害等に対して反射的に住民の公害反対運動が起こった。大気汚染にかかる健康被害の発生に対しては、被害を受けた人々による組織が医療救済を求め、やがて倉敷市による医療救済や法による公害補償措置がとられた。また、1983～1996年の間、大気汚染健康被害にかかる「倉敷公害訴訟」が争われた。こうした例にみられる住民の強い公害反対の意志は倉敷市、岡山県の公害対策の取組みを促したとみることができる。

自然環境保全に関しては、1973年に倉敷市が自然環境保全条例を制定し、同条例に基づく基本計画を策定し、1978年には倉敷市自然史博物館を設立したのであるが、そうした施策・行政に呼応するように、市民・学識者等は1974年に「倉敷の自然を守る会」を発足させ活動を行うなど、自然環境とその保全に関心を払ってきた経緯がある。また、1990年代以降においては、自然環境保全のみでなく、環境教育、温室効果ガスの削減などにも取り組む多様な市民組織の活動が見られるようになった。こうした自発的な市民の取組み等は、この地域においては比較的早い時期の1970年代にみられ、1990年代以降は全国的な趨勢とともに、取組みの幅を広げているとみることができる。

水島工業地域の立地企業の公害対策への関わりについてであるが、総じていえ

ば、県、市、および国の指導等に協力して、また、公害規制の拡充に伴う規制等を遵守して、公害対策をとってきたといえる。県・市・国の施策を越えた先進的な対策をとったとはいえない。しかし、2000年代にベンゼン大気汚染について、水島工業地域に近接した地域では環境基準に不適合の状態が続き、工業地域の立地企業が自主的な取組みを行い、岡山県条例が側面からその取組みを促し、2008年度に環境基準を達成するに至った。

　1999年に倉敷市は倉敷市環境基本条例を制定し、2000年には同条例に基づく環境基本計画を策定した。条例は環境基本法の守備範囲と同じく、公害対策、自然環境保全とともに地球環境保全を含む環境保全を守備範囲とするもので、このことは倉敷市が地域の環境保全に責任を負うことを明確にしたできごとである。1990年代半ば以降、全国的に地方分権を推進する動きが加速された。倉敷市は、2001年に岡山県から多くの事務の移譲を受け、2002年に中核市に指定されるのであるが、1999年にそれらに先立って環境基本条例を制定したのである。

　こうした経緯にみられるように、水島開発の頃以降、倉敷市における環境問題、環境課題に対して、時期・項目ごとに、住民・市民、民間団体、事業者、倉敷市、岡山県、国などが関与していることが知られる。このことは環境政策の形成について、さまざまな主体の関与が不可欠であるとともに各主体の見識が求められていることを示唆している。

3　本書の構成等

　本書は、1960年代の水島開発の頃以降に、倉敷市の環境保全をめぐる問題、課題等に取り組んできた10の事例を取り上げている。それらはいずれも、日本の環境問題に係る先駆的、典型的、あるいは代表的な事例となっており、地域を超えて日本の環境政策の発展に関わっている。各章の概要、初出論文等は以下のとおりである。

　第1章は、倉敷市の環境保全と住民・市民のかかわりを総説している。
　1950〜1960年代半ば頃の水島工業地域の開発初期段階の公害発生に対する地域コミュニティ、市民組織等による公害反対運動、1960年代末以降の大気汚染健

康被害の発生に対する被害者らによる救済・被害補償を求める運動、1980 〜 1990
年代に係争が続いた「倉敷公害訴訟」、1970 年代以降の地域の自然環境保全と市
民・学識者等のかかわり、1990 年代以降のいわゆる NGO・NPO（民間団体等）
の活動などを取り上げている。なお、第 1 章は、2011 年に編著者等により発表し
た論文（井上・前田・安倍・羅「倉敷市における環境をめぐる住民運動・市民運動
の経緯と課題について」『社会情報研究第 9 号（2011 年 10 月）』）をもとに、一部
を修文・加筆したものである。

　第 2 章は、瀬戸大橋架橋に係る環境影響評価について総説している。
　瀬戸大橋の児島・坂出ルートは、1978 年に着工、1988 年に完成・供用開始され
た。この工事の着工にあたって事業主体の本州四国連絡橋公団（当時）に対して、
環境庁（当時）が環境影響評価に関する指針、運輸省・建設省（いずれも当時）が
技術指針と実施細目をそれぞれ示して、1977 〜 1978 年にかけて環境影響評価手
続きが行われた。岡山県、倉敷市にとってはそれまでに経験したことのないことで
あったが、全国的にも環境影響評価制度が社会的に導入されていく初期段階の手続
きであった。また、二酸化窒素大気汚染環境基準の見直しが行われている最中で
あったこと、国立公園内の特別地域内を貫通して大規模な人工構造物を構築するも
のであったことなど、環境影響評価の経緯、経過およびその意義等について総説し
た。なお、第 2 章は編著者により書き下ろしたものである。

　第 3 章は、倉敷市における環境保全をめぐる問題・課題と対応について総説し
ている。
　倉敷市における環境問題として特徴的であるのは水島開発にかかる公害問題で
あった。水島開発初期の 1950 〜 1960 年代の日本は基本的な公害対策施策が不在
の時期であったので、大気汚染による住民の健康被害を初めとするさまざまな環境
汚染問題を発生させた。岡山県、倉敷市はさまざまな公害対策を講じて、開発との
バランスの確保を図り、開発を中断しなかった。水島公害訴訟の提訴（1983）〜
和解（1996）の後、公害をめぐる大きな紛争はみられなくなった。第 3 章では水
島開発の頃以降の倉敷市における環境保全をめぐる問題・課題に対する対応につい
て、倉敷市、岡山県、国、住民、事業者等の関わりに焦点を当てつつ総説する。
　なお、第 3 章は 2010 年に編著者等により発表した論文（井上・前田・泉・待

井・安倍・羅「水島工業地域をめぐる環境保全対策の経緯等に関する研究」『社会情報研究第8号（2010年9月）』）をもとに、一部を修文・加筆したものである。

第4章は、水島開発に伴う二酸化硫黄大気汚染とその対策について総説している。

水島開発初期の1950〜1960年代の日本は基本的な公害施策が不在の時期であったので、かなり深刻な二酸化硫黄大気汚染を引き起こした。初期段階では農作物被害が発生し、次いで1960年代末頃から健康被害が顕在化した。1960年代後半頃以降の国の大気汚染防止規制、環境基準の設定などが流動的に推移する中で、水島開発を進める岡山県、倉敷市は、地域で二酸化硫黄汚染対策を行わねばならなかった。地域における二酸化硫黄汚染および汚染対策の経緯、またそれらの特徴について総説する。なお、第3章は2011年に前田および編著者等により発表した論文（前田・井上・泉「水島開発に伴う二酸化硫黄大気汚染および汚染対策とその主体について」『社会情報研究第9号（2011年10月）』）をもとに、一部を修文・加筆したものである。

第5章は、水島開発に伴う二酸化窒素大気汚染とその対策について総説している。

日本の二酸化窒素汚染対策は1970年頃から注目されるようになり排出抑制対策が進められるようになったが、当時水島開発はその佳境ともいうべき時期であった。岡山県、倉敷市は1970年代における国の二酸化窒素大気保全対策が不確定で流動的な状況のもとで、国の動向の影響も受けながら、紆余曲折を経て独自に窒素酸化物の総量規制を行うに至った。地域における二酸化窒素汚染と汚染対策の経緯、および地域と国の汚染対策の関係、また地域の汚染対策の特徴について総説する。なお、第5章は編著者により書き下ろしたものである。

第6章は、水質汚濁に関係して水島地域等で発生した3つの事件を取り上げている。

第1に1960〜1970年代にかけて水島海域で発生をみた異臭魚とその対応をめぐる経緯である。第2に1973年に水銀法苛性ソーダ製造工場による水島海域等の水銀汚染を懸念して繰り広げられた紛争と顛末についてである。第3に1974年

12 月に水島工業地域の石油精製工場の重油タンクの破裂により大量の重油が瀬戸内海に流出した事件である。第 6 章は水島海域で発生したこれら 3 つのできごとについて、問題の発生の経緯、対応、顛末、背景等を総説している。なお、第 6 章は編著者により書き下ろしたものである。

　第 7 章は、水島地域におけるベンゼン大気汚染と対策について総説している。
　日本は 1990 年代にベンゼン大気汚染物質対策に取り組むようになり、1990 年代末〜 2000 年代に全国的にベンゼン汚染が改善された。倉敷市においても汚染の改善がみられたものの、水島工業地域の近接地区においては 2000 年代の半ば以降まで環境基準に不適合であり、かつ全国で最も高い汚染濃度である状態が続発した。そうした汚染を改善するために水島工業地域のベンゼン取扱事業者の自主組織による取組みが進められ、2008 年度に環境基準を達成する状態に改善された。水島地域のベンゼン汚染、対策による汚染改善の経緯、特に地域の事業者による自主的な取組みと汚染改善の関係に焦点を当てて総説している。なお、第 7 章は前田および編著者により発表した論文（前田・井上「水島地域におけるベンゼンによる大気汚染と新しい地域環境マネジメント」『日本ビジネスマネジメント研究 第 7 号 2011 年 1 月』）をもとに、一部の語句、図表等を修正・補足したものである。

　第 8 章は、倉敷市における大気汚染健康被害の発生と対応について総説している。
　水島開発は四日市開発の数年遅れで進んだので、四日市喘息発生のような事態が起こることがないように未然防止を指向した。しかし、大気汚染規制はほぼ皆無の状況下で 1960 年代の半ば頃には二酸化硫黄大気汚染は現在の環境基準の 3 倍を超えるレベルに上昇した。これは四日市喘息が発生した頃の四日市市の汚染のレベルはどではなかったが、1960 年代半ば頃からさまざまな調査・研究等を通じて健康被害の発生が明らかにされていった。健康被害を受けた住民等は被害の救済・補償を求める運動を行い、倉敷市による救済条例の制定を促し、さらには工業地域隣接地域について公害健康被害補償法に基づく補償地域指定を促すこととなった。
　また、健康被害を受けた住民等は「倉敷公害訴訟」を提訴し、その係争は 1983 〜 1996 年にわたって続いたが、全国各地でみられた大気汚染公害訴訟の一つであった。第 8 章はこうした経緯を総説し、またその経緯から知られる意味につい

て考察している。なお、第8章は編著者により書き下ろしたものであるが、2014年1月に内容の一部を「研究ノート」(井上「水島工業地域の後背地における健康被害発生の経緯」『大気環境学会中国四国支部発表会(予稿集)』2014年1月)として発表している。

　第9章は、倉敷市における自然環境保全について総説している。

　倉敷市における自然環境保全について主に2点に着目している。第1には1970年代半ば頃から今日に至るまで自然環境保全について行政と一部の市民・専門家が連携して活動が行われてきたことについてである。1974年に倉敷市は自然環境保全条例を制定し、また、この条例制定に関わった市民、専門家が「倉敷の自然をまもる会」を設立した。会の関係者の活動は1983年に市の施設として「自然史博物館」の設立を促した。1992年には「自然史博物館友の会」が設立され、博物館の事業に協力するなどの活動を行ってきている。こうした自然環境保全をめぐる経緯は倉敷市に特筆されるものである。第2には2014年に生物多様性地域戦略を策定したことについてである。倉敷市はこれまで自然環境保全に取り組んできており、それを前進させた生物多様性保全に取り組み始めているのであるが、多くの課題が見受けられる。第9章は倉敷市における自然環境保全の経緯、および生物多様性保全地域戦略について総説するとともに、地域戦略の課題等について考察している。なお、第9章は編著者により書き下ろしたものである。

　第10章は、倉敷市の地球温暖化対策について総説している。

　倉敷市は2011年2月に「クールくらしきアクションプラン・倉敷市地球温暖化対策実行計画(区域施策編)」を策定して新たな環境課題として地球温暖化対策に取り組んでいる。倉敷市の温室効果ガス排出量は全国の市町村の中では最も多く約4,000万t/年(2007年度)であり、水島工業地域を有することにより産業部門がその80%以上を占めている。倉敷市の実行計画は、長期目標(2050年度)を掲げたこと、削減目標について2007年度を基準年として80%削減としたこと、および水島工業地域の大規模発生源を含む産業部門を計画に組み込んでいることに特徴がある。第10章は倉敷市が策定した計画の内容、他の地域計画と比較した場合の特徴、これからの課題等について総説している。なお、第10章は前田および編著者により発表した論文(前田・安倍・羅・井上「地域環境マネジメントとしての倉

敷市の地球温暖化対策実行計画に関する研究」『日本ビジネスマネジメント研究 第8号 2012年1月』）、および編著者による「研究ノート」（井上「銑鋼一貫製鉄所のある地域の地球温暖化対策の問題・課題」『大気環境学会中国四国支部発表会（予稿集）2015年1月』）をもとに、一部を修正・補足したものである。

第1章

倉敷市の環境保全と住民・市民のかかわり

1 はじめに

　日本は戦後の経済復興とそれに続く高度経済成長期にさまざまな公害および自然破壊を経験し、住民・市民等による公害対策、自然保護を求める声が社会経済活動に環境政策の導入を促したが、倉敷市においてもさまざまな環境問題の発生や懸念に対する住民・市民等の動向が地域の環境政策の導入に影響を及ぼした。倉敷市における環境保全と住民・市民のかかわりはおおむね以下のようであった

　水島開発は高度経済成長期の日本の典型的な開発であったが、公害対策の社会的な仕組みが整っていない段階の開発であったために、大気汚染健康被害の発生を含む公害被害の発生がみられ、数々の公害と公害紛争を引き起こした。1950年代半ば頃の工業開発の初期の段階から、農水産物被害をめぐって関係者による被害補償と公害対策を求める住民運動が繰り広げられ、この時期における日本の代表的な事例であった。1960年代半ば～1980年頃の間に、大気汚染に起因する健康被害が生じるようになり、健康被害の救済・補償をめぐって住民運動が続いた。やがて1972年に倉敷市が条例による医療救済制度を導入した。さらに1975年には公害健康被害補償法（以下「公健法」）の指定を得て認定者に補償給付を行うに至った。高度経済成長期における大気汚染健康被害の発生と対応はこの時期における日本の典型的な事例の一つであった。

　同じ時期の1970年代に、倉敷市行政が市民・学識経験者と連携して自然環境保全施策を進め始めた。1973年に当時の市長が自然環境保全を市政の大きな柱とすることを表明し、1974年に「自然環境保全条例」が制定された。1974年に「倉敷の自然をまもる会」が発足した。1972年に自然環境保全法が制定されたことにみられるように、当時における日本の自然環境保全は環境政策上の大きな節目の時期に当たるのであるが、市町村のレベルにおける条例制定等の取組みは全国的にみて

多くはない事例であった。

　1980 年頃～1990 年代末の間に住民・市民と地域の環境保全とのかかわりについて 2 つの大きなできごとがあった。第一には「倉敷公害訴訟」が争われたことである。1983 年に 61 名の原告が水島工業地域立地企業を被告として、大気汚染物質の排出の差止め、損害賠償を求めて「倉敷公害訴訟」（第 1 次訴訟）が提訴された。後に 1986 年に第 2 次訴訟、1988 年に第 3 次訴訟が提訴され、1996 年に和解に至るまで係争が続いた。「倉敷公害訴訟」は、西淀川、川崎、尼崎などで争われた大気汚染訴訟などとともに典型的な事例であった。第二には 1980 年代に市民等により倉敷市南東部の由加山系の山林の保護活動が行われ、また、市民等の示唆により 1983 年に「倉敷市自然史博物館」が設立され、さらには 1992 年に「倉敷自然史博物館友の会」が設立されて自然環境保全等の活動が行われるようになったことである。

　1990 年代末以降は民間団体等による多様な環境保全活動が行われるようになった。倉敷公害訴訟の和解にあたって解決金の一部を充てて地域の環境改善等に取り組む組織として設立された「水島財団」による活動、「倉敷の自然をまもる会」による自然環境保全に取り組む活動等に加えて、地域の温暖化対策や環境教育に取り組む民間団体の活動などがみられるようになった。

　なお、この一文の「住民」「市民」について、限定された地域・関係者を記述する場合に「住民」を、個別の地域・関係者を超えて市民全体、あるいは多くの市民に関係する場合に「市民」を、また両者に関係する場合に「住民・市民」を使っている。

2　倉敷市における環境保全と住民・市民のかかわりの経緯

(1) 1950 年代後半から 1960 年代半ば頃

　この時期は水島工業地域の開発が緒につき、立地企業の一部の工場が操業を始めるようになった時期である。1957 年頃に養殖の貝に油臭の付着、1963 年に製鉄工場の騒音に住民が抗議する事件、自動車製造工場の騒音・振動が住民に影響を与える事件、1964 年頃から貝だけでなく魚にも着臭などの公害が発生した。1964 年にイ草の先枯れ被害、また、みかんの苗木の枯死被害が発生した。こうした水産物、

農作物の被害は 1960 年代の後半にさらに拡大し、被害を受けた漁業・農業関係者による住民運動を引き起こさせた。(丸屋［1970］)

　1964 年に呼松水路で数万匹の死魚が浮き上がる事件があり、次いで 1965 年にも呼松水路、水島港口に接する高島沖において数万匹の死魚が浮き上がる事件があった。関係各漁協の代表 150 人が県庁に死魚を持ち込んで対策を求め、また原因企業を明らかにするよう求めた。呼松町の鮮魚小売商人組合も企業に抗議した。しかし、原因企業名が特定されることはなかった。この事件は水島工業地域の企業が漁協および小売商人組合に見舞金を支払って収束した。(倉敷市［2005］)

　1964 年 7 月 1 日に、操業を始めたばかりの石油化学工場のフレアースタック（補注 1）から炎を吹き上がる事件が発生し、また、悪臭が漂い、工場に隣接する呼松地区の住民を不安に陥れた。住民は市役所に抗議し、住民大会を開き「呼松町公害対策委員会」(後に「呼松町公害排除期成会」) を組織した。呼松地区の住民代表者は岡山県、倉敷市、工場に工場閉鎖を訴えた。7 月 22 日には呼松地区の住民約 700 人が工場に入り、工場側に即時操業中止など 5 項目を要求した。8 月 27 日に県・市・企業・呼松町の四者会談が開かれ、会社側が呼松町内の厚生福祉施設のための見舞金として 150 万円の支払い案を提示し、呼松町側は、8 月 31 日にこれを受け入れた。期成会の活動は企業、行政に公害対策を求める活動として継続された。(丸屋［1970］)(水島財団［2010］)

(2) 1960 年代半ばから 1980 年頃

1）漁業被害の発生と対応

　1964 年には水揚げされる異臭魚が増え、呼松第一漁協は関係企業に工場排水を排出しないよう強硬に申し入れ、水島漁協は工場の排水口を塞ぐとの決議をした。倉敷市の仲立ちにより異臭魚問題を棚上げにして、漁協・鮮魚小売商と立地企業により水産物の買取会社を設け、1965 年から異臭魚を除く魚の買い取りが始められた。しかし、異臭魚が捕獲される水域がますます広がって水島沖から笠岡市沖までに及ぶようになったため、立地企業、岡山県、倉敷市が関係漁協とともに水島海域水産協会を設立し、1967 年から水島沖で捕獲されたすべての魚を市価の 7 割で買い取るようになった。買い取りは異臭魚が見られなくなった 1975 年まで続き、総計で約 1,000 t、約 1 億 3,400 万円が買い取られた。(倉敷市［2005］)

第1章　倉敷市の環境保全と住民・市民のかかわり　　*13*

2）農産物被害の発生と対応

　1965 年にはイ草の被害範囲が拡大し、1973 年頃までの間、ほぼ毎年にわたりイ草、果樹、野菜などに被害が発生した（補注 2）。農協組合員らが「福田町公害対策委員会」を結成し、岡山県、倉敷市に強く抗議した。県、市が仲立ちして企業に補償を求めて交渉したが、企業側は補償に応じず、地域開発の名目で 1,000 万円を支払って事態を収拾させた。（岡山県［1971］［1976］）（倉敷市［2005］）

　岡山県農業試験場はイ草の先枯れについて大気中の硫黄酸化物量が影響していること、また、サトイモ、ネギなどの野菜類の被害について光化学オキシダント障害であり、二酸化硫黄が相乗的に作用するとした（岡山県農試［1973］）。

　1974 年に岡山県はイ草の被害について、生産者（農家）と被害の原因となったと考えられる関係企業の間の「あっせん」を行うこととし、倉敷市、岡山市、その他の地域の 13,053 戸の栽培農家、作付面積 14,005 ha、被害額約 10 億 3,300 万円が補償されるべきとし、1974 年 11 月に、生産者代表と関係企業が覚書を交わしてあっせんが成立した（岡山県［1971］）（補注 3）。

　1971 年に倉敷市と岡山県は、農作物被害を調査するとともに被害処理の「あっせん」のための話し合いを行うようになった。被害者側代表と企業側代表を当事者とし、県・市が立会者となって覚書を交わし、果樹に関しては、農家戸数 395 戸に対し、梅などを対象（総計 42,349 本）として、1972 年から 1974 年にかけて、企業 39 社の負担により「見舞金」として約 2 億 6,300 万円が支払われた。岡山県資料によればこれは永久補償とされた。野菜に関しては、1971 年、1972 年、1973 年の被害に対して、企業 39 社負担により「被害処理金」として合計で約 6,200 万円が支払われた。（岡山県［1976］）（補注 4）

3）公害関係住民運動組織等

　公害に関係する住民組織として、1964 年 2 月に「松江地区公害対策委員会」が設立され、呼松地区で「呼松町公害対策委員会」（後に「呼松町公害排除期成会」）が組織された。その後、1972 年 7 月「宇頭間地区公害対策委員会」の設立までの間に、水島工業地域を取り囲むように集落を基盤とする合計 10 の住民組織が設立された。また、市民横断的な組織として、1967 年 2 月に「公害防止倉敷市民協議会」、1972 年 9 月に「公害病患者と家族の会」、1973 年 10 月に「倉敷から公害をなくす会」が組織された。また、1965 年 12 月に水島工業地域企業 18 社による組

織として「水島地区公害防止連絡協議会」、それを拡大して 1969 年 10 月に 65 社による「水島地区公害防止研究協議会」が設立された。1975 年度の時点で、集落を基盤とする住民による 10 組織、市民横断的な 3 組織、企業による 2 組織の 14 の民間組織が設立されていた。（倉敷市［1975］）

　1965 ～ 1966 年に、水島生活協同組合が中心となって、意見交換を行う公害問題懇談会が複数回にわたって開かれたが、そこには農漁業関係者、労働組合、政党の地域支部組織、一部の地域住民組織等が参加し、また、大気汚染問題の専門家、倉敷市・四日市市の行政担当者、沼津・三島コンビナート反対運動を経験した市民などを招聘した。懇談会においては、公害の現状、公害対策、水島工業地域の将来計画・汚染物質、また、大気汚染による健康影響などについて話し合いと意見交換等がなされた。この懇談会は、公害防止のための全市的な運動を組織する準備を進め、1968 年 2 月に地区レベルの公害対策組織、政党、労働団体等が参加する「公害防止倉敷市民協議会」（以下「市民協議会」）が設立された。この市民協議会は 1970 年頃まで、かなり活発に活動を行ったが、1973 年に市民講座を開いたとの記述がある後、活動の記述が見られなくなった。（丸屋［1970］）（水島財団［1998］［2010］）

　1960 年代末頃から水島工業地域の周辺で喘息患者の増加が報告されるようになった。1969 年 2 月に市民の一人が倉敷市初の「公害喘息」と診断され、倉敷市医師会は、同年 5 月に 167 名を検診し公害との関係を示唆する者が 14 名であったこと、工場隣接地区の汚染地区において同年 2 月の喘息患者の発作が非汚染地区よりも多かったことを報告した。同年に丸屋氏は公害喘息の疑いのある患者を診察したことを記述している。（倉敷市［2005］）（倉敷市医師会［1969a］［1969b］）（丸屋［1970］）

　後に、1972 年に倉敷市が「倉敷市特定気道疾ぺい患者医療費給付条例」を制定して認定者に医療費の自己負担分を支払う制度を導入し、さらに 1975 年には倉敷市の一部の地域は公害健康被害補償法（以下「公健法」）に基づき認定者に公害健康被害補償を行う指定地域となり、最も多かった時期には被認定者数は 2,900 人以上になった。（補注 5）

　こうした健康被害の発生を背景として「公害病患者と家族の会」が発足した。太田氏によれば、1969 年 6 月に水島で初めて公害病患者の集いがもたれ、集いを重ねた後、1972 年 3 月に「公害病患者の会準備会」となり、1972 年 9 月に結成総

会を開いて「倉敷市公害患者友の会」が結成された。この結成前の段階で、健康被害を受けた人たちは倉敷市に公害病認定と医療救済について要求を行っていたが、同年7月に「倉敷市特定気道疾ぺい患者医療費給付条例」が施行され、認定者に医療費の自己負担分費用を支給することとした。やがて1973年に公健法が制定・施行されたのであるが、この法律の施行当初、倉敷市は指定地域とならなかった。当時、地域指定に消極的な市議会議員が多く、市内では地域指定反対の署名活動も行われた。「倉敷市公害患者友の会」は地域指定を求めて署名活動、倉敷市との交渉などの活動を行った。1974年には市議会の全員が一致して同法の指定地域指定を求めることに転換した。1975年に工業地域の周辺地域が地域指定され、認定者が健康被害補償を受けることとなった。後述するようにこの「倉敷市公害患者友の会」は、1983年提訴から1996年に和解に至るまで、「倉敷公害訴訟」を争う母体となった。(太田［1998］)(岡田［1998］)(山崎［1998］)(水島財団［1998］)

4）自然環境保全をめぐる動向

　1973年3月に市長が議会の所信表明において自然環境の保全に積極的に取り組んでいく方針を示し、同年5月に倉敷市、市民、学識経験者からなるプロジェクトチームが発足した。検討が進められ条例案を作成し、1974年3月にその案をもとに市長が「倉敷市自然環境保全条例案」を議会に提案し、可決成立した。また、この条例に基づく自然環境保全審議会に「倉敷市自然環境保全基本計画」を諮問し、1975年7月に答申を得て策定した。(倉敷市［1977］)(倉敷市議会［1974］)(室山［1974］)

　この自然環境保全条例の制定に関わったプロジェクトチームには市民委員16名が参加したが、植生、昆虫、野鳥、魚、郷土史などに精通した市民であった。その市民委員を中心として1974年1月に「倉敷の自然をまもる会」が設立された。この会は「無秩序な開発から自然を守り、風致を保存し、情操豊かな人間生活に寄与すること」を目的とし、関心を持つ個人により組織し、自然保護に関する啓発、自然・風致等に関する調査・研究などの事業を行うとした。また、自然保護に関する施策の立案・実施を行うとしているが、後に行政に対して提案を行うなど、1980～1990年代に市民運動組織としてさまざまな自然環境保全活動を行った。(倉敷市［1977］［2005］)

5）この時期の住民・市民の環境保全活動の特徴

1960年代半ばから1980年頃の間に、相次いで起こった公害に対して、水産物・農作物被害関係者や集落を単位として自然発生的に活動した住民運動は、被害補償的な対応、公害対策の拡充とともに沈静化した。また、市民の公害反対の動きを集約・代弁するように活動した「公害防止倉敷市民協議会」の活動も、顕著な公害発生がみられなくなるとともに行われなくなった。その後の時期（1980年代から1990年末の時期）にまで住民運動として継続されていったのは「倉敷市公害患者友の会」による活動であった。一方、この時期のもう一つの特徴として挙げられるのは、自然環境保全をめぐる経緯を経て、1974年1月に「倉敷の自然をまもる会」が設立され、倉敷市の自然保護行政に影響を与え、さらに次の時期以降における市民運動として活動を継続して行うようになったことである。

（3）1980年頃から1990年代後半

1）倉敷公害訴訟

1983年11月に、原告61名が水島工業地域企業8社を被告として、二酸化窒素、浮遊粒子状物質、二酸化硫黄の3物質について環境基準を超える排出をしてはならない、原告に損害賠償を支払えとする「倉敷公害訴訟」（第1次訴訟）が提起された。次いで1986年11月に123人を原告とする第2次訴訟、1988年に108人を原告とする第3次訴訟が提訴された。

この訴訟の背景としては、1982年3月末に「倉敷市特定気道疾病医療費給付条例」による医療費給付制度が廃止されたこと、1975年頃から公健法の見直し・指定解除の動きがあり大気系認定患者に対する補償の取扱いが不透明な状況にあったこと、同じ事情から千葉、西淀川、川崎などで大気汚染公害訴訟（補注6）が提訴されていたことなどがあった（山崎［1998］）（補注7）。なお、1987年に公健法改正、1988年3月に大気汚染関係の公健法指定解除がなされ、新たな患者認定は行われなくなったが、既認定者の補償は継続され、提訴時において懸念された補償の打切りという事態とはならなかった（補注8）。

1994年6月に、地方裁判所において第一次提訴の判決が言い渡された。判決は原告らの慢性気管支炎等は高濃度の大気汚染が原因であること、被告らの操業が大気汚染の80％の寄与割合であること、原告らが公健法により受けた給付のうち損益相殺が相当とする額を控除し、控除後の額の80％を被告らが損害賠償責任を負

うことなどとした。(水島財団［1998］)

　判決後に原告らは分散して被告企業の工場に出向き、被告各社に謝罪、損害賠償、公害対策などを申し入れ、交渉の結果企業側は訴訟の全面解決を希望し努力するなどとする文書を提示した（水島財団［1998］)。しかし、原告・被告双方の控訴により、第一次提訴に係る裁判は高等裁判所で審議された。1992 年には千葉川鉄訴訟が和解し、1995 年には西淀川訴訟について被告企業と原告が和解（国・阪神高速との和解は 1998 年）していた。原告らは交渉を重ね 1996 年 12 月に和解が成立した。被告らが原告らに解決金を支払う、原告らはそれ以外の請求を放棄する、被告らは公害対策に努力する、原告らは解決金の一部を地域の生活環境の改善などの実現に使用できるなどとされた。(清水［1998］)（水島財団［1998］)

2）自然保護活動

　倉敷市自然環境保全条例（1974 年）の制定に関わった市民・学識者等により 1974 年に「倉敷の自然をまもる会」が設立されさまざまな自然環境保全活動を行うようになった。その一部は行政に対して意見・要望を行うことであった。1983 年 8 月には市北部の地域について自然公園として設定することを要望し、また、市南東部の山林の開発（ゴルフ場）に関し要望等を行った。1990 年には倉敷美観地区の背景保全条例の制定を要望し、その後全国的にみて先進性のある条例が制定された（補注 9）。また、独自の調査活動として市内の南東部の由加山系の自然の調査を行い、調査結果をとりまとめている。(倉敷市［2005］)（井上他［2007］)（倉敷の自然をまもる会［1991］)

　1978 年に、倉敷市庁舎の新築に伴う旧庁舎の跡地利用について、文化的な利用を行うとされ、その具体的な利用検討の段階で「倉敷の自然をまもる会」の関係者らが自然に関係する博物館の設立を示唆し、それが取り入れられて 1983 年には市の施設として「倉敷市自然史博物館」(倉敷市教育委員会に所属)が設立された。(倉敷市自然史博物館［2009］)

　自然史博物館の開館 9 年後の 1992 年に「倉敷自然史博物館友の会」が設立された。資料によれば友の会の構想は当館の設立当初からあったが、この時期に実現した（倉敷市自然史博物館［1994］)。博物館側は、博物館を利用する市民の代表者の会であること、友の会の活動が博物館の教育普及事業の一環になることと位置づけた。友の会の独自の自然観察会等、友の会と博物館の共催による博物館講座等、

および博物館活動への協力などの活動を行うようになった。また、友の会設立直前の 1992 年 1 月 10 日（友の会設立は 1 月 26 日）に「友の会ニュース 0 号」を発刊したのを初めとして、会員相互の情報交流に資する「友の会ニュース」を毎月発刊し、また、専門的な記事を含む会報「しぜんくらしき」を年 4 回発刊するようになった。

1990 年代には、自然保護に関係する新しい活動団体が設立された。1991 年に「高梁川流域の水と緑を守る会」、1992 年に「倉敷市自然史博物館友の会」、「瀬戸内海国立公園倉敷地区パークボランティアの会」などである。これらは「倉敷の自然をまもる会」の活動と同じ分野の活動組織であった。（倉敷市［2005］）

(4) 1990 年代末以降
1) 民間団体に対する役割の明確化と多様な環境保全活動

この時期に倉敷市は「倉敷市環境基本条例」を制定し、その中で環境保全団体に対する役割を明確化した。1999 年に制定されたこの条例は倉敷市が初めて地域の環境政策の全般にわたって責任を持って取り組む姿勢を示したものであった（井上他［2010］）。この条例は、地域の環境保全の主体として市、事業者、市民とともに、「民間団体」を位置づけて規定した（同条例第 17 ～ 19 条）。

この条例に基づく「環境基本計画」において、2002 年の当初計画には民間団体の役割を明確に言及しなかったが、2007 年の改定計画に「NPO」が記述され、例えば事業者、市民、NPO 等多様な主体と多様な協働関係を構築するとした。このような NPO の位置づけは 2011 年 3 月に改定された「倉敷市第二次環境基本計画」に受け継がれている。（倉敷市［2000］［2007］［2011］）

倉敷市が民間団体を地域の環境政策の主体として位置づけていくことについては、国のレベル、さらには国際的なレベルの動向が関係しているとみられる。1993 年制定の環境基本法は民間団体等の活動の促進に必要な措置、必要な情報の提供について規定し、1992 年の「環境と開発に関する国連会議」において採択された「アジェンダ 21」は一つの章を割いて「非政府組織の役割」について言及していた。また、阪神淡路大震災を機に非政府組織の役割に対する見方が日本でも大きく変化し、1998 年には「特定非営利活動促進法」が制定された。（環境庁・外務省［1993］）（長谷川［2003］）（ロバート・ペッカネン［2008］）

1980 年代末までの時点において、倉敷市においては環境市民運動組織として、

第1章　倉敷市の環境保全と住民・市民のかかわり　　*19*

すでに 1972 年から「倉敷市公害患者友の会」、1974 から「倉敷の自然をまもる
会」が活動を行っていた。1992 年に「倉敷市自然史博物館友の会」、1998 年に「岡
山環境カウンセラー協会」、2000 年に「おかやまエネルギーの未来を考える会」、
2002 年に「倉敷水辺の環境を考える会」、2008 年に「倉敷・総社温暖化対策協議
会」などが活動を行うようになった。2011 年 6 月時点において、「岡山県ボランティ
ア・NPO のページ」に掲載されている NPO 法人で事務所を倉敷市に置き環境保
全を活動項目とするもの、および倉敷市環境政策課が把握している活動団体で倉敷
市地域においても活動を行っているものは約 45 団体である。(岡山県［2011］)(倉
敷市環境政策課［2011］)

　このうち、団体名などから見て自然環境保全を活動項目とすると考えられるも
のが最も多く 11 団体、地球温暖化等地球環境保全に関するものが 7 団体、水環境
に関するものが 2 団体、環境カウンセラーによる団体で活動を行っているものが 1
団体、その他 24 団体である。

　1990 年代末以降、環境保全活動を行っている主要な団体等の活動について、
1972 年から活動を行ってきた「倉敷市公害患者友の会」が、1996 年の倉敷公害
訴訟の和解の後、2000 年から財団法人「水島財団」として活動を続けている事例、
さまざまな団体により多様な活動が行われている自然保護関係の活動事例、1998
年から専門家集団を形成して活動を行っている「岡山カウンセラー協会」の事例、
温暖化対策に関係して活動を行っている二つの活動の事例等、この時期の特徴ある
市民運動と見られる事例は以下のとおりである。

2)「水島財団」の活動

　1996 年 12 月の倉敷公害訴訟の和解にあたり、和解条項に原告らは解決金の
一部を地域の生活環境の改善などの実現に使用することが加えられた(水島財団
［1998］)。公害訴訟の和解の後、1997 年 1 月から、水島のまちづくり、水島地域
を流れる八間川などをテーマに、シンポジウム、講演会の開催などの活動を行うよ
うになった(水島財団［2001］)。1998 年 9 月に財団設立準備会を発足させ、2000
年 3 月に「財団法人水島地域環境再生財団」(以下「水島財団」)が設立された。こ
の財団は「倉敷公害訴訟の解決金の一部を公害患者の会から寄附していただき、こ
れを基金として設立されたもの」(森瀧［2001］)で、岡山県認可の財団法人とし
て設立された。

事務所・事務局を構え、専任スタッフ4名を擁し、会員数は約120名である（補注7）。隔月に「みずしま財団たより」を定期刊行し、2011年7月までに61号を発刊してきている。この「たより」によれば、瀬戸内海の海底ごみの調査などの調査・研究活動、市民向けの環境講座・環境アセスメント講座・環境塾などの環境教育・環境学習、地域NGO・地域コミュニティとの交流・対話、行政に対する提案・意見提出や倉敷市審議会等への財団職員の応募・参画などの活動を行っている。（各号「みずしま財団たより」による）

3) 自然環境保護に関係する団体の活動

　前述のように、1992年に「倉敷自然史博物館友の会」が設立されたのであるが、この会の活動は続けられている。現在の会員数は約1,000名である（補注10）。友の会の独自の自然観察会、域外訪問ツアー、友の会と博物館の共催による博物館講座、博物館活動への協力などの活動を行っている。

　「倉敷の自然をまもる会」の活動は、2000年代以降も継続されている。2003年に、その要望を1970年代から行っていた「市の鳥」をカワセミとする要望が実現した。このカワセミの営巣を期待して、市内の農業用ため池の岸辺に営巣を促すブロックの設置を、2005年の倉敷市の事業として実現させた。会の独自の事業として、かつて田畑・果樹園などがあったものの利用されなくなっていた市北部の西坂地区において、里山再生・維持の活動を続けている（2006年～）。2007年には市内の架橋計画について自然環境保全の観点から意見を求められたことについて、現在の植生に配慮することなど、13項目の意見書・要望書を提出している。（各号「倉敷の自然」による）

　調査活動として、2000年には市内の由加山系の自然の調査を行った結果をとりまとめ、また、市内中心部の向山地域の自然について、倉敷市からの依頼により調査し、とりまとめている（倉敷の自然をまもる会［2000］）（倉敷市［2006］）。会の機関誌であり専門性と広報性を備えた「倉敷の自然」を年2回発刊し続けている。

　「倉敷自然史博物館友の会」および「倉敷の自然をまもる会」の他、自然環境に関係する市民グループとして、2000年代以降に「倉敷水辺の環境を考える会」「自然体験活動支援センター」「溜め川を美しくする会」「鷲羽山の景観を考える会」が、NPO法人として岡山県の認証を得ている。法人認証は得ていないが、何らかの活動を行っているものとして、「倉敷野鳥の会」「倉敷野草を守る会」「倉敷ホタル愛

第1章　倉敷市の環境保全と住民・市民のかかわり　　*21*

好会」「酒津のホタルを親しむ会」「倉敷昆虫同好会」などがある。（補注 11）

4) その他の市民運動等

　1990 年代の後半から、新しいタイプの市民運動が見られるようになった。地域から温暖化対策に取り組もうとする「倉敷・総社温暖化対策協議会」の活動、エネルギー問題を考えようとする「おかやまエネルギー未来を考える会」、環境省の環境カウンセラー（補注 12）の資格を持つ人たちで組織されている「岡山環境カウンセラー協会」の活動などである。

　「倉敷・総社温暖化対策協議会」は、2008 年 8 月に岡山県内の倉敷市、総社市の地域で環境に関係する活動を行っている個人・団体等が集まって「吉備の国地球温暖化対策協議会」が発足し、2009 年 8 月に現在の会名に改称した。会の発足前の2008 年 5 月に、地球温暖化防止活動推進員（補注 13）の研修に参加した推進員が組織した（2010 年 10 月「倉敷・総社温暖化対策協議会」提供資料による）。法律に基づく「地球温暖化対策地域協議会」（補注 14）として登録されており、岡山県内で登録する 14 の団体のうちの一つである（環境省［2011］）。会則（倉総協議会［2009］）によれば、さまざまな主体とともに地球温暖化対策に取り組み、持続可能な地域社会の形成、低炭素交通システム形成・普及、低炭素住宅システム形成・普及、環境に関する人材育成、行政・団体への提言などの活動を行うとしている（協議会関係者提供資料による）。また、会として倉敷市の環境関連計画への意見の提示、商業開発に対する意見の提示等を行っている（倉総協議会［2010］）。

　「おかやまエネルギー未来を考える会」（略称「エネミラ」）は、2000 年に任意団体として主婦約 10 名により設立し、2002 年に NPO 法に基づく認証を得ている。会の目指しているのは、自然エネルギーの普及、省エネルギーの推進により、地球環境を保全し、地球温暖化を防止して持続可能な社会を実現することとされている。省エネルギー、温暖化対策等に関係する環境学習活動、講演会開催などを行ってきており、それらの中には岡山県からの委託事業、倉敷市の依頼による学校への出前授業を行っているものもある。また、各種のイベントに参加・活動発表を行い、あるいは自らイベントを開催している。この会の特徴ある活動は市民から寄付金を募って公共施設の屋根に太陽光発電施設を設置する活動を行ってきていることである。これまでに 3 か所を設置している。市民の寄附による太陽光発電施設設置は、2009 年に設置された経済産業省・新エネルギー産業技術総合開発機構によ

る「新エネ百選」に選定された。会長の廣本氏は行政の審議会などの計画づくりや地域内外のシンポジウム等に参画・参加するなどの活動を行っている。最近では太陽光温水器の普及、小水力発電の調査・研究も行っている。(エネミラ［2011］)

「岡山環境カウンセラー協会」(Okayama Prefecture Environmental Counselors Association、英語の頭文字による略称「OPECA」) は 1998 年 11 月に設立されている。所在地は倉敷市とされているが、活動の範囲は倉敷市に止まらず岡山県内全域に及んでいる。2004 年に NPO 法の法人資格を取得している。協会のホームページによれば、会は「環境省環境カウンセラー」(補注 12) とその支援者の集まりで、市民や事業者の環境保全に関する相談に応じ、環境パートナーシップづくりを行う、としている。会員、賛助会員を合わせて 50 数名、環境カウンセラーの資格を有する人を主として組織されている。活動は、環境学習等への講師派遣、エコアクション 21 認証取得支援、環境関連事業などの企画・運営、環境関係研修会の開催支援などである (OPECA［2010］)。会報において、環境に関する知見・経験を有する環境カウンセラーである会員で構成される「技術者集団」としており、市民・事業者への支援・啓蒙活動を行っている。会、会員および会・会員が関与する活動等が環境に関係するさまざまな表彰の対象となっており、社会的な評価を得ている。(OPECA［1999］［2011］)(環境再生機構［2011］)

3　日本の環境保全と住民・市民および NGO・NPO

　環境保全に関する住民運動等に対する国の捉え方は、日本の公害問題が深刻な事態となった 1960 年代からこれまでの約 50 年間に大きく変化して今日に至っている。

　1960 年代半ば頃までの環境に係る住民運動について、「環境庁十年史」は「住民パワー」という言葉を使って、被害を受けた側である住民等が公害発生に対して、あるいは公害発生を懸念して、反射的に公害反対運動を行ったことについて記述した。例えば、1950 年代後半から 1960 年代における水俣病、四日市喘息に係る公害紛争を代表的な事例として、全国各地で発生した公害紛争、1963 ～ 1964 年に東駿河湾開発に対する住民の反対運動によって首長が計画中止を決断するに至った事例などである。こうした動きが公害規制を講じさせることになったとしている。

第1章　倉敷市の環境保全と住民・市民のかかわり　*23*

（環境庁［1982］）

　1960年代半ばから1980年頃の時期における住民の環境政策への関わりについて、1974年に環境白書は、公害に対する住民運動団体が1,000を超えたことを指摘し、その背景として国民の環境認識の高まりを挙げ、住民は公害反対運動を行うものと捉えている（環境庁［1975］［1978］）。その数年後の1979年版、1980年版の環境白書には少し変化がみられ、まちづくり、快適環境づくり、自律的な都市生活ルールの形成などについて、住民のあり方に期待する記述が行われるようになった（環境庁［1979］［1980］）。

　1980年頃から1990年代の時期には大きな変化があった。1986年には環境保全の推進に国民参加が求められるとの趣旨の考え方が示され（環境庁［1986］）、1990年には地域環境保全から地球環境保全に至る幅広い分野で国民が関与するべき主体として位置づけられる記述がみられるようになった（環境庁［1990］）。1993年制定の環境基本法は「国民の責務」（この場合の責務は、日常生活に伴う環境への負荷の低減、環境保全のための自主的な努力等）とした（環境基本法第9条）。これは従前の1967年制定の公害対策基本法が「住民の責務」（この場合の責務は、国、地方自治体の施策への協力等の公害防止への寄与への努力等）としていたのを転換したのであるが、これについては地球環境問題への取組み等が求められることから、地域社会の住民というよりも、国民として環境の保全に自ら努め、責務を果たすべきであるとの考え方をとったとされている（環境庁［1994］）。そして事業者、国民によって組織される民間の団体を「民間団体等」として定義し、自発的な環境保全活動を期待するとした（環境基本法第26条、第27条）。1994年策定の「第一次環境基本計画」は国民、民間団体等の環境政策への関わりをさらに明確にした。同計画の長期目標の一つを「参加」とし、さまざまな主体が環境保全行動に参加する必要性と具体的なあり方を明確に示した（同計画「第3部第3章第1節」など）（閣議決定［1994］）。

　1990年代末以降の時期について、国の環境政策における国民、民間団体等の位置づけは、環境基本法の規定、第一次環境基本計画の記述にみられるものと基本的に変わりはない。1990年代前半に、国民、民間団体等が重要な環境政策主体との位置づけがなされたのち、1990年代末以降に、いわゆるパブリックコメント手続きの導入によって、さまざまな政策決定に国民が直接に関与するあり方が保障されるようになったとみることができる（補注15）。

1990 年代にさまざまな要因から市民や非営利・非政府の活動が質、量ともに大きく変化し、それと歩調を合わせるように、1998 年に「特定非営利活動促進法」（NPO 法）が制定された。こうした動きに大きく影響を与えたのは、阪神淡路大震災発生時において一般市民、市民グループの活動が大きな役割を果たし、こうした活動を社会的に重要なものとして位置づける必要性が認識されるようになったことによる。（長谷川［2003］）（ペッカネン［2008］）

　こうした経緯に関連して、「平成 11 年版環境白書」は「市民の環境保全意識は、昭和 40 年代の『環境第一の波』から昭和 60 年代の『環境第二の波』に至り……現在では、単なる要求型の運動は少なくなり……『提案型』、『実践型』の運動も高まっている」（環境庁［1999］）としている。公害反対運動などにおいて、環境運動と環境政策が対立的なものとして捉えられがちであったこと、地球サミットを契機として、政策当局と NGO のパートナーシップが重視・強調されるようになったことが指摘されている（環境庁［1999］）（長谷川［2003］）。

　「平成 12 年版環境白書」は「NGO などの民間非営利団体は、多様な主体の環境パートナーシップを構築するうえで重要な役割を果たす……主体間の連携を取り持つ……多様な社会的ニーズに……独自の発想で機動的に対応することが可能…」と記述するようになった（環境庁［2000］）。

4　倉敷市の環境保全と住民・市民

(1) 倉敷市における環境をめぐる住民・市民の活動の経緯

　1950 年代後半頃からこれまでの約 50 数年間に、倉敷市において、環境をめぐるさまざまな問題・課題に対して、住民・市民および住民運動・市民運動が反応し、公害反対運動、自然環境保全に関する運動や活動、温暖化対策に関する活動等を行ってきている。約 50 数年間を 4 つの時期に分け、それぞれの時期の活動等を総括してみると以下のとおりとなる。

　第 1 の 1950 年代後半から 1960 年代半ばの時期に漁業被害、農業被害が発生し、漁業・農業関係者および工業地域周辺の集落が反射的に立ち上がり公害反対運動を行った。

　第 2 の 1960 年代半ばから 1980 年頃の時期に、漁業被害、農業被害が拡大し、

第1章　倉敷市の環境保全と住民・市民のかかわり　　*25*

住民公害対策組織が組織され、また、市民横断的な「公害防止市民協議会」が組織されて活動を行った。農水産被害に対して補償的な対応がなされ、公害対策が進んで農水産物被害の発生がみられなくなるとともに住民による公害反対運動は沈静化した。一方、この時期に大気汚染による健康被害が発生し、被害者数が増加し、健康被害を受けたとする人たちの活動は倉敷市による医療救済制度（1972年）、公健法による地域指定（1975年）を促した。会の活動は次の時期にも引き続き行われた。一方、この時期に倉敷市や市民・学識経験者らにより「倉敷の自然をまもる会」が設立され自然環境保全に関係する活動が行われるようになり、次の時期の活動に引き継がれていった。

　第3の1980年頃から1990年代末までの時期に、「倉敷市公害患者友の会」の人たちにより1983年に「倉敷公害訴訟」が提訴され、1996年の和解まで13年間にわたって係争が続いた。一方、この時期に「倉敷の自然をまもる会」の活動は伝統的な建造物が連なる美観地区の背景を保全する意見を提出して1990年に条例の制定を促した。また、この会の関係者らが市に働きかけて、1983年に「倉敷市自然史博物館」が設立された。1992年にその博物館を支援する「倉敷自然史博物館友の会」が発足し活動を行うようになった。その他にもさまざまな自然に関係するグループによる活動が行われるようになった。

　第4の1990年代末以降には、環境をめぐる多様な市民運動が行われるようになった。倉敷公害訴訟の原告らは「水島財団」を設立し、まちづくり、環境教育などの活動を行うようになった。新たな市民運動団体として、温暖化対策、エネルギー問題などに取り組む団体、主に環境カウンセラーによる専門家グループとして環境教育等に取り組む団体など約45の団体が、倉敷市を中心に活動を行っている。これらの運動は、第1の時期、第2の時期にみられる発生した公害に反射的に反対を訴え、被害補償を求めた住民、住民組織による住民運動とは異なり、市民運動と捉える方が適切と考えられるものである。

(2)　倉敷市における環境をめぐる住民・市民の活動の経緯の特徴

　第1の時期および第2の時期に、近接する工場の異常発煙や騒音などの公害、農水産被害の発生等に対して、反射的に住民が集落を単位とする公害反対運動を行い、農業・漁業関係者が被害の補償を求めたのであるが、これは全国的に大規模開発に伴う公害に反対した住民運動（長谷川［2003］）の一環と捉えることができる。

この時期の公害反対運動は東駿河湾開発に対する住民運動がコンビナート計画を中止させるに至った例のように、工業開発を中止させたり、あるいは遅延させたりするような事例がある（総理府他［1971］）。しかし、倉敷市においては、発生した公害に係る住民、住民組織、行政、水島地域企業の間の厳しい緊張状態のなかで、行政や企業が緊張を緩和するためにとった対応策により、水島開発を途中段階で中止させることにはならなかった（井上他［2010］）。

　第2の時期、第3の時期に自然環境保全に関係する市民運動がみられる。これについては倉敷市行政が市民・学識経験者と連携したとみることができる。1973年に市長が自然環境の保全を市政の大きな柱とすると表明した（倉敷市議会［1974］）が、この背景としては市長および市行政内部における自然環境保全への関心あったものと考えられる（室山［1974］）。1974年には「倉敷市自然環境保全条例」が制定され、条例制定に関わった市民らにより市民団体の「倉敷の自然をまもる会」が設立された。こうした動きは1983年に「倉敷市自然史博物館」の設立を促し、1992年にその博物館活動と連携する「倉敷自然史博物館友の会」が設立され活動を行っている。2つの自然環境保全団体が、設立の経緯も含めて、倉敷市行政と深く関わっていることが指摘される。

　第4の時期に、特定非営利活動促進法（1998年）の施行後に、同法に基づく法人認証を得て活動を行う組織が設立されるようになり、その他にも環境保全活動を行う団体として倉敷市が把握しているものを含めると約45団体（2011年6月）が活動している。このように倉敷市において、環境保全活動を行う団体が増えたことについては、全国的な傾向と符合する。特定非営利活動促進法の施行後には環境保全活動を行う民間団体が急増し、2000年3月に399団体であったが、2011年3月までに12,347団体に急増したのである（環境省［2001］［2003］）（内閣府［2011］）。

　倉敷市における第1の時期、第2の時期に、発生した公害に反射的に反対活動、被害補償要求の住民運動が展開され、やがて被害補償的な措置、公害対策の進展により住民運動は沈静化した。また、第4の時期に自然環境保全、温暖化対策などの環境市民運動組織が市民運動を行うようになった。この2つの点において、全国的な動向と同じである。

　しかし、「倉敷市公害患者友の会」の活動、および倉敷公害訴訟の和解の後に設立された「水島財団」の活動は、この地域の環境をめぐる住民運動・市民運動を象

徴する側面を持つ。健康被害対策について、1972 年に医療救済措置、1975 年に公健法の地域指定を促した。1983 ～ 1996 年に倉敷公害訴訟を提訴・和解し、和解後の 2000 年に「水島財団」を設立してまちづくり、環境教育などの活動を行っている。また、この地域の自然環境保全に係る代表的な市民運動である「倉敷の自然をまもる会」「倉敷自然史博物館友の会」の活動については、行政と市民・学識経験者らの協働の結果から活動等が行われるようになり、現在においても 2 つの市民運動組織と行政は密接な関係を維持している。

(3) 住民・市民の活動と行政施策等

　この地域の住民・市民の活動は、それぞれに行政、企業に影響を与えて、環境保全施策を拡充させる役割を果たしたものと考えられる。

　公害発生の初期の段階の住民運動、特に 1964 年 7 月 22 日に約 700 人の呼松町住民が近接する工場に入って公害対策を訴えた事件、同時期に発生した死魚の浮上に対して漁業関係者らが工場の排水口を塞ぐとして抗議した事件などは、岡山県、倉敷市の行政的な対応や施策の導入、水島地域企業の公害対策を促したと考えられる。「倉敷市公害患者友の会」の活動は条例による医療費救済措置や公健法による対策を促した。一方、自然環境保全に関しては、市行政と市民・学識経験者らが協働で、自然環境保全条例を制定し、自然環境保全基本計画の策定を行うに至った。市民・学識経験者らによる市民運動組織「倉敷の自然をまもる会」の活動は、倉敷美観地区の背景保全条例の制定を実現させた。市民・学識経験者らは「倉敷市自然史博物館」の設立を実現させた。

　第 4 の時期の 1990 年代末になってから、倉敷市は市民、市民運動を環境政策の重要な主体と位置づけるようになった。1999 年に制定された「倉敷市環境基本条例」は、「民間団体」による自発的な環境保全活動を期待する趣旨を規定し、後に条例に基づいて策定された「環境基本計画」において、事業者、市民、民間団体と協働することを謳っている。国は 1993 年制定の環境基本法において、国民・民間団体等を環境政策の重要な主体と位置づけていたので、この点について倉敷市は国のそれよりも約 10 年弱の遅れということになる。

　環境基本条例制定前に、倉敷市が民間団体の環境保全に果たす役割をどのようにみていたかについてであるが、公害に関係する住民組織に関しては行政などにさまざまな要求をする主体として認識していた可能性が高い。一方、自然環境保全に関

しては、市民・学識経験者を重要な主体として認識して協働した取組みを行い、また、そうした関係者による市民運動組織の設立を促した。1990 年代までの時期において、公害反対運動への対応と自然環境保全施策の推進において、倉敷市は住民・市民や民間団体等に異なる接し方をしたとみることができる。

　1990 年代以降の国民を重要な政策主体と位置づける動向、そして 1998 年制定の非特定営利活動促進法は、この地域においても民間団体の活動を促しているとみられる。しかし、倉敷市において、近年の環境課題等に市民・民間団体が環境保全に十分に役割を果たしているとは言えないのではないかと考える。倉敷市の環境基本計画等の策定に係るパブリックコメント手続きにおいて、意見等を寄せる件数は多くはないし、計画策定に大きな影響を与えるようなものは見られない（補注16）。このことから、今後市民の環境意識をいかに高めていくかが問われることになる。市民は公害、自然破壊を実感し易いかもしれないが、地球温暖化や生物多様性の減耗を差し迫った問題と認識しにくい側面を持つ。この点から、これからの市民の環境意識を高める重要性があるし、環境意識の高い市民や民間団体の活動により、今以上に地域の環境保全に役割を担うことが期待される。

【謝辞】
　この章をまとめるにあたり、水島財団専務理事・太田映知氏、同事務局長・藤原園子氏、その他同財団の方々、倉敷芸術科学大学教授・河邉誠一郎氏、倉敷市立自然史博物館学芸員・江田伸司氏、倉敷・総社温暖化対策協議会政策提言グループリーダー・平尾博美氏、岡山エネルギーの未来を考える会会長・廣本悦子氏、岡山環境カウンセラー協会会長・藤本晴男氏、倉敷市環境政策部・三宅康裕氏およびその他の環境政策部のご担当の方々のご協力をいただきました。ここに記してお礼申し上げます。

【補注】
補注 1：フレアースタックは煙突の形状の排出口で、石油精製工場、石油化学工場などに設置され製造工程中に発生する余剰ガスなどを燃焼・排出させる施設である。
補注 2：イ草については、倉敷市において 1965 年に 487 ha、1968 年に 228 ha、1970 年に 81 ha、1971 年に 67 ha の被害があった（岡山県［1971］）。果樹については、1965 ～ 1970 年にミカンの葉および果実に黒斑が発生する被害が約 10 数 ha、栽培戸数 80 戸、

第1章　倉敷市の環境保全と住民・市民のかかわり　　*29*

1969 〜 1970 年に梅が結実しない被害が約 2.4 ha、栽培戸数 104 戸、1970 〜 1971 年に
イチジクの葉斑・葉枯れ・落葉、果実の肥大停止・斑点裂果の被害が約 1.4 ha、1971 年
に桃の異常落果、奇形果が約 2 ha にわたり、それぞれ発生した（岡山県［1971］）。野菜
については、1971 年にサトイモの葉枯れが、7 月初旬に約 40 ha、栽培農家約 270 戸、7
月末〜 8 月初旬に約 10 ha、栽培農家約 200 戸にわたりそれぞれ発生した。同じ 7 月末
〜 8 月初旬にショウガの葉枯れ等の異常症状が約 12 ha、栽培農家約 200 戸について発
生した（岡山県［1971］）。

補注 3 ：岡山県資料によれば「和解あっせんには、個別あるいは集団会議方式で延べ 200 回に及
　　　　ぶ折衝、話し合いが行われ、昭和 49 年 11 月 27 日関係企業と生産者代表との間で覚書
　　　　調印をみるに至った」（岡山県［1971］）とされている。

補注 4 ：岡山県資料によれば、1971 年のショウガ、サトイモ、ネギ、ヤマイモ等の 69 ha の被害
　　　　に対して、被害者代表（福田町農協、関係戸数 200 戸）に被害処理金として 28,000 千
　　　　円が支払われた。1972 年のネギ、大根、サトイモ等の 19.12 ha、196 戸の被害に対して
　　　　6,341 千円、1973 年のネギ、春菊、ニンジン、大根等の 70.7 ha、562 戸の被害に対して
　　　　27,385 千円が支払われた。（岡山県［1976］）

補注 5 ：1988 年度末の認定者数は 2,910 人であった。（環境省「平成 22 年版環境統計集」）

補注 6 ：千葉訴訟（1975 年提訴、1992 年和解）、西淀川訴訟（1978 年提訴、企業 9 社について
　　　　1995 年和解、国・阪神高速道路公団について 1998 年和解）、川崎訴訟（1982 年提訴、企
　　　　業 13 社について 1996 年和解、国・首都高速道路公団について 1999 年和解）などである。

補注 7 ：2011 年 7 月 7 日、水島財団・太田映知氏に面接した結果による。

補注 8 ：1987 年に改称・改正された「公害健康被害の補償等に関する法律」において、改正前の
　　　　法律により認定を得ている場合は補償を継続して受けることができるとされた。

補注 9 ：「倉敷川畔伝統的建造物群保存地区背景保全条例」（1990 年）である。

補注 10 ：倉敷自然史博物館関係者からの聞き取り調査による。（2011 年 7 月 5 日）

補注 11 ：倉敷市環境政策課提供資料による。（2010 年 9 月 13 日）

補注 12 ：「環境カウンセラー」は、1996 年に環境庁（当時）が「環境カウンセラー登録制度実施規定」
　　　　により定めており、環境保全の実績、経験のある者が申請、審査を経て登録・公表され
　　　　る。事業者や市民に対して助言、環境学習講義などの活動を行うことが期待されている。

補注 13 ：地球温暖化防止活動推進員は「地球温暖化対策の推進に関する法律」により知事等が委
　　　　嘱する者で、温暖化対策の重要性について住民の理解を深める活動を行うなどについて
　　　　熱意と識見を持つ者の中から委嘱される。

補注 14 ：「地球温暖化対策地域協議会」は「地球温暖化対策の推進に関する法律」により、地方公
　　　　共団体、地球温暖化防止活動推進員などにより温暖化対策等を協議する団体として組織
　　　　することができるとされているものである。

補注 15 ：「パブリックコメント手続」は、1999 年の閣議決定「規制の設定又は改廃に係る意見提
　　　　出手続」により始められた。2005 年の行政手続法の改正後は意見公募手続として法定手
　　　　続となっている。

補注 16 ：「倉敷市第二次環境基本計画（原案）」に対するパブリックコメント手続に対して、15 件

の意見が寄せられているが、これらに対して倉敷市は「参考とする」との対応に止めている（「平成 22 年度第 4 回環境審議会」配布資料による）。

【引用文献・参考図書】

倉敷市医師会連合会［1969a］：倉敷市医師会連合会「水島工業地域における公害に関する住民調査第 2 報」1969

倉敷市医師会連合会［1969b］：倉敷市医師会連合会「水島工業地域における公害に関する住民調査第 3 報」1969

丸屋［1970］：丸屋博『公害にいどむ』新日本新書　1970

岡山県［1971］：岡山県環境部「環境保全概要」1971

総理府他［1971］：総理府・厚生省『昭和 46 年版公害白書』1971

岡山県農試［1973］：岡山県農業試験場「昭和 48 年版岡山県農試研究年報」1973

倉敷市議会［1974］：倉敷市議会「昭和 48 年第 3 回倉敷市議会議事録」1974

室山［1974］：室山貴義「プロジェクトチーム奮戦記 倉敷市における自然環境保全の歩み」1974

倉敷市［1975］：倉敷市公害対策部「倉敷市における公害対策の概要第 10 報」1975

環境庁［1975］：環境庁『昭和 50 年版環境白書』1975

岡山県［1976］：岡山県環境部「環境保全の概要昭和 51 年 10 月」1976

倉敷市［1977］：倉敷市環境部「倉敷市における公害対策の概要第 12 報」1977

環境庁［1978］：環境庁『昭和 53 年版環境白書』1978

環境庁［1979］：環境庁『昭和 54 年版環境白書』1979

環境庁［1980］：環境庁『昭和 55 年版環境白書』1980

環境庁［1982］：環境庁『環境庁十年史』1982

環境庁［1986］：環境庁『昭和 61 年版環境白書』1986

環境庁［1990］：環境庁『平成 2 年版環境白書総説』1990

倉敷の自然をまもる会［1991］：倉敷の自然をまもる会『倉敷市由加山系の自然』1991

環境庁・外務省［1993］：環境庁・外務省「アジェンダ 21　持続可能な開発のための人類の行動計画」1993

倉敷市自然史博物館［1994］：倉敷市自然史博物館「倉敷市自然史博物館報 No.5」1994

環境庁［1994］：環境庁企画調整課『環境基本法の解説』ぎょうせい　1994

閣議決定［1994］：閣議決定「環境基本計画」（1994 年 12 月 16 日）

水島財団［1998］：倉敷公害訴訟記録『正義が正義と認められるまで』1998

太田［1998］：太田映知「患者会の運動と法廷闘争」『正義が正義と認められるまで』1998

岡田［1998］：岡田信之「公害裁判提訴に踏み切るまで」『正義が正義と認められるまで』1998

山崎［1998］：山崎博幸「かくして公害裁判は始まった」『正義が正義と認められるまで』1998

清水［1998］：清水善朗「倉敷公害訴訟の全面解決に向けて」『正義が正義と認められるまで』1998

OPECA［1999］：岡山環境カウンセラー協会「岡山環境カウンセラー協会会報創刊号」1999

環境庁［1999］：環境庁『平成 11 年版環境白書』1999

第 1 章　倉敷市の環境保全と住民・市民のかかわり　*31*

環境庁［2000］：環境庁『平成 12 年版環境白書』2000

倉敷市［2000］：倉敷市「倉敷市環境基本計画」2000

倉敷の自然をまもる会［2000］：倉敷の自然をまもる会『倉敷市由加山系全域の自然』2000

環境省［2001］：環境省『平成 13 年版環境白書』2001

森瀧［2001］：森瀧健一郎「発刊のご挨拶」『みずしま財団たより Vol.1』2001

水島財団［2001］：水島財団「水島財団活動経過」『みずしま財団たより Vol.1』2001

長谷川［2003］：長谷川公一『環境運動と新しい公共圏』有斐閣　2003

環境省［2003］：環境省『平成 15 年版環境白書』2003

倉敷市［2005］：倉敷市『倉敷市史 7　現代』2005

倉敷市［2006］：倉敷市環境部『倉敷の自然向山地区』2006

井上他［2007］：井上堅太郎・室山貴義ほか「倉敷市の景観保全のための背景保全対策の先進性について」『社会科学系研究第 5 号』2007

倉敷市［2007］：倉敷市「倉敷市環境基本計画改訂版」2007

ロバート・ペッカネン［2008］：ロバート・ペッカネン、佐々田博教訳『日本における市民社会の二重構造』木鐸社　2008

倉敷市自然史博物館［2009］：倉敷市自然史博物館「倉敷市自然史博物館報 No.18」2009

倉総協議会［2009］：倉敷・総社温暖化対策協議会「運営規則」2009

井上他［2010］：井上堅太郎・前田泉他「水島工業地域をめぐる環境保全対策の経緯等に関する研究」『社会情報研究第 8 号』2010

水島財団［2010］：水島財団「倉敷市における公害日誌」2010

OPECA［2010］：岡山環境カウンセラー協会「岡山環境カウンセラー協会会報　2010 年 5 月 18 日」2010

倉総協議会［2010］：倉敷・総社温暖化対策協議会「倉敷チボリ公園跡地の大規模複合商業施設の建設について（株式会社イトーヨーカ堂宛）」2010

倉敷市［2011］：倉敷市「倉敷市第二次環境基本計画」2011

岡山県［2011］：岡山県ホームページ〈http://www.pref.okayama.jp/soshiki/detail.html〉．（2011 年 6 月 30 日参照）

倉敷市環境政策課［2011］：倉敷市環境政策課「環境団体一覧」2011

環境再生機構［2011］：環境再生機構ホームページ〈http://www.erca.go.jp/jfge/ngo/html/detail.php〉．（2011 年 6 月 30 日参照）

OPECA［2011］：岡山環境カウンセラー協会ホームページ〈http://www.opeca.jp〉．（2011 年 6 月 30 日参照）

環境省［2011］：環境省ホームページ〈http://www.env.go.jp〉．（2011 年 6 月 30 日参照）

エネミラ［2011］：「おかやまエネルギーの未来を考える会」ホームページ〈http://www.enemira.milkcafe.jp〉．（2011 年 6 月 30 日参照）

内閣府［2011］：内閣府ホームページ〈http://wwwnpo-homepage.go.jp/data/bunnya.html〉．（2011 年 9 月 12 日参照）

第2章
瀬戸大橋架橋と環境影響評価

1　はじめに

　環境庁（当時）は1977年に「児島・坂出ルート本州四国連絡橋事業の実施に係る環境影響評価基本指針」（環境庁［1977］）を本州四国連絡橋公団に提示し、本州四国連絡橋公団により環境影響について調査・予測・評価が行われた。1977年7月〜1978年5月の間の環境影響評価手続きを経て、1978年10月に着工、約10年を経て1988年に開通した。（架橋史編さん委［1990］）

　環境影響評価の対象となったのは架橋部と陸上部の高速道路・鉄道を含み、架橋部は上部を高速道路、下部を複線の鉄道とする延長24.7 km（本州側20.3 km、四国側4.4 km）、本州側は岡山県倉敷市と早島町の地域で多くの部分が倉敷市であった。高速道路部について交通量48,000台/日を見込むものであった。（本四公団［1978］）

　日本の環境影響評価は、1972年の閣議了解「各種公共事業に係る環境保全対策について」（閣議了解［1972］）を起源とされ、その後個別法による制度、関係省所管事業に対する行政指導による制度、環境庁（当時）の行政指導などによって実施されるようになった。瀬戸大橋の架橋に係る環境影響評価（以下「瀬戸大橋環境影響評価」）は、環境影響評価制度が社会的に受け入れられる早い時期の事例であること、および環境庁主導によることを特徴としている。また、後に岡山県、香川県が相次いで環境影響評価制度を導入したことに影響を与えた。1970年代に国および地域レベルの環境影響評価制度が導入され、確立されていく過程において重要な意味を持つものであった。

2　日本の環境影響評価制度の構築と瀬戸大橋環境影響評価

日本の環境影響評価は、1972 年に政府の閣議了解「各種公共事業に係る環境保全対策について」により、国等が各種公共事業を実施しようとするときは公害の発生・自然環境の破壊等の支障をもたらすことのないように留意する、事業実施主体に対しあらかじめ環境影響、環境破壊の防止策、代替案の検討等を行わせ所用の措置をとらしめるとして始められた。また、この閣議了解は地方公共団体にも国に準じた措置を講ずるよう要請するとした。(閣議了解［1972］)

その後、1973 年に港湾法、公有水面埋立法の一部改正により対象事業実施について、また、1973 年に議員立法により制定された「瀬戸内海環境保全臨時措置法」(1978 年に「瀬戸内海環境保全特別措置法」に改正・改称) により関係施設の許可申請にあたり、環境影響評価を求めるとした。次いで 1977 年に通産省 (当時) が電源開発について、1978 年に建設省 (当時) が所管する事業について、1979 年に運輸省 (当時) が整備 5 新幹線について、それぞれ行政指導により環境影響評価手続きを求めるようになった (通産省［1977］、建設省［1978］、運輸省［1979］)。

こうした日本の環境影響評価制度の形成期とも言うべき比較的早い時期の 1977 ～ 1978 年に、瀬戸大橋環境影響評価が実施された。環境庁が「児島・坂出ルート本州四国連絡橋事業の実施に係る環境影響評価基本指針」(環境庁［1977］) を示し、これに基づいて本州四国連絡橋公団 (当時。以下「本四公団」) が環境影響評価手続きを実施した。

瀬戸大橋環境影響評価に先行して、苫小牧東部地域の工業開発に関し、北海道が環境庁の指導を得て 1973 ～ 1975 年に環境影響評価を行った経緯があった (伊藤［1976］)。また、むつ小川原開発に関し、1976 年に環境庁が第 2 次基本計画について指針を示し青森県が環境影響評価を行い、手続きを経て環境庁が開発計画に係る環境配慮を是とした経緯があった (環境庁［1978a］)。瀬戸大橋環境影響評価はこの 2 例の大規模開発に関する環境影響評価に次いで実施された。また、先行する 2 例はいずれも当初の開発構想のとおりには実現しなかったのであるが、瀬戸大橋は 1977 ～ 1978 年の環境影響評価手続きを経て 1978 年 10 月に工事が始まり、1988 年に完成し供用開始された。

社会的に重要な意味をもつ環境影響評価制度について、法律に根拠を有する制度

34

であることが望ましいものであった。環境庁は1975年〜1980年に再三にわたり
法案を国会提案しようとしたものの政府内、自由民主党、および電力業界など産業
界の反対などのために国会提案に至らなかった経緯があった（川名［1995］）。瀬
戸大橋架橋にかかる環境影響評価が行われたのは1977〜1978年であるが、環境
庁は法案の政府内の合意を得る努力を行っている最中であった。先行して実施され
た北海道苫小牧東部地域工業開発、むつ小川原総合開発計画等と同様に、その後の
日本の環境影響評価制度の拡充の経緯に先行するものであった。

3 瀬戸大橋環境影響評価の経緯等

(1) 瀬戸大橋環境影響評価の基本指針・技術指針等

　瀬戸大橋環境影響評価は、1977年7月20日に環境庁が本四公団に対し「児島・
坂出ルート本州四国連絡橋事業の実施に係る環境影響評価基本指針」（以下「基本
指針」。環境庁［1977］）を示すことにより始められた。また、同日に運輸省・建
設省が「（同事業実施に係る）環境影響評価の技術指針」（以下「技術指針」。運輸
省・建設省［1977］）、9月21日に「（同）環境影響評価技術指針実施細目」（以下「実
施細目」）を指示した。

　基本方針は、（A）環境影響評価の基本的考え方、（B）環境影響評価の手順と内
容、（C）環境影響の予測及び評価の実施等に際しての留意事項からなる。（環境庁
［1977］）

　（A）の基本的考え方において、環境影響に対する配慮の必要性、環境影響の予
測・評価、その結果の公表、地域住民等の意見の環境保全措置への反映等を指摘し
た。政府（環境庁）として本四公団に対して環境影響評価を求め、その手続きの基
本的なあり方を示したものである。

　（B）の手順と内容において、本四公団が自ら環境影響の予測・評価を行って評
価書案を作成すること、評価書案を公衆の縦覧に供し、説明会を開催するなどによ
り周知すること、地元自治体首長・環境庁長官に意見を求めること、両県知事と協
議して地域住民の意見を反映させる措置を講ずること、さらには関係者の意見を十
分に考慮して環境影響評価書を作成し関係者に送付すること、など環境影響評価の
手続きを示した。「評価書案」は今日の環境影響評価法における「準備書」に相当

する。なお、現在の法制度では「環境保全の見地から意見を有する者」が意見を提出することができるとされているが、基本指針においては「地域住民」とされた。

（C）の留意事項において、環境保全目標の設定、留意事項として大気の保全、水質の保全および景観の変化を含む自然環境の保全を指摘している。これは環境影響評価を行うべき基本的な項目等を示したものである。

具体的に調査する環境要素・調査方法、予測・評価項目、予測方法、環境保全目標の設定等については技術指針により指示された。技術指針において、環境要素として生活環境に係る大気質・水質・騒音・振動・地盤沈下、自然環境に係る植生・動物等、および自然景観が指示された。（運輸省・建設省［1977］）

生活環境に係る環境保全目標として水質・騒音・振動について具体的な数値が示された。大気質については、「早急に検討を加え定めるものとする」として、技術指針には具体的に示されなかった。自然環境に係る環境保全目標はその価値を3段階に区分し、「A区分」の全国的価値に相当するものについては「当該環境要素を保全する」、「B区分」に相当する地方的・都道府県的価値に相当するものについては「相当程度保全する」、「C区分」に相当する市町村的価値に相当するものについては「自然環境要素への影響を可能な限り最小化する」とされた。なお、鉄道の運行に伴う騒音の環境保全目標は「近傍における既設鉄道（在来線規格）の騒音レベル以下とする」とされた。

(2) 環境影響評価書案の手続き等

1977年11月19日に本四公団は環境庁と地元自治体に「本州四国連絡橋（児島・坂出ルート）環境影響評価書案（以下「評価書案」。本四公団［1977］）を送付した。

本四公団は評価書案を、岡山県側6か所、香川県側5か所で、11月22日から3週間にわたり公開・縦覧に供した。また、説明会を岡山県側6か所、香川県側7か所（香川県側1か所については追加開催）において、11月28日から12月13日の間に開催した。また、本四公団は、岡山県公害対策審議会、岡山県自然環境保全審議会、香川県公害対策審議会、香川県自然環境保全審議会などにおいて説明し質疑に応じた。（山陽新聞報道による）

一般住民等からの意見提出期限である12月19日までに、岡山県側68件、香川県側44件、合計112件の意見書（架橋史編さん委［1990］）が提出された。地元

自治体からの意見について、岡山県が1978年1月14日に、香川県が1月23日に、倉敷市等2市2町が2月3日までに、それぞれ本四公団に意見書を提出した。環境庁意見は3月27日に提出された。

本四公団はこうした意見等を踏まえて、1978年5月4日に「本州四国連絡橋（児島・坂出ルート）環境影響評価書」（以下「評価書」。本四公団［1978］）を環境庁と地元自治体に送付し公表した。

この後、5月6日に本四公団は自然公園法第40条第1項に基づいて協議（補注1）を行った。これは国立公園の特別地域に係る行為に関する手続きとして、国の機関に対して協議が求められていることに関するものである。この協議について環境庁は、自然環境保全審議会自然公園部会本四連絡橋問題小委員会に意見を求め、小委員会が6月13日に瀬戸大橋建設はやむを得ない旨の見解を発表し、この見解を踏まえて、9月29日に環境庁が自然公園法に基づく協議を了承した（環境庁［1978d］）。また、文化財保護法に基づく手続きについて、5月23日に本四公団が文化庁に協議、文化庁が9月11日に許可している（文化庁［1978］）。

1977年12月2日に、当時の岡山県知事が記者会見で本四公団と公害防止協定

図2-1　瀬戸大橋児島・坂出ルート
出典：本四公団「本州四国連絡橋環境影響評価書」により作成

のようなものを締結したいと発言した（山陽新聞 12 月 3 日）。この後、環境影響評価書に対する意見として、岡山県、香川県ともに公害防止協定の締結を求めた。本四公団は運輸省・建設省と協議の結果、1978 年 2 月に協定の締結に応じる方針を決め（山陽新聞 2 月 24 日）、また、評価書案への意見に対する見解として環境保全に関する協定を締結するとした（架橋史編さん委 [1990]）。岡山県、香川県、本四公団は 6 月 29 日に協定に関する協議を開始し（山陽新聞 6 月 29 日）、9 月 30 日に、岡山県、香川県、倉敷市、坂出市、早島町、宇多津町と本四公団による環境保全協定として締結された（岡山県他 [1978]）。

　環境影響評価に係る手続き、および関連する以上の経過を経て、1978 年 10 月 10 日に岡山県側、香川県側でそれぞれ着工された。

(3) 評価書案に対する意見等

　評価書案に対する住民等、関係自治体、および環境庁の意見等はおおむね以下のとおりであった。

　住民等への説明会の様子について 1977 年 12 月に山陽新聞が報道している。岡山県側の説明会においては、大気汚染について、二酸化窒素汚染に関する環境保全目標、その他の質疑・議論、光化学オキシダント汚染に関する指摘、健康被害および農作物への影響に関する議論、騒音について高速道路ルートに近い倉敷市・稗田地区をトンネルとすることを求める意見などがあったと報じられている。しかし、景観についての論争の盛り上がりがなかったことを指摘している。香川県側の説明会においては、大気汚染について二酸化窒素汚染、二酸化硫黄汚染、それらの予測手法など、また、インターチェンジの設置による付近の水害のおそれなどを指摘する意見があったと報じられている。そのうえで架橋に反対しないものの環境の悪化を懸念する住民の姿勢を報じている。（山陽新聞 [1977]）

　本四公団により、提出期限までに寄せられた評価書案に対する 112 件の意見、および説明会における意見の要約が発表されている。評価書案について分かりにくさを指摘する意見、大気汚染について二酸化窒素汚染・予測手法および環境保全目標に関する指摘、硫黄酸化物・光化学オキシダント汚染等の予測・予測手法等に関する指摘など、道路交通騒音と対策に関する指摘、鉄道騒音の環境保全目標として新幹線鉄道の環境基準を適用すべきとの指摘、工事中の公害対策等の指摘、環境管理の具体的対策と必要な体制の確立を指摘する意見、などがあったとしている。

（架橋史編さん委［1990］）

　岡山県は 1978 年 1 月 14 日に本四公団に意見書を提示した。公害防止協定の締結、住民意見の尊重、二酸化窒素大気汚染に関係する指摘、鉄道騒音の環境保全目標として新幹線鉄道環境基準値の適用、道路騒音について必要が生じた場合における対応、鷲羽山の景観保全などである。（岡山県［1978］）

　香川県は 1978 年 1 月 23 日に本四公団に意見書を提示した。岡山県と同様の指摘事項として、協定の締結、二酸化窒素大気汚染関係事項、鉄道騒音の環境保全目標、道路騒音への対策などを指摘し、また、岡山県が指摘しなかった事項として、二酸化窒素以外の大気汚染の調査・検討、架橋と瀬戸内海景観の調和などを指摘した。（香川県［1978］）

　環境庁は 1978 年 3 月 27 日に本四公団に意見を提示した。大気汚染について、二酸化窒素の環境保全目標・予測手法、浮遊粉じんと光化学オキシダントの検討・予測、農作物等への影響調査・把握等、鉄道騒音について評価書案の環境保全目標（一般区間 80 ホン、架橋部区間 85 ホン）を 5 ホン程度軽減する検討、道路交通騒音について、倉敷市稗田地区の計画ルートの再検討、坂出北インターチェンジ周辺の住居密集地域を考慮した構造等の再検討、景観への影響に関連して鷲羽山地区の予測評価の補足、橋梁形式の代替・比較検討等を指摘した。（環境庁［1978b］）

(4) 環境影響評価書における景観、二酸化窒素大気汚染および鉄道騒音

　本四公団は、1978 年 5 月 4 日に住民、関係機関等の意見を踏まえた評価書を、環境庁、関係自治体に送付し公表した。自然景観への影響、大気汚染に係る二酸化窒素の汚染予測、環境保全目標の設定等、および鉄道騒音の環境保全目標等について、以下のように検討・評価した。

　評価書は景観等に関係して、橋梁建設の代替案としてトンネル案を検討し、記載している。それによればトンネルの施工上の問題として、海底トンネルが 30 〜 40 km に及ぶこと、調査研究や新たな技術開発を要すること、不測の大量浸水等があり得ること、掘削土量が多いことなどを挙げている。また、維持管理上の問題として、30 km 以上の地下トンネルを走行する運転者への心理的な悪影響、火災事故の懸念、鉄道輸送トンネルの保守管理などを挙げている。そして建設費が架橋に比べて 1.2 〜 1.4 倍になるとし橋梁案が有利であるとしている。（本四公団［1978］）

　評価書は具体的な景観への影響について、架橋のために鷲羽山地区を切り通すこ

と（以下「オープンカット」）により鉄道用 2 本、高速道路用 2 本のルートを確保することに関連して、多島海景観の展望地として重視されてきた山容が改変されることから、オープンカット後の法面等の扱いにおいて景観に配慮するとした。（本四公団［1978］）

　評価書は橋梁のデザインと景観との関係について、下津井瀬戸大橋、北備讃瀬戸大橋、南備讃瀬戸大橋を吊橋とすることは評価書案と変わらないものの、評価書案においてトラス橋としていた櫃石島橋、岩黒島橋について、代替案の検討を行って景観からみて斜張橋が考えられるもののトラス橋とあまり優劣はなく、技術的に優位なトラス橋とするとした（本四公団［1978］）。なお、瀬戸大橋架橋に係る景観影響については、評価書の公表後に自然公園法に基づく手続きが行われ、また、工事着手後に景観配慮の観点から工事方法の変更等が行われたが、そうした点を含めて後述する。

　評価書は二酸化窒素に係る大気汚染について、環境保全目標としてその時点における環境基準値である「1 時間値の 1 日平均値が 0.02 ppm 以下であること」としたうえで、ただし書きにおいて、当時、世界保健機構（WHO）がガイドラインとして示していた値（1 時間値が月に一度を超えて出現してはならない値　0.10 ～ 0.17 ppm）についても予測結果の評価に用いるとした（本四公団［1978］）。当時、環境庁が二酸化窒素に係る環境基準の見直しを進めていたことに関係するものであるが、このことの経緯については後述する。

　評価書は鉄道騒音の環境保全目標について評価書案のとおりとし、岡山県、香川県などが求めた新幹線鉄道環境基準を採らなかったが、ただし書きにおいて鉄道の営業開始までに約 10 年の期間があることを踏まえて、5 ホン程度軽減することを目標に技術開発とその結果を活用して沿線への影響の軽減に努力するとした（本四公団［1978］）。「5 ホン程度軽減」については環境庁意見に沿ったものと考えられる。なお、この鉄道騒音のレベルについては、瀬戸大橋の供用開始後にこの軽減が実現しなかったために紛争に発展したのであるが、このことについては後述する。

4 瀬戸大橋環境影響評価における主要な論点の背景と経緯等

(1) 自然景観への影響評価の経緯等

自然公園法は、特別地域内における工作物の新築等について許可を得ること、国の機関が行う場合には協議することとしているが禁止している訳ではない（補注1）。瀬戸大橋架橋は特別地域を含む地域における開発行為に該当するが、国の機関が行うものとして協議手続きを経て了解されれば工事が可能となるものであった。

評価書案に対して、説明会において景観への影響を強く懸念するような意見はなかったようである。新聞報道では自然公園法の特別地域に係る開発にもかかわらず「景観論争の盛り上がりにいまひとつ欠けた」（山陽新聞 1977 年 12 月 8 日）とされる。

景観影響に関しては、岡山県が「鷲羽山のオープンカット計画についてはその景観保全のため再検討すること」（岡山県［1978］）と指摘し、香川県が「架橋は瀬戸内海景観に関わるので、その調和について一層検討すること」（香川県［1978］）と指摘した。

環境庁は景観影響に関して、橋梁の照明による景観上の評価の説明、架橋による景観の改変の具体的な記述、鷲羽山地区のオープンカットに伴う景観の変化の補足、橋の形式に関する比較検討、修景計画に関する具体的な計画などを指摘している。この時点における環境庁の意見は、後に自然公園法に基づき最終的な判断を行うに必要な環境影響評価書における補足的な記述を求めたものと考えられる。（環境庁［1978b］）

1878 年 5 月 4 日に本四公団が公表した評価書における景観の保全に関係する事項についてはおおむね以下のとおりであった。

架橋に替わるトンネル案については景観にも関係するものであるが、「橋りょう案に見合う、海底トンネル案の建設費は、1.1 ～ 1.4 倍……海底トンネルの計画には、技術上、維持管理上極めて多くの問題を有しており……橋りょう案については……基本的な問題はほとんどない……投資効率あるいは利便性からみても明らかに橋りょう案が有利である」（本四公団［1978］）と結論している。なお、トンネル案に関しては、評価書案においても同趣旨の記述を行っている（本四公団

第2章　瀬戸大橋架橋と環境影響評価　*41*

［1977］）。

　鷲羽山地区のルートについては、オープンカットの方針を変えず、景観への配慮について「地域の人々に親しまれ、大切にされている鷲羽山の一部を改変することは避けられないので、（オープンカット後の）法面等の扱いに景観上の配慮を十分加える」とした（本四公団［1978］）。

　櫃石島橋、岩黒島橋の形式に関する現案（トラス橋）の代替案の検討結果を記述している。それによれば、吊橋とすることは、架橋部分の南北の大きな吊橋（下津井大橋、南・北備讃瀬戸大橋）のミニチュアとなりバランスから見て景観的に不適当であること、アーチ橋とすることは、吊橋の曲線と逆になること、経済的な面で不利となることを記述している。また、斜張橋とすることについては、現案のトラス橋と比べて「現案は……景観的に斜張橋とあまり大きな優劣はないようにみえる……技術的に優位な現案を採用した」と記述している。（本四公団［1978］）

　色彩に関しては「橋梁が自然景観の中で、無理なく、不自然さがなく（強い緊張感や斬新さを排除して）受け入れられ、しかも美しいという印象を与えるような方向を目指す……無彩色や、薄いトーンの色を中心として選択される……と思われる……しかし……国民的合意が得られれば上記とは全く別の選択を行うことも考えられる……諸方面の意見を参考にしながら決定したい」（本四公団［1978］）とした。

　1978年5月6日に本四公団は自然公園法第40条第1項に基づく協議（補注1）を行った。これは瀬戸大橋が国立公園の特別地域をルートとしていることに基づくものである。

　環境庁はこの協議に対応するため、自然環境保全審議会自然公園部会本四連絡橋問題小委員会（以下「小委員会」）に意見を求め、小委員会は1978年6月13日に意見書をまとめた。意見書は、自然景観を保全する立場としては架橋を容認しがたいが、架橋を否定することは現実的でないとの考えを示したうえで、自然環境の保全のため必要な9項目の配慮条件を示した（山陽新聞［1978a］）。この小委員会の意見をベースとして、1978年9月29日に環境庁は本四公団に11項目の条件を付して架橋に同意する旨の回答をした。回答において、鷲羽山地区についてはオープンカットではなくトンネルとし、施工について別途協議すること、櫃石島橋・岩黒島橋については斜張橋とし、施工について別途協議すること、橋梁の照明について自然景観との調和のために交通安全の確保に必要な範囲とすること、橋梁上部の色彩等について環境庁に意見を求めたうえで決定すること、修景緑化に留意すること

表 2-1　瀬戸大橋架橋に係る環境影響評価等の経緯

年　月	事　項
1959. 4	建設省が本四連絡橋の各ルート（明石・鳴門ルート、瀬戸大橋ルート、尾道・今治ルート）の調査を開始
1970. 7	本州四国連絡橋公団設立、道路公団・鉄建公団の本四連絡事業を継承（1 日）
1973.10	建設・運輸大臣が本四公団の本四連絡橋の工事実施計画を認可（26 日）（注 1）
1973.11	25 日に予定されていた工事着手について総需要抑制策のために延期（20 日）
1975. 8	政府が 1 ルートの早期完成を図るとする建設方針を決定
1977. 4	政府が児島・坂出ルートを早期完成を目指すルートとする閣議了解（26 日）（ただし、正式決定は秋に決定予定の第三次全国総合開発計画で決定）
1977. 7	・環境庁が「児島・坂出ルート本州四国連絡橋事業の実施に係る環境影響評価基本指針」を示し岡山県、香川県に協力を要請（20 日） ・運輸省・建設省が「本州四国連絡橋（児島・坂出ルート）に係る環境影響評価技術指針」を指示（20 日）
1977. 9	運輸省・建設省「本州四国連絡橋（児島・坂出ルート）に係る環境影響評価技術指針実施細目」を指示（21 日）
1977. 9	国土庁が第三次全国総合開発計画試案において、当面早期完成を図る本四連絡橋ルートを児島・坂出ルートと明記（→三全総の閣議決定は 11 月 4 日）
1977.11	・本四公団が環境庁と地元自治体に環境影響評価書案を送付（19 日） ・同評価書案を各地で縦覧（22 日から 12 月 12 日まで 3 週間） ・同評価書案の説明会（28 日～12 月 13 日まで 13 回）
1977.12	住民意見提出期限（19 日）までに 112 通の住民意見
1978. 1	岡山県（1 月 14 日）、香川県（同 23 日）、倉敷市（同 31 日）ほか 1 市 2 町が意見書提出（2 月 3 日まで）
1978. 3	環境庁長官（当時）が環境影響評価書案に対する意見書を提出（27 日）
1978. 5	・本四公団が環境庁と地元自治体に環境影響評価書を送付・公表（4 日） ・本四公団が自然公園法第 40 条第 1 項に基づく協議（6 日） ・本四公団が文化財保護法第 80 条第 1 項に基づく協議（23 日）
1978. 6	自然環境保全審議会自然公園部会本四連絡橋問題小委員会の見解（13 日）（注 2）
1978. 9	・文化庁長官が文化財保護法に基づく許可（11 日） ・環境庁と建設省がルート周辺緑化、基金による環境保全対策等に合意（22 日） ・自然公園法に係る協議を了承（29 日） ・岡山県、香川県、倉敷市他 1 市 2 町と本四公団が環境保全協定を締結（30 日）
1978.10	瀬戸大橋架橋に着工（10 日）
1980. 3	・「本州四国連絡橋自然環境保全基金」設立（15 日） ・櫃石島橋、岩黒島橋のデザインを斜張橋に決定
1980.11	本四公団が鷲羽山地区工事をトンネル方式で施工する計画を発表（17 日）
1981.10	本四公団が瀬戸大橋の色彩をライトグレーとすることを発表（12 日）
1988. 4	瀬戸大橋開通（10 日）

出典：各年版環境白書、中山［1989a］（「瀬戸大橋に関する環境法上の諸問題（上）」）、架橋史編さん委［1990］（『瀬戸大橋架橋史通史・資料編』）、山陽新聞社［1988］（『ドキュメント瀬戸大橋』）をもとに作成

注 1：この時点においては、明石・鳴門ルート、瀬戸大橋ルート、尾道・今治ルートの 3 ルートについて認可した。

　 2：瀬戸大橋建設はやむを得ない旨の見解および自然環境への影響の防止に関する所用の措置の必要性を指摘した。

などを指摘した。(山陽新聞［1978b］)

　このような景観への配慮について、本四公団が工事着工（1978年10月10日）後に、環境庁の指摘に沿って対応がなされた。1980年3月に櫃石島橋・岩黒島橋を斜張橋とすること、1980年11月に鷲羽山地区をトンネルとすること、1981年10月に環境庁との協議を経て橋の色彩を「ライトグレー」とすることとされた。(山陽新聞社［1988］)（架橋史編さん委［1990］)

　環境庁は小委員会の意見を得た後、本四公団の監督官庁である建設省に、本四公団が通行者から料金を徴収する、それをもとに自然保全事業を実施することを申し入れ、これに対して建設省が難色を示したことが報道された（山陽新聞1978年6月22日）。環境庁の申し入れは小委員会が示した意見書の中で「自然環境への影響を最小限に防止し、その回復を図るなど……必要な事業を本四公団が実施し、自然との有機的融合を図るための措置が必要」と指摘したことに対応したものとされ、環境庁、建設省の調整が行われ、9月22日に両者は本四公団がルートの両側100mを買収して緑化事業を行うこと、「自然環境保全基金（仮称）」を設け橋の周辺で環境保全対策を行うことなどで合意した（山陽新聞1978年6月22日、8月14日、9月23日）。この経緯を経て、1978年9月29日に、環境庁は本四公団に対して条件を付して架橋に同意する旨の回答を行った経緯があった。なお、この環境庁、建設省の合意に基づく基金については1980年3月15日に設立された（架橋史編さん委［1990］)。

(2)　二酸化窒素大気汚染に係る環境保全目標等に関する背景と経緯

　二酸化窒素大気汚染の環境基準は1973年に設定され「1時間値の1日平均値が0.02 ppm以下であること」（以下「旧環境基準」。環境庁［1973］)とされたのち、1978年に現在の環境基準に改正された。当時においてはまだ二酸化窒素の測定局数は少なかったが、設定された旧環境基準に適合するような測定局は全国的に極めて少なかった（「昭和49年版環境白書」「昭和50年版環境白書」による）。旧環境基準の基礎となった中央公害対策審議会（以下「中公審」）専門委員会報告においては、二酸化窒素が動物実験において発ガンにつながるような研究結果が指摘されていた（中公審専門委［1972］)。環境白書は「十分な安全性を見込んで設定……したものである」との考え方を示していた（環境庁［1976］)。

　一方、1977年に、世界保健機構（WHO）窒素酸化物環境保健クライテリア専

門委員会は二酸化窒素大気汚染について、公衆の健康を保護するための暴露限界濃度を最大1時間値0.1～0.17 ppm（1月に1回を超えて出現してはならない）とすることが合意された（中島［1980］）が、これは旧環境基準の約2～3倍に相当するレベルであった。

環境庁は旧環境基準を見直し、1978年7月に、中公審の専門委員会報告書を基に「その後の研究では発がんを見たと考えられる結果は報告されていない」（環境庁［1978a］）として環境基準を「1時間値の1日平均値が0.04から0.06 ppmまでのゾーン内又はそれ以下であることと」した（環境庁［1978c］）。

こうした経過によって、旧環境基準が現在の環境基準に改訂されたが、瀬戸大橋環境影響評価は二酸化窒素環境基準の見直しが行われた最中に実施された。1977年11月に作成・公表された評価書案においては、二酸化窒素の環境保全目標は旧環境基準とされたが、本四公団は「なお、道路に面する地域の二酸化窒素については世界保健機構（WHO）の専門委員会が公衆の健康を守るためのガイドラインとして示した『二酸化窒素の1時間値が月に一度を超えて出現してはならない値0.10～0.17 ppm』をも予測結果の評価にあわせて用いるものとする」（本四公団［1977］）とした。

旧環境基準が定められた1973年当時に、日本の大気汚染は全国的に旧環境基準不適合局が多く、倉敷市等の本四架橋に係る地域について評価書案は「環境基準を達成している測定局はなく……」とし、そのうえで「計画路線周辺の民家で……（世界保健機構の専門委員会が示した汚染レベルの範囲の下限値程度となり）……人の健康に害を及ぼすことはないと思われる」とした。（本四公団［1978］）

倉敷市は水島工業地域の操業に関連して大気汚染にかかる健康影響に関心が高い地域であった。1960年代末頃から大気汚染による呼吸器症状の有症者の増加が知られるようなり、1975年に一部地域が公害健康被害補償法に基づく指定地域となっていた（第8章参照）。環境影響評価手続きが行われていた頃に認定者数は1,164人（1978年1月末）であった。（環境庁［1978a］）

こうした状況にあったので、瀬戸大橋架橋に伴う自動車排出ガスによる影響が地域の大気汚染に付加される懸念があった。岡山県側の住民説明会において「最も論議を呼んだのが二酸化窒素の環境保全目標論争」（山陽新聞1977年12月8日）であった。岡山県意見（1978年1月14日）においては環境庁が二酸化窒素環境基準について中央公害対策審議会に諮問していた状況を踏まえて「中央公害対策審議

会で……検討が続けられている……新知見が確立された時点で再検討を行うこと」（岡山県 ［1978］）とされた。香川県も同趣旨の意見を提出（1月23日）した。

　環境庁は意見を提出した1978年3月時点では旧環境基準が適用されている状況下にあったので、二酸化窒素の予測・評価については本四公団が保全目標としている旧環境基準と照合すべきとし、また、中環審の答申を踏まえて改めて意見を述べるとした。（環境庁 ［1978b］）

　本四公団は1978年5月の評価書において、評価書案と同様の環境保全目標とした。評価結果について、計画路線の道路周辺において自動車排ガスによる二酸化窒素年平均値の最大値が0.01 ppmとなること、地域の他の汚染源の汚染レベルの目標値である0.01 ppm（当時における倉敷市等に係る公害防止計画の目標値）と合わせると0.02 ppmとなること、この年平均値を換算すると相当する日平均値は0.04 ppm程度となるとした。また、日平均値0.04 ppmは1時間値に換算すると0.1 ppmとなり、世界保健機構（WHO）が示した公衆の健康を保護するための暴露限界濃度の最大1時間値0.1 ～ 0.17 ppmの下限値と同程度となり、人の健康に害を及ぼすことはないと思われるとした。（本四公団 ［1978］）

　環境庁は、中公審専門委員会の報告（中公審専門委 ［1978］）を踏まえて、1978年7月11日に二酸化窒素の環境基準を改正し、1時間値の1日平均値が0.04 ～ 0.06 ppmのゾーン内またはそれ以下であることとしたのであるが、本四公団の評価書の二酸化窒素汚染の予測値は、新しい環境基準の下限値程度となると予測したこととなった。環境庁はこうした経緯を踏まえて、1978年10月3日に本四公団に対して、評価書案に対する環境庁意見（1978年3月27日）を補足して「計画道路の周辺における……計画道路からの影響を含め……改訂された環境基準のゾーン内に入るものと思料されるが、なお、できるだけ影響を少なくするよう努め……今後の調査、検討……関係地方公共団体と緊密な連絡をとりつつ、適切な措置を講ずることとされたい」とした（環境庁 ［1978e］）。

　倉敷市においては1983年に倉敷公害訴訟が提訴され、1996年に和解が成立するまで十数年間にわたって係争が続いた。この訴訟が係争中であった1988年に瀬戸大橋が開通したが、瀬戸大橋架橋に係る二酸化窒素汚染が訴訟に関係して問題とされるようなことはなかった。

(3) 橋梁部に係る鉄道騒音に関する経緯等

評価書案は鉄道騒音に係る環境保全目標について、当時の既設鉄道の騒音レベル以下とすること、一般区間について 80 ホン以下、吊橋等長大橋梁については技術的な困難性から 80 ホンを達成することが困難な場合には 85 ホン以下とするとした。なお、在来鉄道騒音の新線・改良に関する指針値（環境庁 [1995]）（補注 2）は当時においてはまだ定められていなかった。

評価書案に対して、岡山県、香川県はともに環境保全目標として新幹線鉄道の環境基準（環境庁 [1975]）の適用を検討するよう求めた。なお、新幹線鉄道の環境基準は住居系地域について 70 ホン以下、住居系以外の地域について 75 ホン以下、測定については連続して通過する 20 本の列車のピークレベルの上位半数のパワー平均値である（当初の単位は「ホン」、現在は「デシベル」）。

環境庁は新幹線鉄道環境基準の適用を求めず、「将来新幹線鉄道が建設されることが計画されている……鉄道の営業開始までの期間を踏まえ……5 ホン程度軽減することを目標として鋭意技術開発……成果を効果的に活用……影響を極力軽減するよう努めること……技術開発の目標及び達成の見通しについて見直しを行うこと」（環境庁 [1978b]）との意見を提示した。

本四公団はこうした意見を得た後、1978 年 5 月に発表した評価書において、評価書案の目標を変更しなかった。しかし、環境庁の意見に沿うように、ただし書きにおいて新幹線鉄道計画があることに留意して営業開始までに「騒音レベルを 5 ホン程度軽減することを目標とし……鋭意技術開発を推進し……影響を極力軽減するよう努力する」（本四公団 [1978]）とした。

1988 年 1 月に列車の試験運転が始まると同時に騒音に対して橋梁下の住民から苦情が発せられるようになり、供用開始の祝典等の報道の中に住民が騒音のうるささを指摘したとの記事が報じられた（山陽新聞 1988 年 4 月 11 日）。その後、倉敷市、本四公団、岡山県などが橋梁下、橋梁周辺において測定した結果ではいずれも 80 デシベルを超え、85 デシベルに達することもあった。この時点においては、守られるべき騒音レベルとして 80 デシベルとの比較において議論がなされていたが、それは評価書において 5 ホン程度軽減することが記載されていたことによるものであり、この問題に係るその後の新聞報道等においては評価書における「努力目標」と通称された。また、測定方法については新幹線鉄道騒音の騒音測定方法を適用した。（井上 [1995]）

橋梁下と周辺の騒音レベルが努力目標を超えており、85 デシベル程度の騒音が生活環境において会話、睡眠等の支障を生じさせるレベルであったために、地域住民は努力目標の達成を強く求め、住民の訴えを背景に地元自治体が本四公団に騒音の軽減を求めた。地元住民は即効性のある騒音低減策として列車の減速を求めたが、橋を管理する本四公団、鉄道運行を行う四国旅客鉄道（IR 四国）は公共交通機関として役割を果たすとの立場を主張し、騒音軽減が実現しないままに鉄道運行は継続された。（井上 [1995]）

こうした状況について、衆議院議員が質問主意書を提出し、その中で新幹線鉄道とは異なる目標値設定の適切性、騒音目標値を超える列車をすべて減速運転する措置などを質問したが、政府からの答弁は、瀬戸大橋環境影響評価における目標と新幹線鉄道環境基準の数値は性格が異なるものであること、列車の減速等は大量輸送機関としての鉄道の役割を損なうこと、列車の円滑な運行を保ちつつ騒音対策を行うべきであることなどとした。（三野 [1988]）（内閣総理大臣 [1988]）

開通当初（1988 年 4 月）の列車走行本数は約 80 本／日であったが、7 月には騒音レベルの改善がなされないまま約 100 本／日に増便された。1989 年 7 月に約 120 本／日に増便されるのを機に、特に騒音レベルの高かった特急列車の速度を橋上において、通常の 95 km／時から 65 km／時に減速する措置がとられ、努力目標が達成された。しかし、1990 年 3 月のダイヤ改正後の測定において努力目標を超える騒音レベルとなった。最終的に努力目標が達成されたのは、新しい軽量・低騒音型のディーゼル車両を導入した 1990 年 11 月末のダイヤ改正時においてであった。瀬戸大橋に係る鉄道騒音をめぐる経緯は、環境影響評価手続きにおける環境保全目標が遵守されない場合の社会的な対処のあり方について、検討の余地があることを示す事例となった。（井上 [1995]）（中山 [1989b]）

5 瀬戸大橋環境影響評価の意義等

(1) 環境影響評価手続きについて

瀬戸大橋環境影響評価は、一般的に環境影響評価と呼ばれる手続きに求められる基本的な要件を具備したものであったと考えられる。

第 1 に、住民、関係地方自治体等の意見を環境保全のための事業のあり方へ反

映することについてであるが、環境庁が示した基本指針に沿って環境影響評価書案が公開・縦覧され、地元説明会、関係自治体への説明がなされ、そのうえで一般住民、関係自治体、環境庁が意見を述べ、本四公団はそれらの意見を得たうえで評価書を作成・公表した。

　第2に、環境影響評価の調査・予測・評価についてであるが、基本的には運輸省・建設省が示した技術指針、およびその実施細目によって実施された。評価書案および評価書は、大気質等（騒音・振動を含む）の保全、水質の保全、自然環境（景観を含む）の保全について、環境保全目標を設定し、目標と比較してそれぞれの項目に係る環境影響・環境保全の考え方を明記した。

　第3に、環境影響評価手続きと工事の着手との関係についてであるが、本四公団は1978年5月に環境影響評価書を作成・公表し、1978年10月に工事に着手しており、環境影響評価手続きを経て開発が行われる仕組みがとられた。

　今日の環境影響評価法と比べてみると異なる点として計画アセスメントがなされなかったことを指摘できる。2011年改正の環境影響評価法は、環境影響評価を行うべき対象事業に対して、計画立案の段階で環境保全のために配慮すべき事項を検討し、配慮書を作成のうえ主務大臣に送付・公表し、環境大臣に意見を求める制度を取り入れたが、1977～1978年の瀬戸大橋環境影響評価時に計画アセスメントが行われるような状況ではなかった。中山氏は計画アセスメントという言葉を使っていないが、工事認可後に行われた環境影響評価の問題点として指摘している（中山［1989b］）。

　環境影響評価の方法書を定める手続きは行われていないのであるが、これについては運輸省・建設省が示した技術指針と実施細目がその役割を代替したとみることができる。なお、環境影響評価法に基づく環境影響の調査・予測・評価を行うべき環境要素として、環境への負荷（廃棄物等、温室効果ガス等）があるが、瀬戸大橋環境影響評価においては採られていない。

　以上のような点を総合すると、瀬戸大橋環境影響評価は今日の環境影響評価手続きの要件をほぼ充足するものであったとみることができる。

(2) 瀬戸大橋環境影響評価の意義

　日本の環境影響評価制度については、1972年の閣議了解「各種公共事業に係る環境保全対策について」により取組みが始められた。その後1973年に当時の環境庁長官が環境影響評価制度の確立を図る旨発言し、1974年に環境庁内部で法制度の骨格の考え方をまとめ、1975年に当時の環境庁長官が法制化の方針を明らかにした。これに対して産業界が法制化に反対の意向を示し、通産省も反対するとの見解をまとめた。一方、複数の政党、弁護士連合会が法案を発表し、住民団体、自治体なども意見を述べ、法制化は社会的な関心事となった。しかし、1980年まで環境庁による法案の政府内調整の不首尾が5回にわたって繰り返された。1981年に発電所を対象事業から外すこと、発電所については情勢をみたうえで対象事業に加えることとして法案を閣議決定し国会に提出した。しかし、国会においては与党、野党ともに法案審議に積極的に対応せず、国会会期末に継続審議扱いが繰り返された後に、1983年11月の国会解散とともに廃案となった。その後政府は1984年に環境影響評価実施要綱を閣議決定し、1997年の環境影響評価法の制定まで、国の制度としてはこの要綱による環境影響評価が行われた。（川名［1995］）（藤田［2014］）

　瀬戸大橋環境影響評価は、環境影響評価法案の国会提案の見送りの第2回目（1977年5月）および第3回目（1978年5月）の時期に実施されていたことになる。瀬戸大橋環境影響評価は法制度のない状況下において、環境庁が基本方針を示して実施された。

　1970年代半ば頃は、苫小牧東部開発、むつ・小川原開発、瀬戸大橋架橋などの大規模な開発計画が全国的に構想されていた。環境庁は、苫小牧東部開発について1973～1975年に北海道が実施した環境影響評価を指導し（環境庁［1982］）（伊藤［1976］）、むつ・小川原開発に係る環境影響評価について指針を示し、それに基づいて1976～1977年に青森県が環境影響評価を実施し（環境庁［1978a］）、それぞれ環境影響評価が行われた。瀬戸大橋環境影響評価はそうした大きな開発プロジェクトの環境影響評価の後に行われた。日本に環境影響評価制度が導入されていく早い時期に、環境庁の指針に基づいて行われたものであるので、当時、法制度の導入を行おうとしていた環境庁としては、環境影響評価の実施事例として重要な意味を持ったと考えられる。

　環境白書は環境影響評価の技術手法について、1965年から通産省（当時）が実

施していた産業公害総合事前調査、1972年の閣議了解以降の環境影響評価の実績
などとともに、瀬戸大橋における実績を挙げて、技術手法の整備がなされていると
位置づけている（環境庁［1980］［1981］）。自然景観の改変に係る評価に関する技
術的な難しさについて、環境庁における技術指針の検討においては瀬戸大橋環境影
響評価における眺望景観の評価の経験が参考とされた（川名［1995］）。

　瀬戸大橋建設については、その着工決定にあたっては「環境という関門」（山陽
新聞1977年1月1日）があるとされる状況下にあり、また、計画区間には国立公
園の特別地域があり、大気汚染公害健康被害の補償地域が存在し、二酸化窒素大気
汚染について環境基準の見直しが進んでいた。当時、環境庁による環境影響評価の
法制化を阻む一つの考え方として、裁判などが頻発する、適正な住民参加が期待で
きない、反対のための反対運動を誘発するなどへの懸念があった（川名［1995］）。
しかし、瀬戸大橋環境影響評価は整然と進められ、日本の大規模な開発に係る環境
影響評価手続きの一つの典型的な先例となった。

(3) 岡山県と香川県への影響

　瀬戸大橋環境影響評価を通じて、岡山県、香川県は環境影響評価の手続きに関わ
ることとなった。本四公団が作成した評価書案の地元説明会に立ち会い、評価書案
に対する意見書をまとめて本四公団に示し、また、本四公団と地元6自治体との
間の環境保全協定の取りまとめに重要な役割を果たした。両県は本四架橋の推進の
当事者であるとともに環境影響を審査する重要な立場にあった。加えて周辺市町お
よび住民は環境影響評価の現場に遭遇し、また、両県のその他の市町村や一般県民
は新聞報道などを通じて環境影響評価に接することとなった。

　岡山県議会においては1974年には議員から環境影響評価制度の導入の必要性が
指摘されていた。また、1973〜1975年に北海道が環境庁の指導を得て苫小牧東
部開発に関する環境影響評価を実施していたこと、1976年には川崎市が「川崎市
環境影響評価に関する条例」を制定していたことが知られていた。1976年2月、
9月にも岡山県議会において環境影響評価制度の導入に関する議員からの質問と知
事答弁が交わされている。当時、岡山県知事および環境行政に携わる県の担当者は
環境影響評価制度を知っており、そのうえで1977〜1978年に瀬戸大橋環境影響
評価の手続きに関わり、実際に経験することとなった。

　岡山県知事は、環境影響評価手続きを終え、架橋工事着工（1978年10月10日）

の直前の9月に、県議会において議員の質問に答えて環境影響評価の指導要綱を検討していることを表明し、同年12月に「岡山県環境影響評価指導要綱」を定め、1979年1月から施行した。岡山県要綱に基づき1996年までに岡山空港建設事業などの環境影響評価手続きを実施し、県域における開発に対する環境保全に役割を果たした（待井他［2008］）（羅他［2010］）。

　香川県においては、1979年6月の県議会において環境影響評価制度の導入の必要性に関する議員からの質問と知事答弁が交わされている。その後も同様の質問・知事答弁が交わされ、1983年に「香川県環境影響評価実施要綱」が制定・施行された。この要綱により環境影響評価手続きを実施するようになった。（待井他［2008］）

　岡山県、香川県はともに1980年代に多くの開発プロジェクトが実施される状況下にあり、両県は環境影響評価手続きをとることが、環境配慮と開発に関する住民を初めとする関係者の合意形成に有効であるとの考え方をとったと考えられる。地方自治体の条例、要綱に基づく環境影響評価制度の導入は1970～1990年代に行われ、都道府県・政令指定都市の導入時期については、先発グループ（1970年代半ばから1980年代半ば）、後発グループ（1980年代半ばから1990年代半ば）に分かれるのであるが、岡山・香川両県の制度の制定は先発グループに属し、特に岡山県の要綱導入時期は全国的に他の県等に比べて早かった。（待井他［2008］）

【補注】
補注1：自然公園法は、国立公園、国定公園内の特別地域、特別保護地区における行為について、国の機関が行う行為については、国立公園について環境庁長官に、国定公園について都道府県知事に、協議することを規定（第40条第1項。現在の自然公園法では第68条第1項）し、国の機関以外による行為については許可を受けるべきことを規定（第17条第3項、第18条第3項）している。
補注2：在来鉄道騒音指針は、環境庁大気保全局長から都道府県知事・政令指定市長宛の通知として示された「在来鉄道の新設又は大規模改良に際しての騒音対策に指針について」（1995年12月20日）である。在来鉄道の新線について等価騒音レベルで昼間60デシベル、夜間55デシベルとしている。

【引用文献・参考図書】
閣議了解［1972］：閣議了解「各種公共事業に係る環境保全対策について（昭和47年6月6日）」1972

中公審専門委［1972］：中央公害対策審議会大気部会窒素酸化物等に係る環境基準専門委員会「窒素酸化物等に係る環境基準についての専門委員会報告（昭和47年6月20日）」1972

環境庁［1973］：環境庁「大気汚染に係る環境基準について（環境庁告示第25号 昭和48年5月8日）」1973

環境庁［1975］：環境庁「新幹線鉄道に係る環境基準について（環境庁告示第46号 昭和50年7月29日）」1975

伊藤［1976］：伊藤康吉「北海道における環境アセスメントの実施とその制度化への対応」『環境アセスメントについて－シンポジウム報告─』1976

環境庁［1976］：環境庁『昭和51年版環境白書』1976

環境庁［1977］：環境庁「児島・坂出ルート本州四国連絡橋事業の実施に係る環境影響評価基本指針（昭和52年7月20日）」1977

運輸省・建設省［1977］：運輸省・建設省「児島・坂出ルート本州四国連絡橋事業の実施に係る環境影響評価技術指針（昭和52年7月20日）」1977

通産省［1977］：通産省「発電所の立地に関する環境影響調査及び環境審査について」（1977年7月通商産業省省議決定）

本四公団［1977］：本州四国連絡橋公団「本州四国連絡橋（児島・坂出ルート）環境影響評価書案（昭和52年11月）」1977

山陽新聞［1977］：山陽新聞（1977年12月8日・12月9日）

中公審専門委［1978］：中央公害対策審議会大気部会二酸化窒素判定条件等専門委員会「二酸化窒素の人の健康影響に関する判定条件等について」1978

環境庁［1978a］：環境庁『昭和53年版環境白書』1978

環境庁［1978b］：環境庁「本州四国連絡橋（児島・坂出ルート）環境影響評価書案に対する意見について」1978

環境庁［1978c］：環境庁「二酸化窒素の環境基準について（環境庁告示第25号 1978年7月11日）」1978

環境庁［1978d］：環境庁「瀬戸内海国立公園特別地域内工作物の新築協議について（回答）（昭和53年9月29日）」（環境庁長官から本四公団第二建設局長宛）1978

環境庁［1978e］：環境庁「本州四国連絡橋（児島・坂出ルート）事業の実施に係る二酸化窒素の予測結果の評価について（昭和53年10月3日環境庁長官から本州四国連絡橋公団総裁宛）」1978

文化庁［1978］：文化庁長官から本四公団第二建設局長宛（昭和53年9月11日）

建設省［1978］：建設省「建設省所管事業に係る環境影響評価に関する当面の措置方針について」（1978年7月建設次官通達）

岡山県［1978］：岡山県「本州四国連絡橋（児島・坂出ルート）環境影響評価書案に関する意見書」1978

香川県［1978］：香川県「本州四国連絡橋（児島・坂出ルート）環境影響評価書案に関する意見」1978

岡山県他［1978］：岡山県・倉敷市・早島町・香川県・坂出市・宇多津町・本四公団「本州四国連

第 2 章　瀬戸大橋架橋と環境影響評価　　*53*

絡橋（児島・坂出ルート）に係る環境保全に関する基本協定」1978

本四公団［1978］：本州四国連絡橋公団「本州四国連絡橋（児島・坂出ルート）環境影響評価書（昭
　　和 53 年 5 月）」1978

山陽新聞［1978a］：山陽新聞（1978 年 6 月 14 日）

山陽新聞［1978b］：山陽新聞（1978 年 9 月 30 日）

運輸省［1979］：運輸省「整備 5 新幹線に関する環境影響評価の実施について」（1979 年 1 月運輸
　　大臣通達）

中島［1980］：中島泰知「大気中窒素酸化物の有毒性と環境基準」『化学の領域増刊 126 号』1980

環境庁［1980］：環境庁『昭和 55 年版環境白書』1980

環境庁［1981］：環境庁『昭和 56 年版環境白書』1981

環境庁［1982］：環境庁『環境庁十年史』1982

山陽新聞社［1988］：山陽新聞社『ドキュメント瀬戸大橋』山陽新聞社 1988

三野［1988］：三野優美「瀬戸大橋の管理運営に関する質問主意書（三野優美から衆議院議長宛 昭
　　和 63 年 7 月 22 日）」1988

内閣総理大臣［1988］：内閣総理大臣「衆議院議員 三野優美君提出 瀬戸大橋の管理運営に関する
　　質問に対する答弁書（内閣総理大臣から衆議院議長宛 昭和 63 年 8 月 30 日）」1988

中山［1989a］：中山充「瀬戸大橋に関する環境法上の諸問題（上）」『香川法学 9 巻 1 号』1989

中山［1989b］：中山充「瀬戸大橋に関する環境法上の諸問題（下）」『香川法学 9 巻 2 号』1989

架橋史編さん委［1990］：瀬戸大橋架橋史編さん委員会『瀬戸大橋架橋史通史・資料編』四国新聞
　　社 1990

川名［1995］：川名英之『日本の公害第 11 巻』緑風出版 1995

環境庁［1995］：環境庁「在来鉄道の新設又は大規模改良に際しての騒音対策の指針について（平
　　成 7 年 12 月 20 日環大 174 号)」1995（補注 2）

井上［1995］：井上堅太郎「瀬戸大橋鉄道騒音問題の顛末にみる環境影響評価制度の欠点と今後へ
　　の対応」『資源環境対策 1995 年 11 月』1995

待井他［2008］：待井健仁他「日本の地方自治体における環境影響評価制度の制定・実施の経緯と
　　社会経済的な背景に関する研究」『ビジネス・マネジメント研究 5 号』2008

羅他［2010］：羅勝元他「岡山県の環境影響評価制度が地域の環境保全に果たした役割に関する研
　　究」『ビジネス・マネジメント研究 6 号』2010

藤田［2014］：藤田八暉「環境アセスメント事始め」『JEAS NEWS（No.144)』2014

第**3**章

倉敷市における環境保全をめぐる問題・課題と対応

1　はじめに

　1960～1970年代における水島工業地域の開発は、国および地方自治体が中心となって公害の未然防止を目指したものの失敗し、1960年代後半から1970年代に公害健康被害および農水産物被害の発生などの高度経済成長に伴う負の側面である公害問題を発生させた。発生した公害に対してさまざまな主体が関与しつつ、公害対策を模索・導入したことにより、1970年代末頃までに環境の汚染を軽減させる一定の成果を挙げた。それに伴って公害対策は倉敷市政および市民の重要課題でなくなったが、1990年代末頃から、地方分権の拡大に沿うように倉敷市は地域の包括的な環境政策に責任を負う姿勢をとるようになった。

　倉敷市における環境問題・課題の発生と対策について、大きく4つの時期に区分することができる。

　第1は1950年代から1960年代半ば頃で、企業の一部施設が操業を開始し、漁業被害、農業被害が発生し、住民等による公害反対運動が発生した時期である。

　第2は1960年代半ば頃から1980年頃で、国内を代表する重化学工業地域が形成されたが、大気汚染による健康被害、農作物被害、異臭魚被害などの公害が発生した。この時期の1973年に海域等の水銀汚染と水銀法による苛性ソーダ製造をめぐる全国的な紛争が発生し、倉敷市にも同じ製法の工場があったことから大きな紛争となり、また、1974年には三菱石油（当時）の重油タンクが破壊して大量の重油が水島港、水島灘、瀬戸内海を汚染する事件が発生した。この時期は公害問題がもっとも顕著に発生した時期であった。

　第3は1980年頃から1990年代末頃の時期で、それ以前の公害が改善され、改善された状態が維持された。水島工業地域の立地企業の大気汚染防止対策、水質汚濁防止対策が行き渡り、農作物・水産物への被害が起こるようなことはなくなっ

た。しかし、それまでに大気汚染に起因して発生した公害健康被害の問題はこの時期に持ち越され倉敷公害訴訟が争われた。

　第4は、1990年代末以降、今日に至る時期である。この時期に特筆されるのは倉敷市の環境政策への取組みの変化である。この時期以前の倉敷市はどちらかといえば基本的な方策を岡山県に委ね、自らは基礎自治体として住民に直接に関わる健康被害や農水産物被害の発生にともなう後処理、公害を懸念する工業地域周辺住民の希望移転助成などの役割を背負ってきた。しかし、1990年代における全国的な地方分権の拡大の動向の中で、1999年1月に「倉敷市環境基本条例」が制定されるなど、倉敷市が地球環境保全を含む環境政策に責任を負うとの姿勢のもとに取組みを進めるようになった。

2　水島工業地域をめぐる環境保全対策の経緯

(1) 1950年代から1960年代半ば頃

　水島開発については1950年代から1960年代半ば頃までの時期に石油精製、石油化学、鉄鋼、電力等の大企業誘致が進み、1970年頃までにそれぞれの立地企業が構想に沿った一部の工場を完成させて操業を行うようになった。1962年制定の「新産業都市建設促進法」は倉敷市、岡山市などの地域を「岡山県南」の名称で新産業都市に指定した。(岡山県［1971a］)

　企業の一部の操業が始まった1961年頃以降、養殖の貝が育たなくなる、アサリに油臭が着くなどの被害が発生し、1964年頃には異臭魚の発生が顕著となった（山陽新聞［1992e］)。1965年には水島港内の呼松水路で数万匹の死魚が浮かび岡山県衛生研究所（当時）が青酸イオンを検出したが、汚染原因企業を特定できないまま、周辺の企業が漁業協同組合と鮮魚小売商人組合へ見舞金を支払って一応の解決に至った（倉敷市［2005］)。

　大気汚染に起因する農作物への被害が起こるようになり、1964年には福田町で8haのミカンの苗木の枯死、松江地区で40haのイ草の先枯れ、1965年にはイ草の先枯れ地域が拡大して約700戸の農家の130haが被害を受け、ブドウ、ミカン、豆類、レンコン、その他の野菜類も被害を受けた（山陽新聞［1992c］)（倉敷市［2005］)。

1964 年 7 月 1 日に化成水島（株）（当時）の工場の操業開始直後に、フレアス
タックからかなりの高度で炎が吹き上げ、その状態が継続する事件が発生し、工業
地域に近接する呼松町（約 600 所帯）で町民大会が開かれて「呼松町公害対策委
員会」が結成された。7 月 22 日に約 700 名の住民が工場に抗議行動を行った。農
作物等に被害を受けた福田町では、農協組合員を中心に「福田町公害対策委員会」
が結成された。被害の訴えに対して、岡山県、倉敷市の仲介で 1,000 万円の見舞金
が支払われることとなったが、福田町に属する「福田」地区は別に「福田公害対策
委員会」を結成して被害補償要求を行い、農作物をめぐる住民（農家など）の運動
は混迷した状態におちいった。（丸屋［1970］）（山陽新聞［1992b］）

倉敷市は、1965 年には「公害課」を、同年に「倉敷市公害対策審議会」を設置した。
倉敷市は審議会に 22 項目にわたる「水島臨海工業地帯の産業公害対策」について
諮問した。1965 年に審議会は「当面とるべき方策について」答申し、公害紛争の
あっせん、防災緑地、10 か所程度の大気・風向風速の観測、工場排水の定期的な
調査、人体影響に関する疫学調査、工場と住宅地域との距離の確保、事故時・緊
急時等への対応などの必要性を指摘した（倉敷市［1966］）。これらのうち土地利
用の誘導・規制に関する項目は、被害の未然防止という観点から注目に値する。ま
た、人体影響について疫学調査の実施、工場の誘致について行政指導と公害防止協
定の締結の必要性に言及したが、これらも注目に値する。なお、企業誘致の制限に
ついては触れなかった。

岡山県は 1964 年にコンサルタントに委託して産業公害対策について報告を得て
いる。この報告は水島地域が重化学工業地帯となることについて、工業開発の立地
条件として優れるものの、地勢、気象条件は公害が発生し易い条件を有することを
指摘し、公害の未然予防が必要であることを指摘している。この報告はさまざまな
対策、工夫により未然防止が可能と報告しているとみられる。（公害防止コンサル
タント［1964］）

(2) 1960 年代半ばから 1980 年頃

1）水島工業地域の操業拡大と環境汚染

1960 年代半ば頃から 1970 年頃までの時期に、さらに新たな企業誘致が進み、
また、誘致された企業が設備の増強を行った。4 基の高炉を持つ製鉄所、2 つの石
油精製工場、2 つの石油化学グループ、3 か所の火力発電所等が操業するようにな

第3章　倉敷市における環境保全をめぐる問題・課題と対応　　57

り、1971 年の時点における立地企業数は 77 企業であった。(岡山県［1971a］)

　倉敷市における燃料消費量は 1967 年度に 143 万 t（石油換算）/年であったが、1970 年度に約 548 万 t/年に、1970 年代後半には約 850 万 t/年に、また硫黄酸化物の排出量は 1971 年に 119 千 t/年になった。(岡山県［1986］)。二酸化硫黄汚染については 1969 年度に最も高濃度となり、11 か所の大気汚染測定局のうち 3 局で年平均値 0.050 ppm を超えた（各年版「倉敷市における公害対策の概要」による）。

　倉敷市における工場排水の量（冷却用海水を含む）は 1965 年度に 109 万 t/日、1975 年度に 956 万 t/日に増加した。海水の油汚染について、水島港内で 1967 年に 0.9 mg／ℓ、1969 年に 1.4 mg／ℓ、水島港入口で 1970 年に 0.8 mg／ℓになり、このような海水の油汚染と底泥の油汚染が異臭魚の原因となったと考えられている（補注 1）。(各年版「倉敷市における公害対策の概要」)

2）公害被害の顕在化と補償等

　公害は質・量の両面で顕著になった。1964 年頃に異臭魚が捕獲されるようになった。1966 年には捕獲される範囲が拡大し、倉敷市玉島沖、笠岡市大島付近にまで拡大した。地元の漁協は工場の排水口をふさぐとする強硬な姿勢を示したため、倉敷市が仲介して 1965 年に企業 9 社による魚の買取りが行われるようになった（倉敷市［2005］)。異臭魚の捕獲海域が拡大したため、岡山県、倉敷市、主要立地企業 14 社は「水島海域水産協会」を設立し、1967 年 1 月から水島沖で捕れた魚をすべて市価の 7 割で買い取ることとした。買取りは 1975 年まで続けられ累計で 1,032 t、134,433 千円が買い取られた（倉敷市［2005］)。

　1964 年にミカンの苗木が枯れ、イ草の先枯れが発生した。1965 年、1972 年、1973 年にイ草、ミカン、ブドウ、野菜などが被害を受けた。岡山県農業試験場は原因調査を行い、イ草の先枯れと硫黄酸化物汚染の関係、オキシダント濃度と農作物の被害の関係を指摘した（岡山県農試［1973］［1977］)。こうした状況を踏まえて、被害者・被害関係団体と岡山県、倉敷市、企業の間で協議が行われ補償金が支払われた（補注 2）。(山陽新聞［1992c］［1992d］)（倉敷市［2005］)

　1966 年から発刊されている倉敷市の報告書（「倉敷市における公害対策の概要」）によれば、1970 年頃から呼吸器疾患死亡率が多い傾向、小学校生徒に有意に高い呼吸抵抗がみられるようになった（倉敷市［1973a］［1974］)。1969 年 2

月に市民の一人が倉敷市初の『公害ぜん息』と診断された（倉敷市［2005］）。丸屋氏は1969年に呼吸器症状を持つ複数の住民と大気汚染との関係を指摘した（丸屋［1970］）。倉敷市医師会は1969年にぜん息患者の発作が工場隣接地区の汚染地区において、非汚染地区よりも多かったことを報告した（倉敷市医師会連合会［1969a］［1969b］）。1971年3月には中学生がはげしい喘息発作を起こし死亡し（山陽新聞［1992a］）、同年7月には66歳の婦人がぜん息で亡くなった（倉敷市［2005］）。

　このようにして顕在化した住民の呼吸器症状の発生に対応して、倉敷市は1972年8月に「倉敷市特定気道疾病患者医療費給付条例」を施行して医療救済措置をとり、また1975年には水島工業地域に近接した地域について公害健康被害補償法（以下「公健法」）の地域指定による補償措置がとられるようになった。（補注3）（第8章参照）

3）行政による未然防止対策の模索および導入された施策
　厚生省（当時）は1966年7月、1967年9月に、水島開発に関する公害事前調査結果を発表した。二酸化硫黄濃度の測定結果（補注4）、および農作物被害が発生していることなどを踏まえて、緩衝緑地、大気汚染測定網整備、住民の健康調査の必要性について指摘し、呼松・松江については「早急に住居の移転等の対策を講ずる必要がある」とした。（厚生省［1966］［1967］）

　1966年11月に通産省（当時）が水島地域の大気汚染防止のための事前調査報告書を発表した。二酸化硫黄汚染の未然防止のために、1970年度末までの対策として煙突の嵩上げ、燃料の低硫黄化を指導した。また、1970年以降の対策として汚染物質を増やさない措置、工業地帯の外縁部への緑地帯の設置の必要性を指摘した。（通産省［1966］）

　岡山県は1967年2月に大気汚染予測に関する報告書をとりまとめ、工業開発の最終段階では二酸化硫黄濃度の1時間値が0.35～0.53 ppmに達する可能性を予測し、未然防止の必要性を指摘した（岡山県［1967a］）。

　この懸念を受けて、通産省（当時）、岡山県、倉敷市は「水島地区大気汚染防止対策協議会」を発足させ、二酸化硫黄汚染対策を検討し、1968年3月に報告書を公表した（水防協［1968］）。報告書では、目標とする汚染レベルを二酸化硫黄汚染0.2 ppm以上が3時間以上続くことがないことを目標に、硫黄酸化物の排出量

を 17,908 m³/時に抑え、集合高煙突化、低硫黄燃料化を行うとした。翌年 1969 年 2 月にこの報告書の保全目標レベルにほぼ同じ環境基準が決められたが、この環境基準は 1973 年に約 3 分の 1 の濃度レベルで、現在の環境基準である 1 時間値 0.1 ppm、1 日平均値 0.04 ppm に改正された（補注 5）。このため、通産省、岡山県および倉敷市等が策定した対策は改定する必要が生じた。

　岡山県は 1967 年 3 月に水質汚濁対策に関する報告書をまとめた（岡山県 [1967b]）。この報告書は 1966 年の油濁の状況が、港内で 1.9 mg／ℓ、港外でも 0.7 mg／ℓ であり、魚の着臭限界の 0.01 mg／ℓ の 70 倍に達していること、企業の完全操業時の油濁が港内では 10 mg／ℓ、港の出口付近では 2 mg／ℓ となること、抜本的な対策を要することなどを指摘した。1969 年に、通産省、岡山県、倉敷市は予測される油濁等への対策をまとめた（岡山県 [1970]）。このなかで企業に対して排水の活性汚泥処理施設の設置等の導入を指導し、油分の排出を約 10 分の 1 に削減すること、これにより港外で油分濃度を 0.01 ppm（0.01 mg／ℓ）以下に低下させるとした。なお、この計画による活性汚泥処理施設の設置・導入を前提とする法規制措置は 1970 年から施行された。（岡山県 [1971b]）

4）岡山県と倉敷市による発生源対策の取組み

　1960 年代後半〜 1970 年代において地域の大気汚染は二酸化硫黄、浮遊粒子状物質について環境基準（補注 6）に不適合であったし、二酸化窒素について環境基準を遵守するために対策を必要とした。1968 年 6 月に大気汚染防止法が制定・施行されたが、当時、この法律により環境基準を達成できる状況になかった。岡山県と倉敷市は水島地域立地企業と協議・合意して主要な汚染物質の削減を進めた。硫黄酸化物については、1971 〜 1973 年に岡山県と倉敷市が企業と公害防止協定を締結して削減を進めた。その後、1972 年に岡山県が実施した調査の結果（環境庁・岡山県 [1973]）により、改正が見込まれていた二酸化硫黄環境基準（注 5）に対応し、水島工業地域からの硫黄酸化物排出総量を 2,200 Nm³/時と設定した。県・市・企業の間で、1977 年までにこの総量を達成する約束が交わされた（岡山県 [1974]）。この達成年は大気汚染防止法による総量規制の施行（1978 年）に先駆けるものであった。一方、浮遊粒子状物質汚染対策として、県・市は各企業との公害防止協定において、ばいじん、粉じん対策について各企業に対応を求めた。（倉敷市 [1972] [1973a] [1974]）

窒素酸化物の排出量削減について、二酸化窒素に係る環境基準（補注7）を維持
することを目標として対策が行われた。1981年に岡山県が「倉敷地域窒素酸化物
排出総量削減計画」を策定し、これに基づき水島工業地域からの窒素酸化物排出総
量を2,900 Nm^3/時と設定し、県・市・企業の間で1985年までにこの総量を達成
することとなった（岡山県［1982］）。倉敷市の地域は大気汚染防止法に基づく窒
素酸化物総量規制制度が適用されないので、岡山県、倉敷市は独自の窒素酸化物総
量規制を行ったのである。

水質汚濁対策について、1969年に、通産省・岡山県・倉敷市は「水島地区水
質汚濁防止基本計画」を策定し、そのなかで石油コンビナート企業に排水の活性
汚泥処理施設の設置等の導入を指導し、油分の排出を抑制し、港外で油分濃度を
0.01 ppm（0.01 mg/ℓ）以下に低下させるとしていた。この計画に沿って「公共
用水域の水質の保全に関する法律」により、1970年に水島水域が指定水域として
指定されて水質（排水）基準が定められた後、1971年に水質汚濁防止法の施行に
伴い、同法による規制に移行した。（岡山県［1977］［1979］）

5）公害対策施策等

大気汚染に起因する住民の呼吸器症状の発生、異臭魚の発生、農作物被害の発生
等の公害の発生に対応してさまざまな対策がとられた。

1970年に倉敷市議会は「公害から市民を守る決議」をし、公害発生のおそれの
ある企業は一切誘致しない方針などを示した（補注8）。1973年に倉敷市長により
「水島工業地帯隣接地区の生活環境を保全するための基本計画」が発表され、汚染
負荷のほとんどない場合を除き工場の新増設は当分の間一切認めないとした。倉敷
市はこの方針を実施する根拠として公害防止協定によった（補注9）。この方針は
1976年2月に一部緩和され、1983年に総量規制などの仕組みが整ったとして解
除されるまで続いた。（倉敷市［1973b］［1976a］［1977］［1983］）

1978〜1979年度にかけて、水島港内の油泥の除去のために、海底面積で
159 ha、浚渫量で70.7万m^{3}を除去する事業を行った。事業は「公害防止事業費
事業者負担法」（補注10）の適用事業として実施され、水島港内に石油系油分を排
出する事業者が全工事費約60億円の約77%を負担し、残りは公共負担で実施され
た。（岡山県［1980］）

工業地域に近接する地域では、1971年頃から住居移転の要望がなされていた（岡

山県［1976］）。倉敷市は呼松地区（約600所帯）、高島地区（約60所帯）につい
ては希望する住民の移転を支援することとし、1974年に「倉敷市水島工業地帯隣
接地区住居移転助成条例」を施行し、1978年3月末までの条例適用期間内に、住
宅建築補助・引越費用等に係る170件、87,100千円の補助、住宅建築融資等67
件、529,590千円の融資が行われた。（倉敷市［1978］）

　松江地区（約260所帯）では1972年9月に「松江地区移転促進協議会」が結成
され、1975年3月には「松江地区集団移転協議会」に発展・改組された（国土問
題研究会［1989］）。協議会は地区内の持家所帯の大部分から交渉権限を委任され
た役員12名で構成した。同年4月には岡山県、倉敷市もそれぞれこの問題に対処
する組織を発足させ、企業側においても交渉の窓口となる代表幹事社を選出した
（岡山県［1976］）。

　しかし、松江地区は集団移転ではなく、地区に止まって公害防止と環境整備を
求める方向に転換した。1979年に、地区の協議会は環境整備に関する7項目の要
望書を提出し、希望移転の実施、緑地の整備、その他の環境整備を求めた。岡山
県、倉敷市、地域企業がそれぞれ3分の1の事業費を負担して緑地の整備等、約
269,420千円を実施することとなった。また、移転希望者に対して、1980年に倉
敷市が「倉敷市福田町松江地区住居移転助成条例」を施行し、1981年までに住
宅建築に係る4件、50,500千円の融資、住宅建築補助・引越費用補助等17件、
81,380千円の補助が行われた。（倉敷市［1982］）

　公害対策事業として1971年から1986年の15年間にわたって緩衝緑地整備事
業が実施された。水島工業地域を取り巻く東側、北側に、工業地域と住居等の地域
の間に緑地を設けたもので、約10 km、幅50〜100 mの緑地として整備された。
なお、この事業は公害防止事業費事業者負担法（補注10）に基づく最初の法適用
事業であった。（環境庁［1974］）（岡山県［1987］）

6）倉敷市政と公害対策等

　倉敷市は、1967年2月に旧倉敷市、旧児島市、旧玉島市が合併して新しい倉
敷市になった。新市の市長選挙が行われ大山茂樹氏が市長に選出された。就任後
初の議会で市長は産業公害・都市公害に対する適切な指導行政について指摘した。
1971年に2期目の市長に再選された後の議会では、7項目の柱となる政策のうち
の第1に「公害防止及び環境施設の整備促進」を掲げた。しかしその後、1990年

代初めまで選挙後に就任した市長が公害対策を主要施策として取り上げることはなくなった。1991 年に選出された渡邊行雄市長が所信表明において地球温暖化等に触れて環境を大切にすることが必要であると指摘し、2008 年には伊東かおり氏が「環境」を掲げて選出された。

　倉敷市の公害対策のための行政組織として、1965 年に民生部公害課が設けられ 7 人が配属され、1967 年 2 月の 3 市合併時に倉敷支所公害課とされた後、同年 5 月に企画部公害課に組織替えした。1970 年に新たに公害監視等を行う「公害監視センター」を設けた。1974 年に公害対策課を調整課、規制課の 2 課に分離増強し、1975 年には健康被害の補償等に対応する公害保健課を設けた。1980 年 4 月時点で、自然保護係を含む環境保全課、公害規制課、公害保健課、公害監視センターに 50 人が配属されていた。(倉敷市 [1980])

　倉敷市政は、異臭魚の買上措置の実施、農作物被害への補償のあっせんなど、呼吸器症状を有する住民に対する医療費給付条例の制定・施行、公害を懸念する市民の住居移転の助成、大気汚染・水質汚濁の未然防止施策の模索、硫黄酸化物・窒素酸化物の排出総量削減などを推進する役割を基礎自治体として担った。

7) 住民による公害反対運動等

　1964 年に操業開始した石油化学工場のフレアスタックの異常発炎等の後、工場の東側の呼松町の住民約 700 人は工場に抗議してデモ行動を行った (倉敷市 [2005])。呼松町で町民大会が開かれて「呼松町公害対策委員会」(後に「呼松町公害排除期成会」) が結成され、1964 年頃から農作物等に被害を受けた福田町の地域では農協組合員を中心に「福田町公害対策委員会」が結成され、福田町に属する「福田」地区では別に「福田公害対策委員会」が結成されていた (丸屋 [1970])。

　1973 年 10 月までに、地域の住民を主体とする公害に対処しようとする組織は、1964 年 2 月に「松江地区公害対策委員会」が組織されたのを初めとして、呼松、広江、福田町、宇野津、塩生、高島、宇頭間などの各集落単位に公害対策協議会、公害防止倉敷市民協議会、公害病患者と家族の会 (設立当初は「倉敷市公害患者友の会」)、倉敷から公害をなくす会など、1973 年までに住民を主体とする少なくとも 10 の会が組織された (倉敷市 [1973a])。

　1965 年 10 月には「公害問題懇談会」の第 1 回会合が開かれ、1966 年 11 月までの間に 6 回にわたり開催され、呼松町公害排除期成会、福田町公害対策委員会、

漁協関係者、労働団体、政党関係者らが出席した。これらの関係者・関係機関により 1968 年 2 月に「公害防止倉敷市民協議会」が結成された（丸屋 [1970]）。この協議会は岡山県・倉敷市に公害対策を求める交渉、地域組織との懇談会、研究者を招聘した交流・懇談会、署名を集める運動、街頭宣伝活動などを行った（同）。同年に岡山県に対して公害病の認定などを含む要求を提出し、また、倉敷市による公害病認定、医療・生活保障を求める署名運動を行うなどの活動を行った（同）。1968 年 12 月には日本科学者会議による公害問題に関する全国研究集会を招致・開催し、全国に水島の公害問題が知られることとなった（倉敷市 [2005]）。1970 年 7 月には協議会主催の市民集会を開催し、公害を発生させる企業を誘致しないなどを求める大会宣言を採択した（国土問題研究会 [1989]）。同年 11 月には市民協議会と岡山県総評共催の公害撲滅県民集会が開かれ、集会後デモ行進し、公害反対を訴えた（倉敷市 [2005]）。

　1972 年に倉敷市は条例に基づく呼吸器症状の有症者に医療費を給付するようになった。1974 年には「倉敷市公害患者と家族の会」は、1973 年制定の公害健康被害補償法（以下「公健法」）による地域指定・健康被害補償を求める運動を行った（倉敷市 [2005]）。やがて、1975 年 12 月には水島工業地域に近接した地域は同法に基づく指定地域となった。また、こうした住民組織による公害対策を求める等の運動の他に、前述のように、漁業関係者らが異臭魚問題に対して企業等に対応を求めて異臭魚の買取りを実現させたこと、農業関係者らが農作物の被害に対して企業から補償を得たことなど、既存の組織による活動が行われた。

　こうした経緯にみられるように、住民の公害反対の意思表明や行動は、岡山県、倉敷市行政に対してそれまでの事後的被害補償にとどまらず、48 企業との公害防止協定の締結（1971 ～ 1973）、工場の新増設を厳しく制限した措置（1973 ～ 1983）、大気汚染による健康被害に対する倉敷市条例による救済（1972 ～ 1982）や公健法による補償制度の導入（1975 ～）、工業地域周辺の住居移転を希望する市民に対する融資・補助、その他のさまざまな公害対策の実施を促した。

3 1980年頃から1990年代後半

　1980年頃までに大気汚染、水質汚濁の改善が進んだ。大気汚染について、1981年に倉敷市内のすべての測定局（19か所）において二酸化硫黄環境基準が達成された（岡山県［1982］）。年平均値で1969年度に0.051～0.031 ppmであったが、1981年度に0.023～0.006 ppmに改善された（倉敷市［1970a］［1982］）。降下ばいじん汚染について、年平均値で1967～1968年頃に最も高く、工業地域に数kmの範囲の測定地点で9～22 t／月／km^2（北畝、中畝、広江）であったが、1981年度に4～7 t／月／km^2（福田、第3福田小学校、第4福田小学校、南畝）に改善された（倉敷市［1970a］［1982］）。二酸化窒素については、1972年度から1981年度にかけて大きな変化はなく、環境基準に適合した状態が維持されていた（倉敷市［1982］）。

　水質汚濁について、異臭魚の原因となった油分について、1969～1970年に水島港外で0～2.0 mg／m^3（平均値で0.48～0.71 mg／m^3）であった。1972年度には水島海域10地点のうち8地点で0.5～1.0 mg／m^{3}を検出したが、1973年度には9地点のうち1地点のみ0.9 mg／m^{3}を検出するに止まり、1974年度にはすべて「不検出」となった。倉敷市の報告書は「現在では水島港内で多くの釣人が糸を垂らすまでに回復している」（倉敷市［1982］）と記述するようになった。

　1980年代には、就任直後の市長が市議会で環境問題に触れることがない状態が続いた。1991年の市長選挙で当選した渡邊行雄氏は社会を取り巻く状況として「地球温暖化、オゾン層破壊など地球規模の環境問題が深刻化し‥‥地方自治体としても環境を大切にする努力が求められております」（倉敷市議会［1991］）との認識を示した。しかし、地域を超えた広がりを持つ地球温暖化などが市政において大きく取り上げられることはない状態が1990年代末まで続いた。倉敷市が地球環境保全などの新しい環境課題に取り組むようになるのは1999年に「倉敷市環境基本条例」が制定された後である。

　この時期に特筆されるのは大気汚染健康被害をめぐって公害訴訟が争われたことである。1975年に水島工業地域に近い地域が法律に基づく指定地域となり、認定患者が公害健康被害補償を受ける地域となった。指定直後の1976年度末に被認定者数は917人であったが、1980年度末には1,745人、1988年度末には2,910人

になった。その後は法律の改正による指定地域の解除と新規認定の中止により減少した。これらの認定者の一部により公害訴訟が提起され、後に「倉敷公害訴訟」と呼ばれた。1983年11月から1988年11月の間に、第1次53人、第2次123人、第3次108人、計284人の原告が、工業地域の主要な8企業を被告として、一人当たり2,000〜4,000万円の補償、大気汚染物質の差止を求めて提訴した（倉敷公害訴訟記録 [1998]）。

1994年3月に一次訴訟について地方裁判所の判決が言い渡され、被告らによる大気汚染物質による寄与割合は原告の被害原因の80％であること、被告らに健康被害を発生させうると認識しながら操業を開始・継続した過失があること、被告らは公健法による給付額から損益相殺分を控除した額の80％の損害賠償責任を負うことなどとされた（岡山地裁 [1994]）。この判決の後、原告・被告双方の控訴により高裁審理が続いたが、原告らは年月を要する裁判よりも和解解決を模索して企業と直接交渉し、また、裁判所側から和解が勧告された。1996年に和解が成立し、被告側が謝罪し、解決金760万円を各原告に支払うこととなった。なお、この解決にあたって原告側は解決金の一部を地域に還元するとの方針を決めており、2000年3月に1億円の基金により「水島地域環境再生財団」が設立され、この財団はまちづくりなどの活動を行ってきている（第1章参照）。

4　1990年代末以降

1990年代の後半頃から、倉敷市議会において市の環境基本条例制定等に関係する質疑が交わされようになった。1997年12月に岡山県が策定した環境基本計画に関連した倉敷市の計画づくりに関する質疑、1998年10月に環境基本条例と環境基本計画の準備が急がれるべきとの指摘、同年12月、1999年6月にも環境基本計画の策定状況等に関する質疑が交わされた（各年月の倉敷市議会議事録による）。1999年12月議会に「倉敷市環境基本条例案」が市長から提案され可決成立した。この条例の制定と環境基本計画について市長（中田武志氏）は質問に答えて「倉敷市が単独で条例を設置するということ……来年4月以降は正式に地方分権一括法が動きだし……これからの町づくり等についての基本的な問題は……市民と我々行政が…みずから積極的に立案、企画、実施する……（地方分権の）ある意味

で先取りと……御理解いただければと思います」（倉敷市議会議事録 1999 年 12 月
9 日）との認識を示した。

「倉敷市環境基本条例」は環境基本計画の策定、年次報告、施策の基本方針とし
ての生活環境・自然環境・生物多様性の保全、人と自然とのふれあいの確保等を規
定した。また、歴史的・文化的遺産の保存を指摘したが、これは国の環境基本法
において施策の守備範囲とされていない部分である。条例に基づく環境基本計画は
2000 年 2 月に策定され、2007 年 3 月に改定された。2000 ～ 2010 年を期間とす
る当初計画において、望ましい環境像を「自然と人とが共生し歴史と文化の薫る健
全で恵み豊かな環境」とし、4 つの基本目標「緑豊かな自然と人との共生する環境」
「健康で安心して暮らせる環境」「環境にやさしい循環型社会の構築」「市民参加に
よる環境づくり」を掲げ、有害化学物質対策、地球温暖化対策など 6 項目の重点
施策を推進するとした。当初計画の期間中の 2007 年に、京都議定書の発効、さま
ざまなリサイクル法の制定、合併による市域の拡大などがあったとして改定され、
地球温暖化対策に関係する施策目標を掲げるなど、重点施策の内容を充実させた。
（倉敷市 [2000a] [2007a]）

倉敷市の総合計画における公害・環境対策への言及について、1970 年策定の計
画（この時の名称は「倉敷市振興計画」）においては当時の公害の状況を反映して
公害防止計画を、土地利用、水利用、交通基盤整備と並ぶ重要事項として取り上げ
た。それ以降の計画においては公害・環境対策は位置づけを降格させたが、2001
年策定の計画で変化があった。4 つの基本目標の一つに「安全で快適なまちづくり
の推進」を掲げた。「公害」という言葉が目次項目からなくなり、代わって「自然
環境保全」「地球環境問題への対応」「省資源・省エネルギー・リサイクル」などが
使われ、2006 年策定の計画に引き継がれた。（倉敷市 [1970b] [2001] [2006a]）

倉敷市の環境行政については、2001 年 4 月に岡山県から産業廃棄物に関する事
務、岡山県公害防止条例に関する事務が移管された。2002 年には中核市に指定さ
れたことに伴い環境関係法に基づく自治事務についてより多くの責任を持つことと
なった。こうした変化に対応して行政組織に変動があった。2001 年度に市民環境
局が設けられた。その中に環境部が置かれ、従前からの環境保全課等の他に、産業
廃棄物対策課が新設され、また、一般廃棄物対策を行う部署とごみ処理施設等の管
理部署が統合された。2009 年度には環境リサイクル局が設けられて従前からの環
境保全、廃棄物対策を行う環境政策部、リサイクル推進部に加えて、新たに下水道

部門を移管した下水道部の3部による体制となって、環境部門の専門の局として独立し、また、環境政策部のなかに地球温暖化対策室が設けられた。

行政施策として、2001年2月に市役所本庁を対象とするISO14001認証を取得し、2004年までにすべての支所の認証を取得した。2002年10月に「地球温暖化対策の推進に関する法律」に基づく倉敷市事務事業に係る温室効果ガス削減のための実行計画を策定し、2007年3月に第2期実行計画を策定した（倉敷市［2000b］［2007b］）。2004年2月に「倉敷市地域省エネルギービジョン」を策定した。このビジョンにおいては、複数の工場間で熱やエネルギーの効率的な利用を行うことで「水島企業からの二酸化炭素削減可能量は……年間330万t……コンビナート全体でのエネルギーシステムからの……25％に相当する」とした（倉敷市［2004］）。また、2006年2月に「倉敷市地域新エネルギービジョン」を策定し、太陽光発電、太陽熱利用、バイオマス利用、クリーンエネルギー自動車の普及等により、2010年度までに118千tの二酸化炭素削減を見込んだ（倉敷市［2006b］）。ごみ処理・資源リサイクルに関係して1999年には市の全域で5種分別を行うようにし、2001年に循環型廃棄物処理施設整備事業の実施方針を発表し、その中で高効率の熱回収が可能なガス化溶融方式による焼却炉を設置する計画を盛り込み、2005年にはその施設を完成・本格稼働させ市内のごみのリサイクル率を高めた。

2008年の市長選挙では「環境」を掲げた伊東氏が、他の候補者を退けて市長に就任した。選挙公報では「地球温暖化防止に貢献する環境先端都市・グリーン自治体　マイバッグ・マイ箸運動の推進やバイオマス利用促進などにより、ごみの排出量を15％削減、リサイクル率を50％……壁面緑化・校園庭の芝生化」などを公約に掲げた。伊東市長は選挙後の市議会において選挙公報の内容とほぼ同様の所信表明を行った。（倉敷市［2008］）（倉敷市議会［2008］）

この時期にベンゼン大気汚染の改善について事業者により重要な対策が行われた。日本では有害化学物質対策が1990年代後半から行われるようになり、なかでもベンゼンは全国的に注目され、国、業界団体、岡山県による対策措置がとられた。しかし、水島工業地域のベンゼンを取り扱う10社の工場に近接した地域においては、2000年代当初まで環境基準に適合しない状態が続いた。企業10社は自主的な情報交換会を設立して共同で排出抑制策を進めてベンゼン大気汚染を改善した。（第7章参照）

5 倉敷市における環境保全対策の特徴

(1) 公害発生の未然防止に失敗した水島開発

　1950年代の後半から60年代にかけて、四日市市や千葉市・市原市地域では工業開発および重化学工業の立地が水島地域に先行していた。水島工業地域への進出企業はそれらの工業地域の操業開始から数年遅れて操業を開始した。四日市市沖で異臭魚が捕獲されるようになったのは1958年頃（ICETT［2002］）、水島では1964年頃であった。農作物被害については、水島でイ草の先枯れが発生したのは1964年頃からで、千葉地域で1965～1966年頃にナシに被害が発生した（千葉県［1970］）よりも早かった。健康被害に関しては、四日市市では1961年に大気汚染による「四日市ぜんそく」が発生していたが、水島地域では1969年頃から呼吸器症状の有症率が増えるなどの影響が認められるようになった。水島開発においては、先行した四日市ぜんそくの発生を教訓として、公害を未然防止しつつ開発を進める地域との位置づけがなされていた（補注11）。しかし、水島開発は公害の未然防止に成功しなかった。

　水島において公害の未然防止に失敗した原因は、国における施策の遅れとその遅れを補うことができなかった地域の施策の不足に求められる。環境管理の社会的な政策手段が未成熟であったのである。大気汚染環境基準の設定は遅れがちに推移し、加えて前述のように国は1964年に定めた硫黄酸化物大気汚染の緩い環境基準を、1973年に現在の二酸化硫黄基準に改正したのであるが、そうした最中に水島開発は進んでいた。大気汚染環境基準を達成するに必要な総量規制の模索は岡山県、倉敷市が独自に行わねばならなかった。水質汚濁防止のための法の適用は1970年であったために、法適用に先行して岡山県などの調査に基づく発生源対策が行われるようになっていたが、それらの法規制に先行してとられた施策も健康被害と農水産物被害の発生を未然防止することはできなかった。

　地域の工業化と環境汚染物質の排出増加に対して、公害防止施策体系の確立が出遅れたのであるが、そのタイムラグは数年から10年程度であったと見ることができる。

第3章　倉敷市における環境保全をめぐる問題・課題と対応　　69

(2) 公害反対運動および住居移転問題

　1960 ～ 1970 年代に発生した健康被害を含む公害に対してさまざまな公害反対運動等が行われたが、そうした活動が水島開発そのものを中止させる、あるいは中途の段階で開発規模を凍結させるような市民運動にはならなかった。水島への企業誘致の時期に少し遅れて 1961 年に構想が発表された東駿河湾開発については、1964 年に住民の強い反対により中止されたのであるが、水島開発は継続された。

　1968 年頃から「公害病患者と家族の会」による公害病の認定や医療救済を求める運動は、やがて市条例による医療救済を実現させ、さらに 1975 年に工業地域に隣接する地域について、公健法による地域指定と認定者に対する全面補償を促すこととなった。さらには 1983 年に一部の認定者による倉敷公害訴訟が提訴され、1996 年に原告に解決金が支払われるなどにより和解が成立するまで十数年にわたり係争が続いた。和解にあたり原告は解決金の一部を基金として「水島地域環境再生財団」を設立してまちづくり活動などを行ってきている。このように健康被害を受けた人びとと関係者による活動は曲折を経て、財団の設立とその活動に継承されてきている。

　工場地域に近接している松江、呼松等に住む住民の住居移転に関しては、開発が本格化する直前の 1967 年に当時の厚生省が一部地域の住居移転の必要性を示唆していた（厚生省［1967］）。大気汚染を初めとするさまざまな公害の発生を背景として、1971 年頃にはそうした地域に住む人びとにより住居移転の要望がなされるようになり、松江地区においては 1975 年に集団移転の意向が示されるに至った。しかし、結果としては集団移転ではなく、希望者移転が選択され、倉敷市の条例による移転希望者に対する補助・融資等が行われた。

　1971 ～ 1972 年に倉敷市は大学の研究者に委託して調査を行い、1972 年にその報告書「地区住民の生活の実態と将来」をまとめている。この調査は「調査のきっかけは集団移転の要請‥‥移転問題に限ってなされたのではなく‥‥移転問題をも含めたより広い範囲‥‥住民の生活の実態と将来‥‥について客観的かつ多面的に捉える」ことを目的とした。住居移転の意向に関する約 900 所帯の調査の結果は、現地に止まるとする者が約 40％、いずれ移るとする者が 40％、今すぐ移るとする者が 9％などであった。全体として当時の仕事を続けたいとする者の割合は 80％以上であった。移転の意向を示す者について、移転希望先、希望移転時期は一様ではなかった。移転の意向を持つ者は移転補償に高い関心を寄せていたが、当時、誰

が住居移転の費用負担をするのか、制度が確立していなかった（地域生活研究会
［1972］）（補注12）。この調査結果に示された住民の多様な意向等は集団移転を推
進することができる状態ではなく、また、移転補償の仕組が明確でなかったことか
ら、個別であれ集団であれすべての所帯が移転するという結論に至ることは極めて
難しかった考えられる。さらには、地区内における各家庭における健康被害の発生
状況を初めとする被害発生状況や各世帯の経済能力が一様でなく、集団移転は経済
的必然性をもたなかったのである。こうしたことから希望者に対する融資・助成す
るという政策選択がなされたのである。

(3) 倉敷市による公害対策施策と公害反対運動等との関係

　倉敷市における公害反対運動等は、水島開発を中止させる、あるいは中途の段階
で開発構想を凍結させることはなかった。1960年代半ば以降1980年頃の間、公
害発生、住民の反対運動、行政の対策、企業の対応等の関係は厳しい緊張状態にあ
り、行政や企業が緊張を緩和するためにさまざまな対応措置をとった。

　第1には1975年の倉敷市議会による「公害から市民を守る決議」、1971～
1973年までに岡山県・倉敷市が水島地域企業と交わした公害防止協定、および
1973年の倉敷市による「水島工業地帯隣接地区の生活環境を保全するための基本
計画」である。この基本計画は汚染負荷がないような特別の場合を除いて工場の新
増設を一切認めないとするものであったが、その根拠となったのは公害防止協定で
あった。新増設の凍結措置は1983年まで、汚染物質の総量規制制度などが整い、
環境の悪化が起こらないと考えられるようになった後に解除されるまで続けられ
た。（倉敷市［1973b］［1976a］［1977］［1983］）

　第2には異臭魚の買上げ、農作物被害に対する補償措置および工業地域周辺の
住居移転希望者への助成・融資等の措置である。異臭魚の買上げは問題が発生する
ようになった直後の1967年から、排水規制等の対策が進み異臭魚がなくなるまで
の1975年まで行われた。この措置が行われなければ、漁業関係者による工場排水
に対する強い反発が起こった可能性がある。農作物被害に対しても同様である。

　第3に挙げることができるのは健康被害の発生に対する対応である。1972年8
月に倉敷市は「倉敷市特定気道疾病患者医療費給付条例」を制定し、企業と県・市
の負担により健康被害に対する医療費救済措置を行い、1975年には公健法に基づ
く地域指定により被害補償を行うようになった。

そして条例による住居移転の希望者に対する助成・融資による対応措置をとった
ことである。呼松地区、高島地区について「倉敷市水島工業地帯隣接地区移転助成
条例」（1974年）により、移転を希望する住民に対して、住居建築補助・引越費用
等に対する170件の補助、住宅建築等の67件の融資が行われた。また、松江地区
の集団移転は最終的に選択されなかったが、「倉敷市福田町松江地区住居移転助成
条例」（1980年）により、移転希望者に4件の融資、17件の補助が行われた。

　これらの措置はいずれもさまざまな公害発生後にとられた措置であるので、未然
防止措置でなかった点で最善策とは言えないものである。工業開発を既定方針と
し、その過程で生じた問題については規制ではなく市場外での経済的措置を優先し
た。しかし、これらの対応策は公害に対する市民の忍耐と水島開発の極めて微妙な
バランスを維持させる役割を果たしたものと考えられる。

(4) 地域開発としての水島開発と公害対策導入のタイムラグ

　水島開発は第2次世界大戦後の日本の地域開発＝重化学工業化の一環に位置づ
けられる。国においては、1962年の「全国総合開発計画」に基づく新産業都市や
工業整備特別地域指定など、拠点開発による重化学工業化が推進された時期であっ
た（武川［2009］）。1964年1月には、水島工業地域を含む「岡山県南」地区が全
国15地域の一つとして新産業都市に指定された。岡山県は1958年に「岡山県勢
振興計画」を策定し「臨海工業地帯を中心として立地条件を整備し、新企業の誘致
を行い、工鉱業生産力の拡充、産業水準の高度化を図る」（岡山県［1958］）とし
ていた。「‥‥工業商業を盛んにして、そこに農村の過剰人口を吸収させ、就業構
造を高度化し‥‥均衡のとれた発展をと考え‥‥企業誘致‥‥とくに水島が注目さ
れた」（岡山県［1971a］）のであった。

　当時全国の地方自治体は「工業用地造成と企業誘致に奔走」（村松［2010］）し
ていたのであるが、水島地域は新産業都市のなかで大きな規模の多くの工場の誘致
に成功して新産業都市の典型的な事例となった。水島開発の初期の段階で公害の
未然防止の必要性が認識されていた（倉敷市［1966］）。国レベルにおいてもすで
に公害に対する懸念がもたれていた。「東京湾と瀬戸内海と伊勢湾というのは、内
海で‥‥汚染にとっては問題があるのではないか‥‥」（下河辺［1994］）とされ、
水島開発について全面的に楽観視しない見方があった（同）。しかし、日本の高度
経済成長は「（公害を視野に入れることはなかったということについて）一般的

にいってそうです‥‥汚染‥‥という認識は薄かった‥‥反省されるべき点です」
（宮崎［2005］）、また、「社会的費用を汚染者の負担として内部化するような配慮
などが十分ではなかった」（環境庁［1982］）状態で進んでいた。水島地域だけで
なく、全国的に急速な開発の進行に公害対策が伴わないで「（所得倍増計画を踏ま
えたインフラ整備を）十年で GNP が二倍と思って用意し‥‥実績は三倍になった
‥‥二倍分が三倍になり‥‥政策をはるかに乗り越えてしまうのは当然‥‥環境
上は大変‥‥」（下河辺［1994］）な事態であり、国、地方の行政対応においては、
工業開発の進度と公害対策導入の間に 10 年程度のタイムラグが生じた。

(5) 1990 年代以降の倉敷市の環境課題

　地域レベルの振興計画については、1969 年に地方自治法が改正され市町村計画
の策定が義務づけられたのであるが、1970 年に策定された最初の「倉敷市振興計
画」は倉敷市の 7 項目の将来像の一つに「公害のない健康な産業都市」を掲げた。
しかし、その後の 1976 年計画、以降 5 年ごとに策定された計画（1981 年計画以
降は「総合計画」）において、公害対策が大きく取り上げられることはなくなった。
　一方、福祉が国においても地方においても重要な政策課題となっていた。1973
年は後に「福祉元年」と呼ばれる年となった。全国的にいわゆる革新自治体が主導
する形で福祉施策に変化があった（礒崎他［2007］）。倉敷市は 1967 年に「福祉都
市宣言」を行い、1975 年には「身体障害者福祉モデル都市」に指定された。1976
年に改定した「倉敷市振興計画」では目指す都市像において、第 1 に福祉都市が
掲げられたが、公害に関する記述はなくなった（倉敷市［1976b］［2005］）。全国
的には「1971 年度まで悪化してきた環境汚染が、1972 年度を境として改善の方向
……1974 年においては特にその改善が著しい」（環境庁［1976］）状況となってい
た。倉敷市においても同様であり、公害問題は地域の政策課題としての位置づけを
低下させたのである。
　1990 年代に入って、国際的には 1992 年のリオサミットの開催、国内的には
1993 年の環境基本法の制定など、地球環境保全に関心が集まるようになったが、
これらはすぐには倉敷市に影響を及ぼさなかった。しかし、1999 年に「倉敷市環
境基本条例」が制定され、2000 年に同条例に基づく環境基本計画が策定された。
いずれも地球環境保全を含む国の環境基本法の枠組を備えたものである。倉敷市
は公害が著しかった 1960 ～ 1970 年代において、独自の包括的な公害対策条例を

制定することはなかったのであるが、1999 年の時点で環境基本条例を制定した背景として地方分権の動向を挙げることができる。1994 年の地方分権推進法制定、1994 年の地方自治法改正による中核市制度の導入、1999 年の地方分権一括法の制定などである。倉敷市は 2002 年 4 月に中核市に指定され、前年の 2001 年にすでに多くの事務を岡山県から移譲されていたことと併せて、地方自治体としてより重い責任を担うことになったのである。国と地方の役割分担について法制上は「国は‥‥地域の持続可能性については地域の主体性を重視し見守ることに役割を後退させた」のである（根岸［2009］）。1999 年 12 月に市議会に提案した「環境基本条例案」について質問を受けた当時の中田市長は、条例制定や環境基本計画の策定が地方分権一括法の施行を目前にした先取り的な意味を持つと答弁した（倉敷市議会［1999］）。これは地方分権の拡大に伴う地方自治体の自負を代表しているとみることができる。倉敷市は 2001 年には産業廃棄物対策課を設け、2009 年には「環境リサイクル局」を設けて環境部門を専ら担当する局とし、その中に地球温暖化対策室を設けた（倉敷市行政組織図による）。

　地球温暖化に対する地方公共団体の取組みについて日本ではこれから始まろうとしている。「地球温暖化対策の推進に関する法律」が都道府県・中核市等に「地球温暖化対策実行計画・区域施策編」の策定を義務づけたことは注目される点である。その内容は「地方自治体の政策をも規定する」（秋山［2009］）可能性を有する。倉敷市は 2011 年 2 月に「倉敷市地球温暖化対策実行計画（区域施策編）」を策定・公表し、地域の新しい環境課題に取り組み始めている。全国の市町村の中で最も多い二酸化炭素を排出する地域としてその取組は注目されるところであるが、削減目標、削減に向けた施策などに問題点を内包している。（第 10 章参照）。

(6) 倉敷市における環境保全対策の経緯と主体

　倉敷市における環境保全対策について、倉敷市、岡山県、国、住民、事業者等が以下のようにさまざまに関わりつつ現在に至ったことが知られる。

　第 1 に 1950 年代から 1960 年代半ば頃の水島開発の初期段階において、発生した魚介類のへい死、異臭魚、農作物被害、騒音等の公害発生に対して、いち早く漁業関係者、農業関係者、住民が反応して被害への補償を求め、公害反対を訴えた。これらについて岡山県、倉敷市が住民等と立地企業の間に入って仲介役を担い、水産物、農作物の被害に対する補償を行うことにより、その後の水島開発を中断する

事態に発展することなく紛争を収拾した。事業者の役割は発生した公害について、岡山県、倉敷市の仲介による補償に応じるにとどまった。

第2に1960年代半ば頃から1980年頃までの時期に入っても公害問題の発生は止まらなかった。異臭魚の分布範囲は拡大し、農作物被害は毎年のように発生し、大気汚染に起因する健康被害発生は顕在化した。農漁業関係者、健康被害者等の関係者が対策を求め、対応措置として、異臭魚問題について岡山県、倉敷市、立地企業による異臭魚の買取り措置がとられ、農作物被害について岡山県、倉敷市が仲介し、立地企業が被害補償措置をとった。一方、公害健康被害について倉敷市が1972年から条例を制定して医療費救済措置をとり、さらに1975年から法制度による健康被害補償を行った。

また、倉敷市は条例を制定して公害を懸念する工業地域周辺の住民が住居移転を希望する場合に必要な費用を助成・融資する措置をとった。倉敷市は基礎自治体として水島開発を進めながら続発する公害問題を収拾するという微妙なバランスを確保する役割を担ったといえる。一方、抜本的な大気汚染物質、水質汚濁物質の排出総量削減等の対策の立案・推進等については岡山県が主導した。この時期に国による公害防止施策が導入・拡充されたが、当時の地域の重要な環境問題について、岡山県、倉敷市が先行実施した公害対策を国の法制等が補強・整備するように進んだ。事業者は公害対策に積極的に関わったとは言えないが、岡山県、倉敷市による対策、および国の環境規制等に対応して公害対策投資を行うことにより環境汚染の起こりにくい操業を行うようになった。

第3に1980年頃から1990年代末までの時期に水島開発にかかる大きな紛争として水島公害訴訟が争われた。法制度による公害健康被害補償を得ていた認定患者、約300名の原告らが立地企業8社を被告として、1983年提訴から1996年の和解に至る13年にわたって争われた。岡山県、倉敷市は、この訴訟の被告にならなかったのでこの訴訟に直接に関わることはなかった。訴訟の原告、被告は、第1次訴訟にかかる高裁審理、第2次、第3次訴訟にかかる地裁審理の途中で裁判所の和解勧告を得て和解に至った。

第4に1990年代末以降に倉敷市の環境保全への取組みに大きな変化があった。それ以前に倉敷市は地域における環境保全施策において基礎自治体として環境保全をめぐって発生したさまざまな諸問題の収拾や後処理に重要な役割を果たしたが、抜本的な対策計画の策定や推進については岡山県に委ね、あるいは岡山県の対策に

第3章　倉敷市における環境保全をめぐる問題・課題と対応　　75

歩調を合わせるように対処してきた。ところが1990年代に地方分権をめぐる全国的な大きな動きに沿うように、1999年に倉敷市は「環境基本条例」を制定し、環境基本計画を策定し、あるいは地球温暖化対策実行計画（区域施策編）を策定するなど、倉敷市が地域の環境保全に全面的に責任を負うとの姿勢に転換し、現在に至っている。1990年代末以降に倉敷市にみられる変化の背景として国における環境政策が影響している。1980年代末以降、国は地球環境保全、循環型社会形成を環境政策の重要課題とするようになり、また、NGO・NPOを環境政策の主体として明確に位置づけるようになったが、そうした国の環境政策が約10年遅れで倉敷市に影響を与えた。この期の2000年代当初に事業者により自主的なベンゼン大気汚染対策がとられ、水島工業地域に近接した地域のベンゼン環境基準不適合の状態を改善したが、これは事業者による取組として特筆されるものであった。

【補注】
補注 1：「水島臨海工業地帯地先海域の油濁防止対策の基本的方向」（1967年3月1日岡山県資料）によれば油臭魚の着臭限界は油分 0.01 mg／ℓ とされている。なお、新田ら（新田他「工場排水等による油臭魚問題に関する対策研究」『東海水研報第42号（1965）』）が油臭魚が発生する廃油成分の限界濃度について、水域では 0.01 ppm、底泥中に 0.2％としている。

補注 2：イ草の被害に対して、倉敷市・岡山市と周辺5町1村の13,053の農家に対して、水島地域企業およびその他の岡山県南部の企業54社から 1,033,142千円が支払われた。また、その他の農作物被害について、1971年度の農作物被害に対して「被害処理金」として 28,000千円、1972年度被害に対して 6,341千円、1973年度被害に対して 27,385千円が支払われた（『倉敷市史7 現代』）（「岡山県環境保全の概要 昭和51年10月」）。

補注 3：1987年の公害健康被害補償法の改正、1988年の施行により、大気汚染系の指定地域を解除し、新規認定は行わないこと、既認定者の補償を継続することとされた。法改正の頃の大気汚染は喘息等呼吸器症状の主因ではない状態となったとの考え方による。

補注 4：1965年8月9日に二酸化硫黄濃度1時間値 0.183 ppm、0.182 ppm、8月8日にも 0.108 ppm、8月10日に 0.160 ppm などが測定されている。

補注 5：1969年2月12日閣議決定の「いおう酸化物に係る環境基準について」により、「1時間値が 0.2 ppm 以下である時間数が‥‥99％以上維持されること‥‥年平均値が 0.05 ppmをこえないこと」などの環境基準（旧環境基準）が定められた。通産省の報告書が発表される1966年頃、この程度の環境基準になるとの見方がなされていた。しかし、1973年5月15日の閣議了解「二酸化硫黄にかかる環境基準について」により二酸化硫黄環境基準は「1時間値の1日平均値が 0.04 ppm 以下であり、かつ1時間値が 0.1 ppm 以下であること」とされた。この基準は旧環境基準の約3分の1に相当する。

補注 6 ：1972 年 1 月 11 日に浮遊粒子状物質環境基準が定められ、24 時間平均値が 0.1 mg / m³ 以下、1 時間値 0.2 mg / m³ 以下とされた。（1972 年環境庁告示）

補注 7 ：1973 年 5 月 8 日に二酸化窒素環境基準が定められ「1 時間値の 1 日平均値が 0.02 ppm 以下であること」とされた。しかし、その後、1978 年 7 月 11 日に、現在の環境基準である「日平均値が 0.04 ～ 0.06 ppm のゾーン内又はそれ以下であること」に改正された。

補注 8 ：市議会決議内容は以下のとおり。「近年、本市をはじめとする工業都市において、生産規模が拡大し、企業密度が高くなるにつれて、生活環境に影響をおよぼす要素をはらみ、将来大規模な公害に進展するおそれがある現状である。さきに、国において公害対策基本法が制定せられ環境基準を示されたが、この基準は地域性を考慮されない画一的なもので、単に行政上の目標が示されたにすぎず、万全とは言い難く、しかも、公害対策の現状はややもすると中央集権になり、また常に措置が後手にまわり、環境に対する問題意識が貧弱なうらみがある。今日、各地では公害による紛争が生じ、解決が難航している実情にあり、本市における水質汚濁による異臭魚、大気汚染による被害も、このまま推移すれば、将来憂慮すべき事態にたち至るは必定である。従来環境監視センターの設置、集合高煙突などあげて公害対策が講じられてきたところであるが、今後は公害発生のおそれのある企業は一切誘致しない方針とし、また既設の企業に対して厳重に監視するとともに、公害による環境汚染を断固排除し、市民環境の保全を確保し、公害から市民を守ることを決議する」（昭和 45 年 6 月 8 日倉敷市議会）

補注 9 ：最初の公害防止協定は、1971 年 11 月 29 日に、岡山県、倉敷市と川崎製鉄・川鉄化学の 2 社（いずれも当時）の間で締結された。この協定においては「この協定の締結後‥‥公害に関する特定施設その他の公害を発生するおそれのある施設の新設または増設を行う場合は、あらかじめ、（岡山県、倉敷市）と協議し‥‥了解を得る」としていた。新増設の取扱いについて他の企業との協定においても同様に決められた。

補注 10：公害防止事業費事業者負担法は 1970 年制定。公害の修復や未然防止事業を国や地方公共団体による事業として実施した場合に、事業を行うに至る原因事業者に原因の割合に応じて事業費の一部、または全部の負担を求めることを規定した法律。汚染者負担原則に沿う法制度である。

補注 11：1967 年制定の公害対策基本法は、第 19 条に公害防止計画の策定について規定し、現に公害が著しい地域（第 19 条第 1 項第一号）および公害が著しくなるおそれのある地域（第 19 条第 1 項第二号）について公害防止計画を策定することについて規定した。法制定後に発刊された「公害対策基本法の解説」によれば、第一号地域に該当するのは京浜葉のうちで公害の著しい地域、四日市地域等、第二号地域に該当するのは予防的な施策を必要とする地域で水島地域等がそれぞれ該当するとしていた。（蔵田・橋本『公害対策基本法の解説』）

補注 12：公害防止事業費事業者負担法は対象事業として住居移転事業を規定している。同法は公害原因の割合に応じて事業者負担を求めるとし、また、算定が困難である場合の「概定割合」を規定しているのであるが、住居移転の「概定割合」については政令で定めるとしているものの政令で明記されていない。

第 3 章　倉敷市における環境保全をめぐる問題・課題と対応　　77

【引用文献・参考図書】

岡山県 [1958]：岡山県「岡山県県勢振興計画」1958

公害防止コンサルタント [1964]：公害防止コンサルタント「水島工業地帯を中心とする地域の産
　　業公害防止対策に関する調査報告」1966

倉敷市 [1966]：倉敷市「倉敷市における公害対策の概要・昭和 41 年 10 月第 1 報」1966

厚生省 [1966]：厚生省「岡山県水島地区事前調査報告書」1966

通産省 [1966]：通産省「水島地区の大気汚染防止のための調査及び指導について ― 岡山県水島
　　地区産業公害総合事前調査報告書」1966

厚生省 [1967]：厚生省「岡山県水島地区事前調査報告書 環境大気調査」1967

岡山県 [1967a]：岡山県「水島臨海工業地帯における工場排煙拡散予測調査について」1967

岡山県 [1967b]：岡山県「水島臨海工業地帯地先海域の油濁防止対策の基本的方向」1967

水防協 [1968]：水島地区大気汚染防止対策協議会「水島地区大気汚染防止対策」1968

倉敷市医師会連合会 [1969a]：倉敷市医師会連合会「水島工業地帯における公害に関する住民調
　　査第 2 報」『岡山県医師会会報第 311 号』1969

倉敷市医師会連合会 [1969b]：倉敷市医師会連合会「水島工業地帯における公害に関する住民調
　　査第 3 報」『岡山県医師会会報第 313 号』1969

岡山県 [1970]：岡山県「水島地区水質汚濁防止対策」『公害防止計画資料編 岡山県水島地域』
　　1970

丸屋 [1970]：丸屋博『公害にいどむ』新日本新書 1970

倉敷市 [1970a]：倉敷市「倉敷市における公害対策の概要第 5 報 昭和 45 年度」1970

倉敷市 [1970b]：倉敷市「倉敷市振興計画」1970

千葉県 [1970]：千葉県「千葉市原地域に係る公害防止計画 昭和 45 年 11 月」1970

岡山県 [1971a]：岡山県『水島のあゆみ』1971

岡山県 [1971b]：岡山県「環境保全概要 昭和 46 年 10 月」1971

倉敷市 [1972]：倉敷市「倉敷市における公害対策の概要第 7 報 昭和 47 年度」1972

地域生活研究会 [1972]：地域生活研究会「水島臨海工業地帯における地区住民の生活の実態と将
　　来に関する総合的調査報告書」1972

岡山県農試 [1973]：岡山県農業試験場「昭和 48 年岡山県農試年報」1973

環境庁・岡山県 [1973]：環境庁・岡山県「岡山県水島工業地域大気汚染調査（1973 年 3 月）」
　　1973

倉敷市 [1973a]：倉敷市「倉敷市における公害対策の概要第 8 報 昭和 48 年度」1973

倉敷市 [1973b]：倉敷市「水島工業地帯隣接地区の生活環境を保全するための基本計画（昭和 48
　　年 2 月 26 日）」1973

環境庁 [1974]：環境庁『昭和 49 年版環境白書』1974

岡山県 [1974]：岡山県「倉敷市水島臨海工業地域のいおう酸化物総排出量規制について－昭和 49
　　年 4 月」1974

倉敷市 [1974]：倉敷市「倉敷市における公害対策の概要第 9 報 昭和 49 年版」1974

岡山県 [1976]：岡山県環境部「環境保全の概要 昭和 51 年版 10 月」1976

倉敷市［1976a］：倉敷市「水島工業地帯の工場施設の新設又は増設に係る取扱方針（1976 年 2 月）」
　　　1976

倉敷市［1976b］：倉敷市「倉敷市振興計画」1976

環境庁［1976］：環境庁『昭和 51 年版環境白書』1976

岡山県農試他［1977］：岡山県農業試験場他「光化学スモッグによる農作物可視被害に関する研究」
　　　1977

岡山県［1977］：岡山県「環境保全の概要 昭和 52 年 10 月」1977

倉敷市［1977］：倉敷市「水島工業地帯の工場施設の新設又は増設に係る取扱方針（1977 年 2 月）」
　　　1977

倉敷市［1978］：倉敷市「倉敷市における公害対策の概要第 13 報 昭和 53 年度」1978

岡山県［1979］：岡山県「環境保全の概要 昭和 54 年 10 月」1979

岡山県［1980］：岡山県「環境保全の概要 昭和 55 年 9 月」1980

倉敷市［1980］：倉敷市「倉敷市における公害対策の概要第 15 報 昭和 55 年度」1980

岡山県［1982］：岡山県環境保健部「環境保健行政の概要 昭和 57 年度」1982

倉敷市［1982］：倉敷市「倉敷市の公害対策の概要第 17 報 昭和 57 年度」1982

環境庁［1982］：環境庁『環境庁十年史』1982

倉敷市［1983］：倉敷市「倉敷市水島臨海工業地帯の工場施設の新設又は増設に係る取扱方針（昭
　　　和 58 年 1 月 4 日）」1983

岡山県［1986］：岡山県資料「主要工場における硫黄酸化物対策の政策効果分析」1986

岡山県［1987］：岡山県環境保健部「昭和 62 年度環境保健行政の概要（昭和 62 年 7 月）」1987

国土問題研究会［1989］：国土問題研究会「国土問題第 39 号特集水島コンビナート公害」1989

倉敷市議会［1991］：倉敷市議会「倉敷市議会議事録」（1991 年 3 月 8 日）

山陽新聞［1992a］：山陽新聞（1992 年 3 月 24 日「臨海劇場 5 幕 繁栄の裏で」）

山陽新聞［1992b］：山陽新聞（1992 年 3 月 27 日「（同上）」）

山陽新聞［1992c］：山陽新聞（1992 年 3 月 30 日「（同上）」）

山陽新聞［1992d］：山陽新聞（1992 年 4 月 4 日「（同上）」）

山陽新聞［1992e］：山陽新聞（1992 年 4 月 6 日「（同上）」）

岡山地裁［1994］：岡山地方裁判所「倉敷公害差止等請求事件判決」1994

下河辺［1994］：下河辺淳『戦後国土計画への証言』日本経済評論社 1994

倉敷公害訴訟記録［1998］：倉敷公害訴訟記録刊行委員会『正義が正義と認められるまで』1998

倉敷市議会［1999］：倉敷市議会「倉敷市議会議事録」（1999 年 12 月 9 日）

倉敷市［2000a］：倉敷市「倉敷市環境基本計画」2000

倉敷市［2000b］：倉敷市「倉敷市地球温暖化防止活動計画」2000

倉敷市［2001］：倉敷市「倉敷市第五次総合計画前期基本計画」2001

ICETT［2002］：国際環境技術移転研究センター（ICETT）『四日市公害・環境改善の歩み』2002

倉敷市［2004］：倉敷市「倉敷地域省エネルギービジョン ── 水島コンビナートエネルギー有効利
　　　用方策調査」2004

倉敷市［2005］：倉敷市『倉敷市史 7 現代』2005

第3章　倉敷市における環境保全をめぐる問題・課題と対応　　*79*

宮崎［2005］：宮崎勇『証言戦後日本経済』岩波書店 2005

倉敷市［2006a］：倉敷市「倉敷市第五次総合計画基本計画後期計画」2006

倉敷市［2006b］：倉敷市「倉敷市地域新エネルギービジョン」2006

倉敷市［2007a］：倉敷市「倉敷市環境基本計画改訂版」2007

倉敷市［2007b］：倉敷市「倉敷市地球温暖化防止活動計画 第2期」2007

礒崎他［2007］：礒崎初仁他『ホーンブック地方自治』北樹出版 2007

倉敷市［2008］：倉敷市選挙管理委員会「倉敷市長選挙公報」2008

倉敷市議会［2008］：倉敷市議会「倉敷市議会議事録」（2008 年 6 月 12 日）

武川［2009］：武川正吾『社会科学の社会学』ミネルヴァ書房 2009

根岸［2009］：根岸裕考「グローバリゼーションの進展と地域政策の転換」『経済地理学年報第 55
　　巻第 4 号』2009

秋山［2009］：秋山道雄「多様化と地域転換の中の地域政策」『経済地理学年報第 55 巻第 4 号』
　　2009

村松［2010］：村松岐夫『地方自治（第 2 版）』東洋経済新報社 2010

第**4**章

水島開発に伴う二酸化硫黄大気汚染および対策

1　はじめに

　水島開発に伴う公害として注目されたのは二酸化硫黄大気汚染であった。水島開発は四日市工業地域の開発から数年遅れて進んだので、開発当初から二酸化硫黄汚染が懸念されていたが、開発とともに燃料消費量が急増し、二酸化硫黄汚染は1969年度に最も高濃度となり、11か所の大気汚染測定局のうち3局で年平均値0.050 ppmを超えた。

　1966〜1968年に通産省（当時）、岡山県、倉敷市が工場建設を進行させていた立地企業に対策を求めた結果により、一定の硫黄酸化物の排出量の抑制が行われて1969〜1970年頃をピークとして、その後二酸化硫黄汚染濃度がさらに上昇することは避けられた。しかし、その頃の汚染レベルは現在の二酸化硫黄環境基準の2〜3倍程度のレベルであったし、1980年代初めまで環境基準に不適合であった。1968年制定の大気汚染防止法は硫黄酸化物の排出基準について規定し、規制基準を強化していったが、水島工業地域のような大規模発生源の集積地域における規制が環境基準達成に結びつかない状態が続いた。

　1973年に定められた現在の二酸化硫黄環境基準のレベルに汚染を改善するために、1971〜1973年に岡山県が主導し、岡山県と倉敷市により「公害防止協定」により立地企業の硫黄酸化物排出削減を推進した。しかし、二酸化硫黄環境基準の達成のためにはさらに地域の硫黄酸化物排出総量の削減が必要であった。そのための対策として、岡山県が総量規制を行う方針を打ち出し、立地企業に対して排出総量の削減を求めた。1973年に岡山県、倉敷市および立地企業の間の硫黄酸化物排出量削減の合意が成立し、1977年までに総量規制措置が達成され、1982年度には二酸化硫黄環境基準が倉敷市内のすべての大気環境測定局で達成された。

2　水島開発と公害被害の発生

　1950年代から1960年代半ば頃の間に、企業誘致が進み立地企業が操業を始めるとともに倉敷市の製造品出荷額は1960年度に290億円から1963年度には3倍の約990億円となった。やがて公害の兆候が現れ始めた。1964年には福田町で8 ha のミカンの苗木の枯死、松江地区で40 ha のイ草の先枯れ、1965年にイ草の先枯れ地域が拡大し約700戸の農家の130 ha が被害を受け、ブドウ、ミカン、豆類、レンコン、その他の野菜類も被害を受けた。(倉敷市［2005］)

　1960年代半ば頃から1980年頃の間に、鉄鋼、石油精製、石油化学、電力、自動車等の主要立地企業が計画していた最終的な工業生産設備がほぼ整備された。倉敷市の製造品出荷額の推移を図4-1に示した。1966年度の2,100億円程度から1969年度に5,800億円、1973年に第1次石油危機があったものの1兆2,800億円、1975年度に2兆円、1979年度に2兆8,000億円に増加した。なお、この一文において製品出荷額については、2000年基準の物価指数で各年の製造品出荷額を換算したものを用いた。

　1969年に心配されていた二酸化硫黄大気汚染の健康影響が認められる事態となった（丸屋［1970］)（岡山県［1971a］)。その後、倉敷市および岡山県による疫学的な調査を通じて影響が明らかにされ、1972年に倉敷市は条例を制定して健康被害を受けた住民に医療費支給を行うようになった。さらに、1975年には水島工業地域の近接地域を、公害健康被害補償法による指定地域とし、公害健康被害補償を行うに至った。健康被害の発生は1960年代における立地企業の急激な設備の完成・操業を背景としていたのであるが、工業開発については進行中であり、1980年代前半の開発の完成段階の製品出荷額の6分の1程度であったため、抜本的な二酸化硫黄大気汚染対策を講じなければならないこととなった。

　倉敷市の製造品出荷額は1981〜1985年度に3兆7,000億円程度となり水島開発の完成段階に達した。水島開発は1960年代から始められ、開発の前半に大気汚染健康被害等の公害を発生させたのであるが、開発を進行させながら、公害健康被害の医療費救済・補償、農産物被害補償等の対応策を講じ、また、硫黄酸化物の排出抑制等の発生源対策により汚染の改善を進めた。

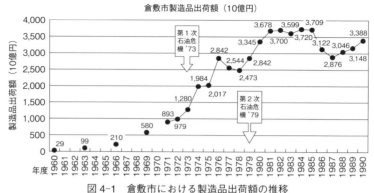

図 4-1 倉敷市における製造品出荷額の推移
注：通産省「工業統計年鑑（各年度版）」より前田作成

3 水島地域における二酸化硫黄汚染および対策の経緯

(1) 1960～1980年代の二酸化硫黄汚染

　1960～1980年代の時期に重油等の消費量は急増し、1960年代半ば頃から二酸化硫黄による大気汚染が注目されるようになった。1964年度～1970年度のPbO_2法（補注1）によって測定された比較的工業地域に近接した松江、工業地域から数kmの福田の結果によれば、福田、松江ともに1965年頃から1969年の間上昇し、1969年度に最大となり、翌1970年度に下がった。福田で1964年度に0.009 ppmが1969年度は4倍の0.035 ppmに達した後、1970年度に0.032 ppmに下がった。松江は1965～1970年度の間、福田と同様の濃度変動を示し、1965年度に0.018 ppmから急増し、1969年度に0.045 ppmと最大となり、1970年度に0.038 ppmに下がった。

　導電率法（補注1）による二酸化硫黄濃度は1967年から測定されるようになった。1969年度は水島地域が経験した最も高濃度の汚染状態となり、最も高い測定局では年平均濃度が0.051 ppmに達し、3測定局で0.050 ppm以上、最も低い測定局においても0.026 ppmであった。1969年2月に定められた旧環境基準（補注2）に比べると、1969年度は11局中5局で不適合となった。

　二酸化硫黄濃度は、旧環境基準が定められた直後の1969年度を最大とし、1970年度以降低下に転じた。1973年度（19局）の年平均濃度0.028 ppmは1969年

度（18 局）の年平均濃度 0.037 ppm に比べて約 24% 低くなった。特に 1969 年度に年平均が 0.050 ppm 以上に達した 3 局は 1973 年度に 0.030〜0.038 ppm まで低下した。しかし、1973 年 5 月に改正された二酸化硫黄の環境基準（新環境基準）（補注 3）と比べると、1973 年度は 19 測定局すべてで不適合であった。

　1970 年代後半以降、倉敷市の 19 測定局では例外なく二酸化硫黄濃度の低下が認められた。1973 年度に年平均値 0.038〜0.018 ppm であったが、1977 年度に 0.022〜0.008 ppm まで低下した。しかし、二酸化硫黄新環境基準に不適合である状態が続き、5 年後の 1982 年度に新環境基準に適合した。

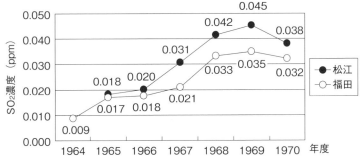

図 4-2　水島開発初期の二酸化硫黄汚染（PbO$_2$ 法から換算）
注：換算係数　SO$_2$[ppm] = SO$_3$（PbO$_2$ 法）[mg・SO$_3$ / 100 cm^2 / 日] × 0.035

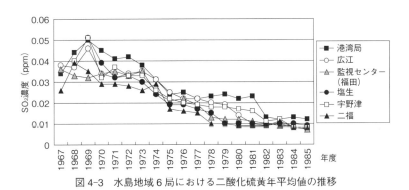

図 4-3　水島地域 6 局における二酸化硫黄年平均値の推移

(2) 水島地域における燃料使用量、硫黄酸化物排出量および燃料中平均硫黄分の推移

　水島地域における燃料使用量および硫黄酸化物の排出量の推移について、変化が最も著しかった1967～1983年度の期間の変化に着目すると概ね以下のとおりであった。この期間は水島工業地域の開発の経緯において、1960年代半ば頃までに立地企業の誘致が一段落し、立地企業が工場の新設、拡充を進めた時期である。一方、大気汚染健康被害の発生などの公害の経験を経て二酸化硫黄汚染対策が行われた時期である。

　水島地域における燃料使用量は1960年代半ばから増加し続け1967年の143万t/年から10年後の1976年には約6倍の850万t/年になり最大となった。1979年の第2次石油危機以降減少し1980年代前半は630万t/年前後で推移した。（岡山県［1986］）

　硫黄酸化物排出量は1967年の6万8千t/年から1969年は1.6倍の10万7千t/年に増加した。さらに、1971年度に約14万t/年までに増加したが、燃料消費量の増加に比べれば若干伸びが小さかった。1971年度の硫黄酸化物排出量14万t/年は水島地域における最大排出量であり、1972年度以降は減少していった。（同）

　1978年度以降では燃料消費量は1976～1978年度の800～850万t/年をピークに、1979年の第2次石油危機の後減少し続け、1981～1983年度は600～650万t/年程度に減少した。大規模な設備投資は見られず、設備の更新や小規模の設備の新設、燃料の転換などに止まった。硫黄酸化物排出量は、燃料消費量の低減幅

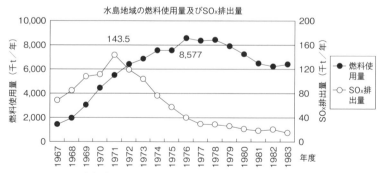

図4-4　水島地域における燃料使用量及び硫黄酸化物排出量の推移
出典：岡山県資料「主要工場における硫黄酸化物対策の政策効果分析」(1986) より前田が作成。

第 4 章　水島開発に伴う二酸化硫黄大気汚染および対策　　85

以上に低下し、1979 年度の 2 万 6 千 t/年から 1983 年度の 1 万 5 千 t/年となった。全燃料平均硫黄分含有率も 1979 年度の 0.14％から 1983 年度は 0.09％となり燃料使用量の低減以上に減少した。（同）

4　水島地域における二酸化硫黄汚染対策の経緯

(1) 1960 年代後半における産業公害事前調査等

　1960 年代後半に厚生省（当時）、通産省（当時）、岡山県、倉敷市により未然防止対策が模索された。

　厚生省（当時）は 1966 年 7 月および 1967 年 9 月に、公害事前調査を実施し、その結果から「水島開発に関する公害事前調査結果」を発表した。当時の二酸化硫黄濃度の測定結果、および農作物被害が発生していたことなどから、緩衝緑地、大気汚染測定局網整備、住民の健康調査の必要性について指摘した（厚生省［1966]）。しかし、具体的な硫黄酸化物汚染対策を示すものではなかった。

　1965 年に通産省（当時）による「産業公害総合事前調査」が行われて 1970 年度を目標年次とした発生源指導が行われた（通産省［1966]）。しかし、その調査において対象施設としなかった発生源からの亜硫酸ガス排出量が多かったこと、およびその後の水島地区における工場立地の著しい進展に伴う計画変更があったことなどのため、1967 年には 0.4 ppm の汚染が 4 時間程度継続する事態が発生した。一方、水島地区の 1966 年における「ピーク時期」の工業出荷額に対する割合は 10％に満たない段階で、その後の既存工場の設備拡張および新規立地企業の参入による大規模化が予定されており、工業地帯完成時における重油の消費量は 500 万 kℓ を超えるものと予想された。

　1966 年 11 月に通産省（当時）が『水島地域の大気汚染防止のための事前調査報告書』を発表した。二酸化硫黄汚染の未然防止のため、1970 年度末までの対策として煙突の嵩上げ、燃料の低硫黄化等を指導した。また、1970 年以降の対策として汚染物質を増やさない措置、工業地帯の外縁部への緑地帯の設置の必要性を指摘した（通産省［1966]）。しかし、1967 年 2 月に岡山県は二酸化硫黄汚染を懸念して大気汚染予測に関する報告書をとりまとめ、工業開発の最終段階では二酸化硫黄濃度の 1 時間値が 0.35 ～ 0.53 ppm に達する可能性を予測し、未然防止の必要

性を指摘した（岡山県［1967］）。

こうした懸念される事態に対処して、1967 年 9 月 1 日、通産省、岡山県、倉敷市および産業公害防止協会（当時。現在の「産業環境管理協会」）は学識経験者の協力を得て「水島地区大気汚染防止対策協議会」を設立した。協議会は、調査の目標年度を水島臨海工業地帯完成時とし、通産省の産業公害総合事前調査の手法を用い、風洞実験による拡散試験や理論計算により技術的、経済的に可能な発生源対策を企業に指導し、予想される大気汚染を未然に防ぐことを企図した。1968 年 3 月 27 日、同協議会は「水島地区大気汚染防止対策」を報告した。それによれば調査対象は水島地区に立地し、および立地を予定している 48 企業、51 工場とし、これらの工場で稼働中、および計画されている生産施設、ばい煙発生施設、煙突、硫黄酸化物排出量等の調査を実施し、二酸化硫黄汚染の保全目標として 0.2 ppm 以上の状態が 3 時間以上継続することがないことを目指すとして、硫黄酸化物排出総量に係る上限値（17,908 Nm^3／H）を設定し、合わせて煙源の集合・高層化、燃料の低硫黄化を行うとした（水防協［1968］）。なお、1969 年 2 月 12 日、わが国で初めて硫黄酸化物に係る環境基準が閣議決定された（旧環境基準。補注 2）のであるが、この旧環境基準はこの対策が想定していた環境保全目標に相当するレベルであった。

(2) 旧環境基準の閣議決定と硫黄酸化物排出量の削減

1960 〜 1970 年代に立地企業が工場を建設・整備を進めて燃料消費量の増加傾向が続いた。1969 年に旧環境基準が閣議決定され、地域としては旧環境基準に不適合であった状態を改善する必要があった。大気汚染防止法に基づく規制の強化が相次いで実施されたが、当時約 200 本の煙源が密集する水島地域の汚染改善には有効ではなかった。旧環境基準に不適合状態であったし、1971 年頃には旧環境基準をさらに低いレベルに改正する動きがあり、硫黄酸化物排出量を削減する必要があったため、岡山県と倉敷市は、1971 年度から 1973 年度の間に、企業 48 社と「公害防止協定」を締結して、硫黄酸化物の排出量の削減を図った。

これにより、前述のとおり、水島地域における最大排出量であった 1971 年度の硫黄酸化物排出量 14 万 t／年は、1972 年度以降は燃料消費量の増大にもかかわらず年次に低減され、1975 年度には約 5 万 t／年になった。（岡山県［1986］）

煙突の高層・集合化については、公害防止協定以前に「産業公害事前調査」およ

び「水島地区大気汚染防止対策協議会」の対策に盛り込まれており、各企業により進められたことから、100 m 以上の高煙突は 1967 年度の 4 本から、1971 年度には 19 本に増え全硫黄酸化物排出量の 83％を排出するようになった。1973 年度は全 250 本の煙突のうち、150 m 以上の 8 本の高煙突で全硫黄酸化物排出量の半分以上を排出するようになった（倉敷市［1975］）。煙突の高層・集合化とともにその拡散希釈効果により、煙源近接地域での高濃度汚染は改善された。

(3) 1973 年の新環境基準の閣議了解と総量規制等

1973 年 5 月 15 日に二酸化硫黄の環境基準が閣議了解され（新環境基準）、旧環境基準の約 3 分の 1 の汚染レベルとされた。この環境基準の改定については、中央公害対策審議会専門委員会の報告（中公審専門委［1973］）に基づく「(旧基準の設定後の）研究、調査の進展に伴い、新しい知見の検討が加えられたことによるもの」（環境庁［1982］）、「呼吸器系器官に対して長期的影響および短期的影響を及ぼすことならびに、それが浮遊粒子状物質や窒素酸化物と共存することによりその影響が強められること」（環境庁［1973］）とされた。この新環境基準に比べて、水島地域では 1973 年度に全測定局で不適合であった。工場が密集している水島地域においては、当時の大気汚染防止法（以下「大防法」）の規制では環境基準の達成が困難であった。

岡山県は 1972 年度に、拡散シミュレーションの技術により、地域の二酸化硫黄汚染対策を行う手法の検討を進めていたが、1973 年にその手法を用いて新環境基準のレベルの達成に必要な硫黄酸化物排出総量を報告した（環境庁・岡山県［1973］）。岡山県と倉敷市は水島地域の硫黄酸化物総排出量を、1973 年度の 6,520 Nm³/時から最終的に 2,200 Nm³/時に削減することとし、水島地区の企業に割り当てて 1977 年度を達成目標とし、合わせて 1974 〜 1976 年度の間の暫減を求め、各社はこれに応じた（岡山県［1974］）。各社は燃料の低硫黄化、大型排煙脱硫装置の導入等に努め、計画どおり 1976 年度末に削減目標を達成した（倉敷市［1983］［1993］）。この総量規制は大防法の改正による総量規制制度が明確になる以前の 1973 年度に具体化され、県と企業の間の往復公文の形で約束され実施された。

行政指導による総量規制の実施により、燃料消費量は 1976 年度に 800 万 t／年を超えるまでに増加したが、硫黄酸化物排出量は 1973 年度の約 10 万 t／年から

1977 年度 3 万 t /年程度に減少し、燃料中平均硫黄分は 0.52％から 0.15％に低下した。1977 年に大防法の改正により硫黄酸化物の総量規制の制度が設けられ、倉敷市も総量規制地域に指定されたが、法律による総量規制基準よりも少ない量で約束されている行政指導の排出量が守られている。二酸化硫黄による大気汚染は 1978 年度以降も引き続き改善され、1982 年度には環境基準に適合する状態になった。

(4) 二酸化硫黄汚染の改善のためにとられた対策

　二酸化硫黄汚染の改善のために発生源企業によりとられた対策は、煙突の集合・高層化、排煙脱硫装置設置の導入および燃料の低硫黄化である。

　二酸化硫黄年平均濃度と 100 m 未満の低層煙突から排出された硫黄酸化物排出量および 100 m 以上の高層煙突から排出された硫黄酸化物排出量の関係について、1969 年度以降に 100 m 未満の煙突から排出される硫黄酸化物排出量が減少し、一方、100 m 以上の煙突からの排出量は 1967 ～ 1971 年度に急増した。顕著に認められるのは、1969 ～ 1971 年度にかけて硫黄酸化物排出量が増加しているが、二酸化硫黄汚染は 1969 年度以降にかなり大きく低下したことである。煙突の高層・集合化は汚染物質の拡散希釈効果により、発生源近隣の汚染を軽減し、旧環境基準の適合に効果があったが、これだけでは新環境基準に適合できる対策ではなかったし、汚染地域を拡大したものと考えられる。しかし、岡山県、倉敷市による総量規制に対応して、企業は当時開発、実用化されるようになった排煙脱硫装置を相次いで導入し、また燃料の低硫黄化を進めたことにより、硫黄酸化物の排出量が削減され 1980 年代初頭には新環境基準に適合する状態に改善された。

　1969 年以前は 150 m 以上の超高層煙突は無く、1969 年度に 50 m 未満の低煙突から地域の硫黄酸化物の約 70％、約 2,600 Nm^3 /時が排出されていた。1970 年度以降は煙突の集合・高層化が進むとともに低層煙突からの硫黄酸化物排出量は急激に減少し、1971 年度は約 1,100 Nm^3 /時になり 1969 年の約 40％となった。二酸化硫黄濃度は、低層煙突からの硫黄酸化物排出量の減少と高層煙突の建設の進行に符合するように、1969 年度をピークとして低下傾向に転じた。しかしながら、100 m 以上の高層煙突からの硫黄酸化物排出量が 1968 年度から増加し、1971 年度の地域全体の硫黄酸化物排出量は約 6,800 Nm^3 /時とピークに達した。1969 ～ 1971 年度の高層煙突からの硫黄酸化物排出量の増加傾向は低層煙突からの減少と

反比例の関係にあったが、1972年度以降は100 m以上の高層煙突からの硫黄酸化物排出量も徐々に減少していった。

通産省、岡山県、倉敷市および産業公害防止協会による「水島地区大気汚染防止対策（1968年）」が企業の高煙突化を指導した。100 m以上の高煙突は1967年の4本から、1971年には19本に増え全硫黄酸化物排出量の83％を排出した。中でも150 m以上の超高層煙突は、1970年に初めて2本建設されたが、翌1971年には5本になり全硫黄酸化物排出量の45％を排出した。1973年には全250本の煙突のうち、150 m以上の8本の超高層煙突で全硫黄酸化物排出量の半分以上を排出するようになった（倉敷市［1975］）。

排煙脱硫装置は1970年度頃より実用規模の大きさの装置が導入されるように

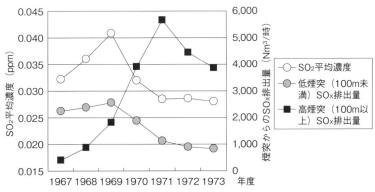

図4-5　水島地域の二酸化硫黄（SO_2）汚染と煙突高さ別硫黄酸化物（SOx）排出量

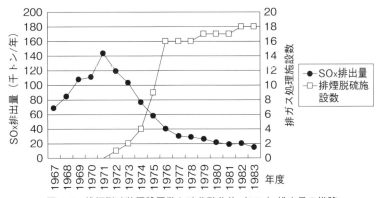

図4-6　排煙脱硫装置設置数と硫黄酸化物（SOx）排出量の推移

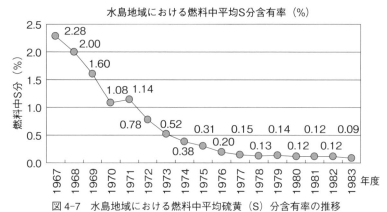

図 4-7 水島地域における燃料中平均硫黄（S）分含有率の推移
出典：岡山県資料「主要工場における硫黄酸化物対策の政策効果分析」（1986）
より前田が作成

なった。水島地域では、県・市の総量規制により硫黄酸化物排出量を低減するために、各企業は燃料の低硫黄化とともに、大型排煙脱硫装置の導入を進めた。1972年7月に三菱石油㈱（当時）に設置されたのを初めとし、1975年に9基に、1976年には16基に増え、この地域の大部分の排煙脱硫装置が1974〜1977年度の期間に集中的に建設された。これに伴い硫黄酸化物排出量は減少し、二酸化硫黄濃度の低下傾向も加速されていった。1971年度に最大となった硫黄酸化物排出量は、排煙脱硫装置の導入とともに減少し、1971年度の14万t/年から1981年度には2万t/年に削減された。排煙脱硫装置はその後1984年に19基となった。燃料の平均硫黄分含有率は1967〜1984年度を通じてほぼ一貫して減少しており、燃料消費の増大があったものの、排出抑制が行われたことを反映し減少している。燃料中硫黄分含有率は1967年から1970年の間、2.3％から1％まで急激に下がった。1971年は1.1％とわずかに上昇したが、それ以降減少し、1973年には0.5％、1976年には0.25％、1980年には0.12％となった。（岡山県［1973］［1985］［1986］）

第 4 章　水島開発に伴う二酸化硫黄大気汚染および対策　　*91*

表 4-1　水島地域の二酸化硫黄汚染にかかる大気環境保全対策の経緯

年 (月日)	項　　目	内　　容
1943 年	水島地域への最初の工場立地	第 2 次大戦中の工場分散により三菱重工業の航空機製造工場が操業開始
1947 年	水島港の整備、工場用地の造成開始	
1956 年 11 月 20 日	日本興油（現ニッコー製油）が水島に立地	水島港整備後の最初の工場立地
1962 年 6 月 2 日	「ばい煙の排出の規制等に関する法律」（ばい煙規制法）制定	指定地域制。倉敷市がこの法律の指定地域となったのは 1968 年 3 月
1964 年 1 月 30 日	「岡山県南」新産業都市指定	「岡山県南」は岡山市、倉敷市を含む地域
1964 年 （〜 1970 年代前半）	農作物被害発生	ミカン、イ草など。1964 年以降、1970 年代前半までほぼ毎年度被害発生。
1964 〜 1966 年	厚生省（当時）が「水島地区事前調査」を実施・発表	SOx 対策および後背地整備の必要性を指摘
1965 〜 1966 年	通産省（当時）が「産業公害事前調査」を実施・発表	1975 年頃における SOx 汚染対策のために固定発生源の集合化・高煙突化対策を指導・実施
1967 年	公害対策基本法制定	公害から健康を保護し生活環境を保全することを規定。環境基準、公害規制等を規定
1967 〜 1968 年	通産省、岡山県、倉敷市、産業公害防止協会（当時）が「水島地区大気汚染防止対策協議会」を設立して SOx 対策調査を実施・発表	1975 年頃における対策として SOx 排出量を 17,908 Nm^3 /時以下とし、SO$_2$ 汚染濃度が 0.2 ppm を超えて 3 時間以上継続することがないことを目標とする計画を策定し発生源を指導
1968 年 3 月	ばい煙規制法により倉敷市地域指定	SOx 排出基準（1,800 〜 2,000 ppm）により規制
1968 年 6 月	大気汚染防止法制定（ばい煙規制法を継承して倉敷市を地域指定）	SOx 規制について指定地域を類別し「K 値規制」（補注 4）
1969 年 2 月 12 日	硫黄酸化物環境基準（旧基準）を閣議決定	
1969 年 2 月 12 〜 14 日	水島工業地域の周辺地域において 0.3 〜 0.5 ppm（1 時間値）を超える汚染発生	喘息発作を起こす人など公害健康被害の顕在化
1970 年 7 月	岡山県が「発生源基本計画に基づく経年計画」を策定	主要発生源の 1970 年代後半までに至る各年時の硫黄酸化物排出総量に関する経年計画

表 4-1　水島地域の二酸化硫黄汚染にかかる大気環境保全対策の経緯（つづき）

年（月日）	項　目	内　容
1971 ～ 1973 年	岡山県・倉敷市が立地企業と公害防止協定	協定により立地企業全体の SOx 排出量を 1973 年度以降に 6,000 Nm^3／時に排出抑制
1972 年 7 月	三菱石油に排煙脱硫装置設置	岡山県内初の排煙脱硫装置
1972 ～ 1973 年	「水島工業地域大気汚染調査」実施	環境庁・岡山県が SO$_2$ 汚染解析シミュレーション調査
1973 年 3 月	倉敷市で硫黄酸化物旧環境基準達成	
1973 年 5 月 15 日	「SO$_2$ 環境基準」を閣議了解	現在の環境基準。旧基準を廃止。
1973 年 8 月 13 日	岡山県が「水島工業地域大気汚染調査」結果に基づく SOx 総量規制方針を公表	二酸化硫黄環境基準の達成に必要な SOx 排出総量（2,200 Nm^3／時）を 1977 年度までに達成する方針
1978 年	大気汚染防止法改正	指定地域における SOx の総量規制制度の導入、倉敷市など全国 24 地域。（補注 5）
1973 年 12 月 24 日	岡山県・倉敷市が SOx 総量規制の企業合意について公表	岡山県・倉敷市が立地企業と 1974 ～ 1976 年度、1977 年度以降の SOx 排出量について合意（補注 5）
1977 年 4 月	水島工業地域立地企業が SOx 総量規制を達成	
1978 年 4 月	大気汚染防止法 SOx 総量規制施行	
1982 年 3 月	SO$_2$ 環境基準を達成	

注：『環境庁十年史』、『環境庁二十年史』、各年版公害白書・環境白書、岡山県資料および倉敷市資料により作成

5　水島工業地域の二酸化硫黄汚染対策の経緯と特徴

(1)　二酸化硫黄汚染対策と主体

　水島開発について初期段階の構想が生まれたのは 1952 年（岡山県［1971b］）である。企業の立地・操業が相次ぎ、製造品出荷額の推移は 1981 年に約 3 兆 7,000 億円となり、立地企業が「ピーク時期」の製造品出荷額に達したとみられる。

　1950 年代後半に「石油化学育成政策」に基づく四日市工業基地開発が先行して進んでおり、水島開発は四日市喘息の経験を教訓として未然防止を模索したのであるが、大気汚染による健康被害、野菜・果物などの農作物被害、異臭魚被害の増加などの公害が発生し、被害を受けた住民や市民、企業、県・市行政などにより、対

第 4 章　水島開発に伴う二酸化硫黄大気汚染および対策　　93

応・対策が行われた。

　水島開発に伴う公害発生について、1960 年代末までの農作物の被害は地域立地
企業の対 1980 年度出荷比が約 10 数％程度の段階であった。農産物被害は 1970
年代半ば以降には起こらなくなるのであるがそれはこの地域の工業開発の出荷比に
ついて約 50％の段階以降であった。1960 年代半ば頃から大気汚染による呼吸器症
状の有症率が上昇するようになるのであるが、その主因と考えられる二酸化硫黄汚
染については 1969 年度にこの地域で最も高濃度であった。1969 年度の時点で水
島地域企業の対 1980 年度出荷比は 16％であり、その後燃料使用量を急増させな
がら二酸化硫黄汚染は改善された。

　こうした事実は、水島開発の初期段階では公害対策は不十分であったこと、開発
の中途の段階、すなわち出荷比からみて 10 〜 50％の段階において、公害対策が取
り入れられるようになったことを示している。主な対策は 1969 年に国により「い
おう酸化物環境基準」（旧環境基準）が定められたこと、燃料の低硫黄化が進み硫
黄分含有率は 1967 年から 1970 年の間、2.3％から 1％まで急激に下がったこと、
煙突の集合・高層化が進み 100 m 以上の高層煙突からの硫黄酸化物排出量は 1968
年度から増加し、低層煙突からの硫黄酸化物排出量は急激に減少したこと、さらに
は岡山県・倉敷市の総量規制を達成するために排煙脱硫装置が 1974 〜 1977 年度
の間に集中的に建設されたことであった。これに伴い、硫黄酸化物排出量は減少
し、燃料使用量の増加にもかかわらず二酸化硫黄濃度の低下傾向も加速されていっ
た。

　水島開発に係る二酸化硫黄汚染対策の経緯において重要であったと考えられる 3
点を指摘できる。第 1 には国の対策が遅れがちであったのに対し、岡山県、倉敷
市が地域の環境保全に責任を持つ地方公共団体として硫黄酸化物排出量の削減を推
進し、最終的には企業と協議のうえ総量規制を行うに至ったことである。第 2 に
は国が二酸化硫黄汚染に係る環境基準を定めたことである。1973 年閣議了解され
た二酸化硫黄環境基準（新環境基準）は、岡山県、倉敷市が総量規制を行うための
基本的な拠り所となった。岡山県、倉敷市は国の環境基準を後ろ楯として総量規制
を行うことができたのである。第 3 は岡山県、倉敷市に総量規制を促した住民の
存在である。住民は 1960 年代半ば頃から公害に強い関心を寄せるようになってい
た。特に健康被害を受けた被害者、農産物被害を受けた関係者は強く公害対策を求
めていた。

(2) 二酸化硫黄汚染対策の経緯と背景

1950年代の後半から60年代初めにかけて、四日市市では工業開発および重化学工業の立地が水島地域に先行していた。水島工業地域への進出企業は四日市市から数年遅れて操業を開始した。

四日市市では1961年に大気汚染による「四日市喘息」が発生したが、水島地域では1969年頃から呼吸器症状の有症率が増えるなどの影響が認められるようになった。当時の水島開発については「公害を未然予防しつつ開発を進める地域」との位置づけがされていた（補注6）。水島開発において、四日市ぜんそくの発生を教訓として、未然防止措置を講じることが望ましいあり方であったが、結果として水島開発は公害の未然防止に成功しなかったといえる。地域独自の施策も、早いテンポで進む工業開発に伴う汚染物質排出量の増加、健康被害と農水産物被害の発生を未然防止することはできなかった。

水島地域における二酸化硫黄汚染は、1960年代の前半には年平均で0.010〜0.020 ppmであったが急増し、1969年に最も高くなり、3つの測定局において年平均値が0.050 ppmを超えた。その後汚染は低下傾向に転じ、1982年には現在の環境基準に適合するに至った。1969年の時点でこの地域の工場の燃料使用量は1980年に対し37％程度のレベルであった。1969年は二酸化硫黄の旧環境基準が閣議決定された年であるが、旧環境基準を上回る汚染状態にあった。この頃までに水島開発に伴う大気汚染の未然防止のための取組みが進められ、しかも、旧環境基準程度の汚染レベルの未然防止を目指したがいずれも有効ではなかったのである。

水島工業地域は全面操業時には燃料消費量が800万t/年（石油換算）程度になったのであるが、その約37％の1969年の操業度の段階でこの地域の二酸化硫黄汚染が最も高くなり、年平均濃度で0.050 ppmを超える測定局が3か所となった。水島開発が緒についた段階の1960年代半ば頃には環境基準は定められていなかった。しかし、四日市の経験がよく知られており、四日市市のような公害が起こってはならないこと、少なくとも0.2 ppm以上の状態が3時間以上継続することがないようにすること、などの認識が行政、企業にあり、四日市市のピーク時の汚染レベルには至らなかったものと考えられる。しかしながら、1969年に定められた旧環境基準に比べて、その時点で基準を超える汚染状態に達していた。

国による大気環境基準は、硫黄酸化物濃度の急上昇に比べて遅れがちに設定され、1969年に旧環境基準が設定されるまで水島地域の硫黄酸化物濃度は上昇し続

第 4 章　水島開発に伴う二酸化硫黄大気汚染および対策　　95

けて、すでに未然予防の域を超える濃度レベル以上に達していた。加えて 1969 年
に設定した硫黄酸化物の緩い環境基準を、4 年後の 1973 年にはより厳しい現在の
環境基準に改正することとなったが、水島開発はそうした最中に旧環境基準を超え
る汚染を引き起こしながら急速に進行していた。

　改正された新環境基準を達成するために必要な「総量規制」の模索は岡山県、倉
敷市が独自に行わなければならなかった。岡山県、倉敷市は汚染の改善のために、
1971 〜 1973 年に 48 企業と公害防止協定を締結し、硫黄酸化物排出量の削減を進
めた。一方、岡山県は 1972 年度に拡散シミュレーションを用いた総量規制の手法
開発に取り組み、その結果を基に、見直されて新たに閣議了解されることとなる二
酸化硫黄新環境基準に相当するレベルに汚染改善するに必要な硫黄酸化物排出総量
を算出した。その後、1973 年 5 月には新環境基準が閣議了解された。岡山県、倉
敷市は公害防止協定による各企業の排出総量に替えて、新環境基準の達成に必要な
排出削減を 1977 年度末までに達成するよう求め、了解を得て往復公文を交わした
のである。これにより企業は排煙脱硫装置の設置、燃料の低硫黄化などの対策を講
じ、二酸化硫黄汚染が改善された。岡山県、倉敷市が独自の総量規制を行ったので
あるが、地域において健康被害を受けた被害者、農産物被害を受けた関係者、さら
にはマスメディアを強く意識し、また後ろ楯としつつ行われたと考えられる。

【補注】
補注 1：大気汚染物質としての硫黄酸化物は、二酸化硫黄（SO_2）と三酸化硫黄（SO_3）が問題と
　　　　なる。硫黄酸化物の測定法として、1 か月を単位として測定する二酸化鉛（PbO_2 。測定
　　　　値は mg・SO_3 / 100 cm^2 / 日）法と、1 時間を単位として測定する導電率法（自動測定記
　　　　録計法。測定値は容量比 ppm）などがある。1969 年 2 月に硫黄酸化物に係る環境基準
　　　　が閣議決定された際に、導電率法による測定値を用いることになった。1965 年代以前の
　　　　硫黄酸化物の測定は二酸化鉛（PbO_2）法によるものが多かった。両測定値の間にほぼ一
　　　　定の比例関係が認められている。
補注 2：1969 年 2 月 12 日、公害対策基本法第 9 条（当時）に基づき、わが国初の環境基準とし
　　　　て、以下のとおり「いおう酸化物に係る環境基準」が閣議決定された。（補注 3 のとおり
　　　　1973 年 5 月 15 日「二酸化いおうに係る環境基準」に改定）

> 基準値は以下のとおり。
> （1）人の健康に関する硫黄酸化物に係る環境基準は、次のいずれをも満たすも
> 　　のであること
> 　　（ア）年間を通じて、1 時間値が 0.2 ppm 以下である時間数が、総時間に対
> 　　　　　し、99％以上維持されること

（イ）年間を通じて、1 時間値の 1 日平均値が 0.05 ppm 以下である日数が、
　　　　　総日数に対し、70％以上維持されること
　　　（ウ）年間を通じて、1 時間値が 0.1 ppm 以下である時間数が、総時間数に
　　　　　対し、88％以上維持されること
　（2）年間を通じて、1 時間値の平均値が 0.05 ppm をこえないこと
　（3）いずれの地点においても、年間を通じて、大気汚染防止法に定める緊急時
　　　の措置＊を必要とする程度の汚染の日数が、総日数に対し、その 3％を超
　　　えず、かつ、連続して 3 日以上続かないこと
　＊「緊急時の措置」とは、大気汚染防止法に基づき大気汚染の状況が人の健康
　　や生活環境に被害が生じるおそれがある場合（注意報）、被害が生じる場合
　　（警報）に、一般に周知し、汚染発生源に汚染物質の削減の要請や命令を行
　　うような措置である。

補注 3 ：1973 年 5 月 15 日、公害対策基本法（当時）第 9 条に基づき、以下のとおり人の健康の
　　　　保護に関する二酸化硫黄に係る環境基準、達成期間が閣議了解された。

　　1　環境基準　1 時間値の 1 日平均値が 0.04 ppm 以下であり、かつ、1 時間値
　　　　が 0.1 ppm 以下であること
　　2　達成期間　環境基準は、維持されまたは原則として 5 年以内において達成
　　　　されるよう努めるものとすること

補注 4 ：ばい煙発生施設から排出される硫黄酸化物量について、$q = K \times 10^{-3} \times He^2$（q ＝硫黄
　　　　酸化物排出許容量、K ＝地域ごとに適用される定数、He ＝煙突高さに煙の上昇高さを加
　　　　えた「有効煙突高さ」）の算式により規制している。倉敷市の「K 値」の推移は以下のと
　　　　おり。

K 値	1968 年 12 月	1970 年 2 月	1972 年 1 月	1974 年 4 月	1975 年 4 月	1976 年 9 月
水島地域以外	26.3	12.8	9.34	6.42 （新設 3.50）	4.67	3.50
水島地域		5.26	5.26 （新設 3.50）	1.75		

補注 5 ：倉敷市の水島地域立地企業にかかる大気汚染防止による SOx 総量規制については岡山
　　　　県・倉敷市と企業の間の合意を基礎としている。

補注 6 ：1967 年制定の公害対策基本法は、第 19 条に公害防止計画の策定について規定し、現に
　　　　公害が著しい地域（第 19 条第 1 項第一号）および公害が著しくなるおそれのある地域（第
　　　　19 条第 1 項第二号）について公害防止計画を策定することについて規定した。法制定後
　　　　に発刊された「公害対策基本法の解説」によれば、第一号地域に該当するのは京浜葉の
　　　　うちで公害の著しい地域、四日市地域等、第二号地域に該当するのは予防的な施策を必
　　　　要とする地域で水島地域等がそれぞれ該当するとしていた。（蔵田・橋本『公害対策基本
　　　　法の解説』）

第 4 章　水島開発に伴う二酸化硫黄大気汚染および対策　*97*

【引用文献・参考図書】

厚生省［1966］：厚生省「岡山県水島地区事前調査報告書（環境大気調査）」1966

通産省［1966］：通産省「水島地区の大気汚染防止のための調査及び指導について ― 岡山県水島
　　　地区産業公害総合事前調査報告書」1966

岡山県［1967］：岡山県「水島臨海工業地帯における工場排煙拡散予測調査について」1967

水防協［1968］：水島地区大気汚染防止対策協議会「水島地区大気汚染防止対策」1968

丸屋［1970］：丸谷博『公害にいどむ』新日本図書 1970

岡山県［1971a］：岡山県衛生部「住民健康調査報告書 昭和 46 年度調査」1971

岡山県［1971b］：岡山県『水島のあゆみ』1971

環境庁・岡山県［1973］：環境庁・岡山県「岡山県水島工業地域大気汚染調査（1973 年 3 月）」
　　　1973

中公審専門委［1973］：中央公害対策審議会大気部会いおう酸化物に係る環境基準専門委員会「い
　　　おう酸化物に係る環境基準についての専門委員会報告（昭和 48 年 3 月 31 日）」1973

環境庁［1973］：環境庁大気保全局長「大気汚染に係る環境基準について」（昭和 48 年 6 月 12 日
　　　環大企第 143 号環境庁大気保全局長から各都道府県知事・各政令市長宛）1973

岡山県［1973］：岡山県大気保全課「倉敷市における硫黄酸化物に係る総量規制方式について ―
　　　昭和 48 年 8 月」1973

岡山県［1974］：岡山県「倉敷市水島臨海工業地域のいおう酸化物総排出量規制について ― 昭和
　　　49 年 4 月」1974

倉敷市［1975］：倉敷市「過去の大気汚染の解析（水島地域）1975 年 5 月」1975

倉敷市［1983］：倉敷市「倉敷の環境保全（昭和 58 年版）」1983

環境庁［1982］：環境庁『環境庁十年史』1982

岡山県［1985］：岡山県大気保全課「大気保全行政の歩み（昭和 60 年 3 月）」1985

岡山県［1986］：岡山県資料「主要工場における硫黄酸化物対策の政策効果分析」1986

倉敷市［1993］：倉敷市「倉敷の環境保全（平成 5 年版）」1993

倉敷市［2005］：倉敷市『倉敷市史 7 現代』2005

第**5**章

水島開発に伴う二酸化窒素大気汚染および対策

1　はじめに

　日本の二酸化窒素大気汚染について、1960 年代後半頃から注目されるようになり、倉敷市においても同じ頃から問題・課題とされるようになり、窒素酸化物排出抑制対策に取り組み始めた。(補注 1)

　1973 年に岡山県、倉敷市は、健康被害をはじめとする厳しい公害発生を踏まえて、国が 1973 年に定めた二酸化窒素の環境基準（1 日平均値が 0.02 ppm。以下「旧環境基準」）を達成するために必要な総量規制を行うとしたが、1970 年代半ば頃に旧環境基準の適切性について議論があり、その状況は社会的によく知られるようになったため総量規制を見直すことになった。

　1976 年から岡山県は見直しのための調査・検討を進め、1978 年に、地域の環境保全目標を年平均濃度 0.018 ～ 0.020 ppm 以下とすること、この目標達成のために地域の窒素酸化物排出総量削減を進めるとした。その後、国において新しい二酸化窒素環境基準（日平均値が 0.04 ～ 0.06 ppm までのゾーン内又はそれ以下）が定められ、地域が掲げた環境保全目標は国の環境基準の下限値に相当するレベルとなった。倉敷市は、新しい環境基準のもとで国による総量規制地域に該当しないとされたため、改めて 1981 年に「倉敷地域窒素酸化物総量削減計画」を策定・公表し、水島工業地域企業の合意を得て総量削減を進めることとし、1985 年に窒素酸化物排出総量規制値を達成した。

　1970 年代に、水島開発は各進出企業が立地時に構想した最終規模の工場に仕上げる時期にあったが、国における二酸化窒素環境基準の設定と改定の影響を大きく受けながら、大気環境の保全と立地企業の設備投資の圧力のバランスに腐心しつつ、二酸化窒素にかかる大気保全対策に取り組み、地域独自の総量規制を行った。

2 日本の二酸化窒素汚染対策

(1) 二酸化窒素大気汚染への関心の高まり

　日本では、二酸化硫黄汚染について1961年の四日市喘息の発生によって全国の注目を集めたが、二酸化窒素汚染については約10年遅れて1970年頃から注目されるようになった。

　『昭和44年版公害白書』は窒素酸化物、一酸化窒素、二酸化窒素について、自動車排出ガスによる大気汚染物質として指摘している。しかし、人の健康への影響という側面から、二酸化硫黄に大いに注目し、また、降下ばいじん、一酸化炭素についても注目しているが、二酸化窒素大気汚染による健康影響には注目した記述はなされていない。（総理府等［1969］）

　しかし、『昭和45年公害白書』は「窒素酸化物は、石油、石炭の燃焼に伴って発生し、工場、ビル、自動車等から排出される……いおう酸化物、一酸化炭素とともに注目される」と記述し、また、人の健康影響について「住民を対象とした疫学的研究が不足しているため、厚生省では（昭和）45年度から窒素酸化物による人体影響を考慮に入れた調査を始めることとした」（総理府等［1970］）と記述している。さらに『昭和46年版公害白書』は、「昭和45年夏の光化学スモッグ事件（補注2）は、従来考えていた以上に窒素酸化物、炭化水素等による大気汚染が進展している‥‥光化学スモッグの起因物質である‥‥窒素酸化物（とくに二酸化窒素）‥‥オゾンなどの環境基準を設定する」（総理府等［1971］）と記述した。

　国の白書の記述から知られるように、二酸化硫黄大気汚染が四日市喘息の発生（1961年）を契機として関心が高かったことに比べて、1960年代後半の頃に二酸化窒素大気汚染に対する関心は高くはなかった。しかし、1970年代に急速に社会的な関心を集めるようになった。このことについては少なくとも二つの重要な契機があったと考えられる。

　第1には1973年に定められた二酸化窒素大気汚染に係る環境基準である。この環境基準の設定の際に当時の中央公害対策審議会（以下「中公審」）の専門委員会報告（中公審専門委［1972］）が、二酸化窒素大気汚染が発がんに関係する可能性のある動物実験結果を取り上げたこと、およびそうした報告を含み二酸化窒素環境基準として、当時の日本の測定地点において多くの地点で不適合であるようなレベ

ルである日平均値 0.02 ppm 以下を提案し、それに基づき旧環境基準が定められた
ことである（環境庁［1973a］）。第 2 には、1960 年代後半から 1970 年代にかけて、
日本の二酸化窒素汚染について増加傾向にあったこと、燃料の高温燃焼に伴って発
生する窒素酸化物の排出抑制技術が未開発であったこと、工場・自動車等の燃料使
用量は増加し続けており、特に自動車保有台数は急増していたことなどの窒素酸化
物の発生源に係る動向である（環境庁［1973b］［1974a］）。

(2) 二酸化窒素環境基準の設定と改正をめぐる経緯

　1970 年に厚生省（当時）が生活環境審議会に諮問して窒素酸化物、光化学オキ
シダントについて環境基準の検討を始めた。その後 1971 年に環境庁（当時）が発
足したことに伴い、調査は中公審に引き継がれた。（環境庁［1972］［1982］）
　1972 年 6 月、中公審の専門委員会は報告書を取りまとめた。報告は 1970 ～
1971 年に全国 6 か所で 30 歳以上の家庭の主婦の持続性「せき（咳）」「たん（痰）」
の有症率と二酸化窒素大気汚染に高い水準の関連性があったこと、動物実験におい
て末梢気管支の上皮細胞の反応性増殖が認められること、特にインフルエンザウィ
ルスを感染させた場合に腺腫瘍増殖がみられることなどを指摘し、二酸化窒素環境
基準を 1 時間値の 1 日平均値が 0.02 ppm 以下であることを提案した（中公審専門
委［1972］）。1973 年にこの報告を根拠として二酸化窒素環境基準は「1 時間値の
1 日平均値が 0.02 ppm 以下であること」とされた（環境庁［1973a］）。1973 年当
時に二酸化窒素の測定局数は少なく 228 局であったが、環境基準に比べて適合し
ていたのは 4 局、1974 年度に測定局は 448 局となったが環境基準に比べて適合し
ていたのは 25 局、設定された環境基準に比べてかなり低い適合率であった（環境
庁［1974a］［1975a］）。
　このような当時の汚染の状況から、過度の人口集中地域・大規模工業立地地域に
ついては、5 年以内に年間を通じて環境基準を満たす日数が総日数に対して 60％
以上維持される状態が実現するように努めるとする「中間目標」が示され、8 年
以内に環境基準を達成するよう努めることとされた（環境庁［1973a］）が、中
間目標は旧環境基準の 2 倍程度の汚染に相当するレベルであった。倉敷市はこ
の旧環境基準の達成に係る大規模工業立地地域に該当する地域とされた（環境庁
［1974b］）。
　旧環境基準については「動物実験による肺組織の器質的変化を重視し、長期低濃

度暴露による慢性気管支炎等の影響防止を他の汚染物質の共存を前提に十分な安全性を見込んで設定……したものである」（昭和51年版環境白書）との考え方がなされていたが、環境白書は「環境基準の設定の基礎となった根拠について様々な議論が行われている……内外の最良の科学的知見により検証を行う」（同）とした。（環境庁［1976］）

1977年に、世界保健機構（WHO）窒素酸化物環境保健クライテリア専門委員会において、二酸化窒素大気汚染について、公衆の健康を保護するための暴露限界濃度を最大1時間値0.1〜0.17 ppm（1月に1回を超えて出現してはならない）とすることが合意された（環境庁大気保全局［1977］）が、これは旧環境基準の約2〜3倍に相当するレベルであった。

1977年3月28日に環境庁は中公審に諮問し、中公審は専門委員会を設けて検討を行い、1978年3月20日に報告書を取りまとめ、二酸化窒素の1時間値として0.1〜0.2 ppm、年平均値として0.02〜0.03 ppmを指針として提案した（中公審専門委［1978］）。中公審は3月22日にこの報告書をもとに環境庁に答申した。環境庁は専門委員会報告書、および中公審の答申をもとに、1978年7月11日に二酸化窒素の環境基準を改正し、1時間値の1日平均値が0.04から0.06 ppmまでのゾーン内又はそれ以下であることとした（環境庁［1978b］）。旧環境基準の設定において重視された動物実験における肺組織への影響に関し、環境庁は「二酸化窒素の低濃度長期暴露後にインフルエンザに感染させたマウスは、非暴露群より末梢気道に腺腫瘍増殖が多く見られ……しかし、その後の研究では発がんを見たと考えられる結果は報告されていない」（環境庁［1978a］）とした。

(3) 固定発生源および自動車排出ガスの規制

1968年に大気汚染防止法が制定・施行されたが、制定当初には窒素酸化物は規制対象とされていなかった。同法の1970年改正後に、有害物質、自動車排出ガスとして、それぞれ窒素酸化物が指定され、1973年から工場等固定発生源からの窒素酸化物の排出が規制されるようになり、同年に自動車排出ガス中の窒素酸化物に対する規制が行われるようになった。

固定発生源に対する全国一律に適用される規制について、1973〜1983年に第1次から第5次にわたって規制措置が導入・強化・拡大された。いずれも規制時点における最新の燃焼技術を導入することによって規制基準遵守が可能な数値に

表 5-1 二酸化窒素汚染対策等に係る経緯

年	全国的な動向	倉敷市における動向
1969	・『昭和44年版公害白書』が自動車排出ガスの窒素酸化物について記述	・倉敷市内で呼吸器症状の有症率が高まった。
1970	・『昭和45年版公害白書』が工場・自動車等から排出される窒素酸化物およびその健康影響について記述 ・厚生省（当時）が審議会に窒素酸化物等の環境基準を諮問（1971年の環境庁発足後中公審に引継ぎ）	・倉敷市内の測定局で二酸化窒素測定開始（1局）
1971	・大気汚染防止法に基づく「有害物質」として窒素酸化物を指定（6月） ・自動車排出ガスに窒素酸化物、炭化水素、鉛を追加（6月）	
1972	・中公審窒素酸化物等環境基準専門委員会が二酸化窒素の旧環境基準レベルの基準を提案（6月20日） ・中公審答申（10月3日。50（1975）年車NOx 1.2 g／km など、51（1976）年車NOx 0.25 g／km など） ・中公審答申（10月3日）に基づく「自動車排出ガスの量の許容限度の設定方針」告示（10月5日） ・自動車排出ガスの窒素酸化物許容限度（48年度規制。12月7日）	・倉敷市内の二酸化窒素測定局を5局に増加
1973	・中公審が二酸化窒素環境基準（旧環境基準）を答申（4月26日） ・二酸化窒素環境基準の設定（旧環境基準。5月8日） ・工場等固定発生源の窒素酸化物排出規制（第1次規制。8月10日） ・新型車に対する窒素酸化物規制（4月1日） ・継続生産車に対する窒素酸化物規制（12月1日）	・倉敷市内の二酸化窒素測定局8局 ・岡山県・倉敷市が行政指導による水島地域の窒素酸化物の総量規制の導入を決定（12月。1978年に地域NOx排出量暫定目標総量を2,000 Nm^3／時）
1974	・自動車排ガス「50（1975）年度規制」告示（1月21日） ・中公審が「51年規制」を53年に延期する答申	・倉敷市内の二酸化窒素測定局10局
1975	・工場等固定発生源の窒素酸化物排出規制（第2次規制。12月10日）	・倉敷市内の二酸化窒素測定局12局

1976	・環境庁が自動車 NOx 削減技術検討会による「1978 年に NOx 低減目標 0.25 g／km を大部分のメーカーが達成可能」との趣旨の最終報告を公表 ・乗用車「53 年度（1978 年度）規制」告示（12 月 18 日）	・岡山県が公害対策審議会に水島地域の窒素酸化物汚染対策について諮問（2 月 22 日）
1977	・工場等固定発生源の窒素酸化物排出規制（第 3 次規制。6 月 16 日） ・環境庁が中公審に二酸化窒素環境基準諮問（3 月 28 日）。中公審は専門委員会を設けて検討。	・岡山県公害対策審議会専門委員会が調査結果報告書公表（3 月 29 日。「水島地域窒素酸化物対策報告書」）
1978	・中公審専門委員会が二酸化窒素環境基準について報告（3 月 20 日） ・専門委員会報告をもとに中公審答申（3 月 22 日） ・二酸化窒素環境基準の改定（現環境基準。7 月 11 日）	・岡山県が水島地域企業の窒素酸化物排出量の削減状況に関するヒアリング結果を公表（2 月 15 日。1973 年設定の暫定目標達成困難）
1979	・工場等固定発生源の窒素酸化物排出規制（第 4 次規制。8 月 2 日） ・二酸化窒素環境基準に係る地域区分に関する環境庁大気保全局長通知（8 月 7 日）、総量規制の準備を行う地域として東京都特別区等を明示。	・倉敷市は法定総量規制を不適用
1981	・窒素酸化物総量規制に関する施行令改正（6 月 2 日。規制地域は東京都特別区等・横浜市等・大阪市等）	・岡山県が「倉敷地域窒素酸化物排出総量削減計画」を策定・公表（5 月 6 日。1973 年暫定総量規制に替る新総量規制） ・岡山県が総量規制に関する各社との協議状況を発表（9 月 2 日。多くの企業と基本合意）
1982		・岡山県・倉敷市と水島地域企業の間で窒素酸化物総量規制について協議・合意（4 月 30 日）
1983	・工場等固定発生源の窒素酸化物排出規制（第 5 次規制。9 月 7 日）	
1985	・東京特別区等・横浜市等・大阪市等の窒素酸化物総量規制施行	・岡山県が水島地域窒素酸化物の総量規制の達成を公表（3 月 26 日）

注：『環境庁十年史』、『環境庁二十年史』、各年版公害白書・環境白書、および岡山県・倉敷市資料により作成

設定され、排煙脱硝技術を導入する必要のない規制値であった。(環境庁 [1982][1991])

固定発生源に係る総量規制について、環境庁は 1978 年に環境基準を改定した際に、全国各地の汚染状況に基づく地域区分に関する判定を行い、環境基準の範囲の上限を超える東京都特別区などの 6 つの地域については窒素酸化物の総量規制の導入のための調査を始めるよう求めていた(環境庁 [1979])。1981 年 9 月に大気汚染防止法施行令の改正により、東京都特別区等、横浜市等、大阪市等の 3 地域について窒素酸化物総量規制が実施されることとなり、1985 年までに削減目標にしたがった総量規制が実施された。なお、6 つの地域のうち名古屋市等、北九州市等、神戸市等については、それぞれ自治体による独自の総量規制が実施された。(環境庁 [1985][1991])

3 水島開発と二酸化窒素大気汚染等

(1) 地域における二酸化窒素汚染への関心の高まり

水島開発の初期段階の工場用地の造成や企業誘致が進められた 1950 年代から 1960 年代半ば頃には、二酸化硫黄大気汚染が懸念されていたが、二酸化窒素汚染については注意が払われなかった。1970 年頃から二酸化窒素大気汚染が地域の重要な問題・課題となった。それは二酸化硫黄汚染対策について、総量規制を行うことによってその環境基準を達成する見通しを得た頃であり、それを引き継ぐように大気環境保全に関する地域課題となった。

1971 年の岡山県の資料に二酸化窒素大気汚染について記載が見られる。1971 年 10 月発刊の『環境保全概要』(岡山県)に「今後の課題」として、「光化学オキシダントによる公害事象が問題となってきたこと等から……窒素酸化物についても……実態を調査把握し……監視網整備を行い万全を期する必要がある」(岡山県環境部 [1971])とし、当初は光化学オキシダントとの関係において記述された。

1971 年 11 月に、岡山県、倉敷市と川崎製鉄(当時。現在は JFE スティール)グループと交わした公害防止協定書の中で、窒素酸化物対策に触れて「(会社側は)窒素酸化物の排出量の減少を図るため、技術の導入に努力し、実用化が可能な技術は、ただちに採用する」(岡山県・倉敷市・川崎製鉄 [1971])、水島共同火力と交

第5章 水島開発に伴う二酸化窒素大気汚染および対策 *105*

わした事例では「窒素酸化物の濃度の低下を図るため、発電用ボイラーの燃焼方式をコーナーファイアリング方式とする」(岡山県・倉敷市・水島協同火力 [1971])とした。これらの公害防止協定では、硫黄酸化物の排出量について具体的に排出量を取り決めているのに対して、窒素酸化物については具体的な排出濃度、排出量を取り決めなかった。しかし、二酸化窒素大気汚染問題への関心が払われ始めたことを示すものである。岡山県議会においては、1971年に光化学オキシダントの原因物質としての窒素酸化物に関する質疑、また、公害防止協定における窒素酸化物の取扱いに関する質疑が交わされるようになった。(岡山県議会 [1981])

　1973年に設定された二酸化窒素の旧環境基準が地域の二酸化窒素汚染問題に対する関心を高めることとなった。当時の全国的な汚染状況と同様に、倉敷市内の測定結果は旧環境基準に不適合であった。1973年の岡山県議会では窒素酸化物の総量規制に関する質疑が交わされるようになり、知事が総量規制を行う考えを表明するに至った(岡山県議会 [1981])。1973年12月に岡山県は旧環境基準を達成するために水島地域の主要工場から排出される窒素酸化物の総量規制の基本方針を決め、これに沿って企業と折衝し、水島地域の立地企業46社から、岡山県が示した企業ごとの排出量を1978年度当初に実現するとの確認を得て、1974年2月に公表した(岡山県 [1974])。

(2) 地域における二酸化窒素汚染と窒素酸化物排出量の推移

　倉敷市の二酸化窒素汚染については、1970年度に1か所の測定局で測定が行われるようになり、1972年度以降は複数の測定局で測定されるようになり、今日に至っている。図5-1は倉敷市内の7測定局の年平均値の推移であるが、このうち6測定局は水島工業地域から数km程度の水島工業地域に近い局である。「美和」「駅前」は工業地域から10数km離れた倉敷市の中心市街地の測定局であり、「駅前」は自動車排出ガス測定局である。この図の推移からみられるように、1972年度から1980年度にかけて「駅前」を除く測定局の年平均値に減少傾向がみられるのは、水島工業地域の固定発生源の排出量の総量削減が関係している可能性が高い。しかし、1980年代後半以降、1990年代前半にかけて、自動車排出ガス測定局である駅前の傾向に符合するように、すべての測定局の濃度が上昇し、1990年代後半以降に駅前を含むすべての測定局において、全国的な傾向と同様に、濃度が下がっている。水島工業地域の窒素酸化物の排出量は1985年から総量規制されてい

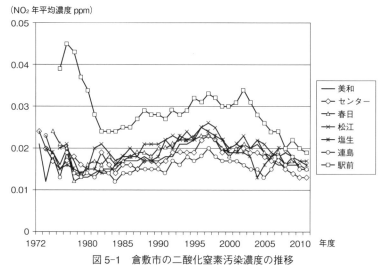

図 5-1　倉敷市の二酸化窒素汚染濃度の推移

注1：1972～1977年度の測定値については光学測定法における「ザルツマン係数」を「0.72」としているので、同係数を「0.84」とした場合の測定値に換算している。

注2：「駅前」は自動車排出ガス測定局、その他は一般環境測定局である。

るので、1980年代後半以降の濃度の変化について、水島工業地域の排出量が直接影響しているとはいえないと考えられる。

　1978年に二酸化窒素環境基準の改定時に、倉敷市については「ゾーン内にある地域」と判定された（環境庁［1979］）のであるが、そのことについては1977年度の二酸化窒素濃度の日平均値の年間98％値の上位3局の平均値が0.040 ppm（補注3）であったことによる。その後年間98％値の上位3局平均値は、1978年度0.036 ppm、1985年度0.038 ppmであったが、1990年度0.041 ppm、1995年度0.045 ppm、2000年度0.043 ppmとなった。その後は下がって2005年度0.036 ppm、2010年度0.033 ppmとなった。

　二酸化窒素汚染に係る旧環境基準については「維持されまたは5年以内において達成されるよう努める……ただし、過度の人口集中地域または大規模工業立地地域で……達成されることが困難な地域にあっては、次の中間目標（補注4）が5年以内に達成されるとともに……（脱硝技術開発等を推進することより）8年以内に当該環境基準が達成されるよう努めるものとする」（環境庁［1973a］）とした。「人口集中地域または大規模工業立地地域」について、後に環境庁は関係都道府県と協

議の結果、全国の 12 都道府県内の地域が該当するとし、倉敷市を大規模工業立地地域に該当する地域とした（環境庁［1974b］）。

1975 年度に倉敷市内の 13 の測定局で測定された二酸化窒素汚染は、旧環境基準に比較してすべての測定局で不適合であった（岡山県［1976a］）（補注 5）。旧環境基準である日平均値 0.02 ppm を超えた日数について、一般環境測定局について測定局により 62 〜 217 日、自動車排出ガス測定局（1 局、倉敷駅前測定局）で 228 日であった。このような不適合の状況は、すでに大気汚染による健康影響が顕在化していたことから、地域に大きな不安感を生じさせることとなった。

しかし、二酸化窒素の環境基準について、1978 年に日平均値が 0.04 〜 0.06 ppm のゾーン内又はそれ以下、に改定された。国はこの環境基準のゾーン内にある地域は、ゾーン内において現状程度を維持するよう、あるいは現状を大きく上回らないよう努める地域とし（環境庁［1978b］）、該当する地域を都道府県と協議して判定するとした（環境庁［1978c］）。

倉敷市については「ゾーン内にある地域」と判定された（環境庁［1979］）。このことは大気汚染防止法に基づく窒素酸化物に係る総量規制を行う地域とならないことを意味することとなった。しかし、岡山県、倉敷市は 1973 年に、旧環境基準を越える汚染状況にあったこと、および水島地域の立地企業が設備の拡張計画を有していたことを踏まえて、中期的な二酸化窒素汚染対策として総量規制を行う方針

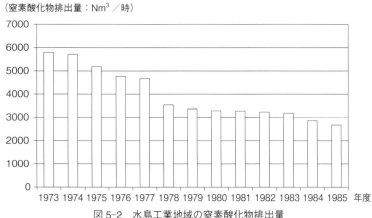

図 5-2　水島工業地域の窒素酸化物排出量
　　　　注 1：岡山県資料から作成
　　　　　 2：各企業の定格排出量

を打ち出していた。国における二酸化窒素環境基準の改定、および大気汚染防止法に基づく窒素酸化物総量規制地域を6地域とする考え方（補注6）（最終的に大気汚染防止法に基づく総量規制を実施した地域は3地域）は、岡山県、倉敷市による総量規制のあり方に再検討を求めることとなった。後述するように、岡山県は倉敷市の協力を得て、1981年に独自の窒素酸化物総量規制を行う計画を定め（岡山県［1981］）、この計画に沿って主要立地企業に年度ごとに段階的に排出量の削減を求め、1985年度に水島地域の窒素酸化物排出量の総量規制値を達成した（岡山県［1985］）。

水島工業地域の窒素酸化物排出量について、1973年度の排出量は5,789 Nm^3/時（各企業の各施設の定格運転時の排出量）であった。その後、岡山県、倉敷市が水島地域企業に対する削減指導を行い、1978年度には3,536 Nm^3/時（同）に削減され、岡山県が主導して実施した水島地域窒素酸化物の総量規制により1985年度には2,675 Nm^3/時（同）に削減された。

(3) 1970年代前半頃における岡山県内の二酸化窒素汚染と健康影響

倉敷市では1960年代の後半頃から大気汚染による健康影響が顕在化するようになり、岡山県、倉敷市は水島工業地域に近い地域の二酸化硫黄汚染と呼吸器症状有症率の状況から、公害健康被害補償法（以下「公健法」）の地域指定に該当する地域であるとのとりまとめを行った（倉敷市［1975］）（岡山県［1975］）。その結果1975年に水島工業地域に近い地域が公健法による大気汚染健康被害補償地域に指定された。

二酸化硫黄大気汚染に次いで地域課題となった二酸化窒素汚染問題に対処するために、岡山県は対策を進めるにあたって必要となる二酸化窒素汚染と健康影響の関係について調査した。1976年に、岡山県は公害対策審議会に諮問し、同審議会に専門委員会を置き、その4つの分科会の1つに「健康影響調査分科会」を設けて調査した。この分科会は、他の3つの分科会とともに、1977年に調査結果をとりまとめ報告を行った（岡山県公対審・専門委［1977］）。

二酸化窒素大気汚染と健康影響の関係に関する調査を地域において行わねばならなかったのは、1970年代後半において水島工業地域の立地企業が設備投資の強い意志を有しており、一方、二酸化窒素汚染による健康影響が懸念されていたこと、1970年代半ばには国において二酸化窒素環境基準のあり方が不確定であり（1973

第5章　水島開発に伴う二酸化窒素大気汚染および対策　*109*

年に旧環境基準が定められた後に 1978 年に現環境基準に改定された）、その動向を静観視して水島開発を進めることができなかったものと考えられる。

「健康影響調査分科会」の調査、解析、および結論はおおむね以下のとおりであった。（岡山県公対審・専門委 [1977]）

調査資料として 1974 年、1975 年に岡山県が実施した県下の 4 市（倉敷市、岡山市、玉野市および笠岡市。延べ調査対象者 33,939 人）の呼吸器症状有症率調査資料、4 市における大気汚染測定データ（二酸化窒素、二酸化硫黄、浮遊粒子状物質および光化学オキシダント）を採用している。それらをもとに、持続性せき・たん有症率、その他の呼吸器症状と大気汚染測定データの関係を調査・解析し、持続性せき・たん有症率と二酸化窒素・二酸化硫黄・浮遊粒子状物質等汚染物質の間に相関関係が認められたこと、特に二酸化窒素濃度との間に高い相関関係が認められたこと、続性せき・たん有症率と 2 種以上の大気汚染の組み合わせとの関係（重回帰分析）について、一部を除き統計的に有意な相関関係が認められたこと、二酸化窒素と他の汚染物質との組み合わせにおいて相関関係が高かったとし、当面二酸化窒素の年平均値を 0.018 ～ 0.020 ppm 以下にするために諸施策を図る必要があることなどとした。なお、この年平均値 0.018 ～ 0.020 ppm について、分科会の報告は倉敷市地域の二酸化窒素汚染をもとに日平均値、1 時間値の最大値等に換算すると、二酸化窒素に係る旧環境基準の「中間目標値」のレベル（旧環境基準の 2 倍程度で日平均値で 0.037 ～ 0.040 ppm）に相当すること、1977 年に世界保健機構（WHO）の窒素酸化物環境保健クライテリア専門委員会が合意したレベル（月に 1 度を越えて出現してはならない値として 1 時間値 0.10 ～ 0.17 ppm）の最低値（1 時間値 0.10 ppm）に相当すること、と報告した。

4　倉敷市における二酸化窒素汚染対策の経緯

(1)　二酸化窒素汚染対策のための暫定総量規制

水島開発は公害の未然防止の必要性が強調される中で開発が進められたのであるが、開発半ばの段階で健康被害の発生を初め、さまざまな公害が発生した。しかし、立地企業の水島工業地域における開発・投資圧力は強く、開発と二酸化硫黄汚染対策を両立させるための施策を必要とした。1972 年に、岡山県、倉敷市は地域

独自で総量規制を行うこととなった（牧原［1975］）（第4章参照）。

　この硫黄酸化物に係る総量規制の導入に続いて、1973年12月に岡山県は窒素酸化物の暫定的な総量削減計画を発表した。1973年5月に二酸化窒素環境基準の旧環境基準が設定されていたためこの基準を達成することを計画の基本とした。1974年から水島地域立地企業から排出される窒素酸化物の排出量を年次に削減し、1978年度当初に水島地域立地企業から排出される窒素酸化物を2,000 Nm³/時とするとした。この排出量については、1972年度の二酸化窒素汚染レベルを、旧環境基準のレベルまで下げるために必要な削減比率（64.05％）から算出され、岡山県が実施中の窒素酸化物汚染シミュレーション計算結果に基づいて正確に総量規制数値を定めるとした。なお、この削減比率については水島地域企業だけでなく、移動発生源を含む地域全体の排出量削減が実現することを前提とした。

　削減の実現には脱硝装置の実用化と導入を要し、水島工業地域の工場の排出ガス量約2,900万Nm³/時（定格）の約6割に相当する1,800万Nm³/時の排出ガスを脱硝処理することが必要となると想定し、脱硝技術について、1975年度中にパイロットプラントが成功し、1976年度当初には関係企業が脱硝装置の設置工事に着手することによって可能となるとされた（牧原［1975］）（岡山県［1976b］）。

　この計画を公表した後、岡山県は水島地域企業と窒素酸化物の排出総量の2,000 Nm³/時を各企業に割り当てた案を示して折衝を進め、1974年2月までに各企業は岡山県が示した割当量を実現する旨の回答を行った。（岡山県［1974］）

(2) 暫定総量規制の見直しと公害対策審議会への諮問

　暫定総量規制は旧環境基準を前提としており、1975年頃にはこの旧環境基準について議論が行われるようになった（環境庁［1976］）。このため岡山県が倉敷市とともに打ち出した窒素酸化物の暫定総量規制は見直しを要することとなった。特に、その達成時期を1978年度当初としていたため、早急にその取扱いを明確にして、企業が実施する削減対策の方向を示さねばならないこととなった。

　しかし、その頃に窒素酸化物総量規制に関連するいくつかの不確定要素が存在した。二酸化窒素汚染に関するシミュレーション手法、固定発生源に係る脱硝技術の開発状況、移動発生源による二酸化窒素汚染負荷の見通し、および二酸化窒素の健康影響など、総量規制を行おうとすれば明確にするべき基本的な事項であった。1976年に岡山県は公害対策審議会に4項目を諮問した。諮問したのは、水島工業

地域における大気汚染の現況と健康被害との関係、窒素酸化物に係るシミュレーションモデル、移動発生源の窒素酸化物低減技術、水島工業地域における窒素酸化物削減対策である。(岡山県［1976b］)

　岡山県公害対策審議会は諮問事項に答えるためには専門的な調査が必要であることから、専門委員を置いて調査することを決定した。専門委員は12名、学識経験者8名、行政関係職員4名による4つの分科会で検討が進められた。諮問から約1年後の1977年3月に専門委員による分科会の調査結果に基づいて審議会の答申がなされた。

　答申の趣旨は概ね以下のとおりであった。

　大気汚染と健康影響について、岡山県下各地で実施された呼吸器症状有症率調査結果から、二酸化窒素による汚染と呼吸器症状の間に疫学的に有意な関係が認められ窒素酸化物に係る大気汚染を改善すべきであることを示唆していること、1976年8月に東京で開催されたWHO(世界保健機関)の専門家会議が二酸化窒素大気汚染について1時間値0.10～0.17 ppm(月に1度を越えて出現してはならない値)を示唆していることなどから、速やかに二酸化窒素年平均濃度を0.018～0.020 ppm以下に維持するために諸施策を推進する必要があるとした。(岡山県公対審・専門委［1977］)

　地域の二酸化窒素汚染予測計算(シミュレーション)結果から、固定発生源・移動発生源の汚染影響をそれぞれの削減効果を勘案した規制実施を行うことが有効であること、予測計算における技術的な未解明の部分があること、予測計算のモデルの向上と削減効果の実証が課題であることなどとした。(同)

　移動発生源の汚染負荷と将来推計について、市街地においては自動車排出ガスによる汚染の程度はかなり高いこと、市街地の汚染改善のためには大幅な自動車排出ガスの削減が必要であること、ディーゼル車の規制強化に期待されるが交通規制・都市計画等の交通量削減のためのさまざまな手法検討が必要であることなどとした。(同)

　固定発生源の窒素酸化物排出低減措置については、大幅な窒素酸化物排出削減のためには排煙脱硝技術が不可欠であること、排煙脱硝技術はほぼ実用化の段階にあり脱硝触媒改良・小型化・省エネルギー・経済性確保等に開発・改善の余地があること、関係企業が社会的責任に応じた窒素酸化物低減措置を講ずべきであることなどとした。(同)

岡山県はこの答申を得て暫定総量規制を見直すとし、また、二酸化窒素大気汚染について年平均値 0.018 ～ 0.020 ppm 程度に改善する施策が必要であることから関係企業に引き続いて窒素酸化物の削減を進めるよう求めた。1977 年度当初までに関係企業は、燃料の転換（低窒素重油、軽質油、ガス等への切りかえ）、燃焼方法の改善（二段燃焼、排ガス循環、低 NOx バーナーの採用等）による削減対策を行った。（岡山県［1978］）

1977 ～ 1978 年に国において二酸化窒素環境基準の見直しが進められていた。また、固定発生源・移動発生源の窒素酸化物排出規制の強化が行われ、さらには窒素酸化物の総量規制の法制化が検討されていた。そして総量規制の基礎となる二酸化窒素汚染に係る汚染予測手法の開発が行われていた。岡山県はそうした国の動向を認識し国の動向を見極めることとした。（岡山県［1978］）

(3) 二酸化窒素環境基準を達成するための総量規制

1978 年 5 月に二酸化窒素環境基準が改定され現在の環境基準になった。新しい環境基準は日平均値が 0.04 ～ 0.06 ppm のゾーン内またはそれ以下とされたが、旧環境基準が日平均値 0.02 ppm 以下としていたので、新基準は旧基準の 2 ～ 3 倍の濃度レベルに相当するものであった。国は環境基準の改定後、窒素酸化物に係る総量規制を行う地域として東京都特別区等を挙げたが、倉敷市について法律に基づく総量規制を行う地域とする考え方はとらなかった。（環境庁［1979］）

岡山県は二酸化窒素環境基準の改定およびそれまでの経緯を踏まえて対応策を再構築する必要があった。岡山県は新しい総量規制のあり方を検討したうえで、1981 年 5 月に岡山県公害対策審議会に窒素酸化物の総量規制の計画案を諮問し、原案どおりの答申を得た（岡山県［1981］）。岡山県は倉敷市とともにこの計画に基づいて総量規制を行うこととした。

計画は概ね以下のとおりであった。

窒素酸化物総量規制の基礎となる現況および将来予測に係る汚染予測計算（シミュレーション）について、1979 年度および 1980 年度に調査した結果によるとした。汚染予測計算については、1977 年に岡山県公害対策審議会の答申において、予測計算における技術的な未解明の部分があること、予測計算のモデルの向上と削減効果の実証が課題であること、とされたことを踏まえて、新たに実施した調査結果であった。岡山県はこの調査にあたって 5 名の学識経験者からなる「調査懇談

会」を設置して指導・助言を得た。（岡山県［1981］）

　環境目標値について、改定された二酸化窒素環境基準の達成を目標とするとの考え方をとり、予測計算において環境基準に相当する二酸化窒素年平均値 0.02 ppm を、一般環境において達成する計画とした。なお、改定された環境基準、およびそれに相当する年平均値 0.02 ppm については、1977 年に岡山県公害対策審議会の答申において、岡山県下各地調査結果から二酸化窒素大気汚染と呼吸器症状に疫学的に有意な関係が認められ二酸化窒素年平均濃度を 0.018 ～ 0.020 ppm 以下に維持する必要がある、とされたことと符合するものであった。（同）

　1985 年度当初に環境目標値を達成するために、水島工業地域の主要企業から排出される窒素酸化物排出量を 2,899.67 Nm^3/時以下とすること、およびこの排出量に削減・維持するために燃原料使用能力が 1 kl/時以上の工場に規模に応じた総量規制を行うことを計画の骨子とした。なお、規制目標を 0.019 ppm 以下とし、環境目標値との差である 0.001 ppm 分を将来の発生源活動の不確定要素による汚染負荷の増加に対処して留保するとした。（同）

　1981 年 6 月に岡山県と倉敷市は、この計画について水島工業地域の主要企業に説明した後、各企業と窒素酸化物の排出量の削減について協議を重ね、1982 年 5 月までに関係企業の合意を得て、1985 年度当初における各社の窒素酸化物排出量、およびそれまでの間の各年度の排出量について、岡山県、倉敷市と企業との間

表 5-2　関係企業における窒素酸化物総量規制に係る削減措置

低　減　措　置	工場数	施設数
脱硝装置（接触還元方式）を設置	2	4
脱硝装置（無触媒方式）を設置	2	37
水注入による窒素酸化物の排出削減対策	1	2
一部のエネルギーを買電に転換	1	—
低 NOx バーナを導入	13	68
低窒素燃料の使用	12	89
燃焼方式の改善	12	153
その他	4	156
合　　　計	19	509 (330)

出典：岡山県資料（岡山県［1985］）による。
注：1 つの施設に複数の措置が採用される事例があり（　）は実施施設数

で確認文書が交わし、1985年度当初に総量規制が実現することとなった。(岡山県[1982])

岡山県は1985年3月に、1982～1984年度の間の関係企業の窒素酸化物排出量の削減対策が計画どおりに進んだこと、1985年度当初に計画どおりに窒素酸化物総量規制が達成されることとなったこと、関係企業はそれぞれに自らの総量規制値を達成することができる状態になったことを公表した。(岡山県[1985])

岡山県は、関係企業が自らの総量規制値を達成するために講じた措置について、排煙脱硝装置の導入・設置、燃料の転換、燃焼方式の改善等であったこと、関係企業の29工場のうち19工場、窒素酸化物の排出に係る総施設数822施設のうち330施設において、窒素酸化物の排出抑制措置が講じられることになったと公表した。(岡山県[1985])

5　水島開発と二酸化窒素汚染対策の特徴等

(1) 水島開発と二酸化窒素汚染対策

水島開発と二酸化窒素汚染対策は、国における二酸化窒素汚染対策をめぐる経緯を背景とし、岡山県が倉敷市の同意を得つつ二酸化窒素汚染対策を主導・対応した。1970年代における水島開発は、各企業がこの地域における最終的な工場規模の設備を建設・操業する仕上げともいうべき時期にあったが、公害健康被害、農作物被害の発生などにより、公害に敏感な地域になっていた。この時期に、二酸化窒素大気汚染対策は、住民の公害対策要求と立地企業の設備の新設・増設の希求との間で重要な新しい地域課題となっていた。

しかし、国において二酸化窒素環境基準について、1973年の旧環境基準から1978年の現環境基準に改定されるという経緯があり、1970年代においては窒素酸化物排出量の削減に必要な燃焼技術、排煙脱硝技術は開発途上にあった。また、総量規制の導入などに必要な二酸化窒素汚染に係るシミュレーション手法について、環境庁が開発を進めている段階にあった。

1970年代に、岡山県、倉敷市は住民の公害対策要求と水島工業地域の立地企業の設備の新設・増設の希求を両立させるために対応策を模索することが求められた。そのために岡山県、倉敷市は、旧環境基準を基に、いったんは1973年に暫定

第5章　水島開発に伴う二酸化窒素大気汚染および対策　　*115*

的ながら窒素酸化物の総量規制を行う方針を定め、企業の合意を取り付けた。しかし、1970年代半ば頃には、国において旧環境基準の見直しが行われることが確実となり、岡山県は1976年に、公害対策審議会にさまざまな不確定要素についてその時点におけるあり方を諮問したのであるが、それは岡山県、倉敷市が暫定総量規制の見直しを自ら行わざるを得なくなったこと意味した。

　二酸化窒素環境基準については、旧環境基準が見直しされ、1978年に現在の環境基準に改定されたのであるが、改定後、倉敷市はその二酸化窒素汚染レベルが大気汚染防止法に基づく総量規制に該当しないこととなった。岡山県、倉敷市はそれまでの経緯を踏まえて、岡山県、倉敷市と関係企業の間で独自の窒素酸化物総量規制を行うこととした。

(2)　二酸化窒素環境基準をめぐる経緯と地域における二酸化窒素汚染対策の関係

　地域における二酸化窒素汚染対策について挙げることにできる重要な特徴は、1977年に、国における二酸化窒素環境基準の改定の前の段階で、地域において独自に二酸化窒素大気汚染と健康影響の関係に関する解明を行い、その結果から二酸化窒素環境目標値を設けて対策を進めたことである。

　1976年に、岡山県は公害対策審議会に地域における二酸化窒素汚染と健康影響の関係を諮問した。

　岡山県、倉敷市においては、それまでにさまざまな目的で実施されていた大気汚染に係る健康影響調査結果が行政報告書などとしてまとめられていた（岡山県［1972］）（倉敷市［1973］）が、それらについて二酸化窒素大気汚染に着目して、岡山県公害対策審議会の専門委員によって解析され、その結果から「速やかに二酸化窒素年平均濃度を 0.018 ～ 0.020 ppm 以下に維持するために諸施策を推進する必要がある」（岡山県公対審・専門委［1977］）と答申された。この答申が示唆した数値は、岡山県・倉敷市に対して窒素酸化物汚染対策を進めるために、二酸化窒素に係る旧環境基準に代わる重要な根拠を与えることとなった。岡山県、倉敷市は関係企業に、引き続いて窒素酸化物の削減を進めるよう求め、窒素酸化物の削減に資する燃料の転換、燃焼方法の改善等の削減対策が実施された（岡山県［1978］）。

　国の二酸化窒素環境基準は1978年に改定され、「日平均値 0.04 ～ 0.06 ppm のゾーン内、又はそれ以下」とされたのであるが、岡山県公害対策審議会が示唆した数値は、改定された環境基準値の下限値に相当するレベルであった。国における二

酸化窒素大気汚染をめぐる環境基準、総量規制等が不透明な状況のもとで、岡山県が審議会、専門委員から二酸化窒素大気汚染に係る環境目標値の示唆を得て対策を進めたことは特徴的なできごとであった。

(3) 地方自治体の主導による二酸化窒素汚染対策

　1970年代の倉敷市における二酸化窒素大気汚染対策は、国における環境基準の設定・改定をめぐる経緯、固定発生源・移動発生源の窒素酸化物排出抑制のための技術開発や規制の動向、地域における大気汚染健康被害をはじめとするさまざまな公害の発生と住民の公害対策要求、水島地域の立地企業の設備の新設・増設の希求など、さまざまなことがらが流動的な状況下で進められた。

　水島開発と二酸化窒素汚染対策の経緯は、岡山県が対応を主導したとみることができる。国における対応が定まらない状況にあって、地方自治体が住民、事業者の間に立って、地域の課題を背負わねばならず、岡山県が倉敷市の同意を得つつ対策を進めた。

　国による旧環境基準の設定とその改定の経緯は、地域に少なからぬ影響を与えた。また、改定された環境基準に対して、倉敷市の二酸化窒素汚染はそのゾーン内にある地域であるとされ、窒素酸化物の総量規制を行う地域とならなかったため、岡山県、倉敷市による独自の総量規制を行ったのであるが、水島工業地域企業の窒素酸化物排出量は、1977年当時に比べて、1985年に約40％削減された。倉敷市における二酸化窒素大気汚染を現在のレベルに維持していることについて、岡山県、倉敷市による総量規制が役割を果たしているものと考えられる。

【補注】

補注 1：窒素酸化物は、高温燃焼雰囲気の下で大気中の窒素と酸素が反応し、また燃料中の窒素が酸化されて生成し、燃焼施設から排出される。排出時は主として一酸化窒素として排出されるが、一酸化窒素は大気中で酸化されて二酸化窒素となる。一酸化窒素、二酸化窒素を合わせて窒素酸化物として排出規制されるが、毒性が強く呼吸器症状等への影響が注目される二酸化窒素について環境基準が定められている。

補注 2：1970年（昭和45年）の光化学スモッグ事件で、7月18日に東京都杉並区の高校において生徒43人が目の刺激、喉の痛み等を訴え、光化学スモッグによるのではないかとされた。（『環境庁10年史』）

補注 3：いずれも一般環境測定局である監視センター（0.046 ppm）、児島（0.039 ppm）および玉島（0.035 ppm）3局の平均値

第 5 章　水島開発に伴う二酸化窒素大気汚染および対策　　*117*

補注 4：中間目標は「年間を通じて、二酸化窒素の 1 時間値の 1 日平均値が 0.02 ppm 以下である
　　　　日数が総日数に対して 60% 以上維持されること」
補注 5：この測定値について二酸化窒素の測定（光学吸収法）に係るザルツマン係数については
　　　　「0.72」であった。
補注 6：最終的に大気汚染防止法に基づく総量規制を実施した地域は 3 地域（東京都特別区・武
　　　　蔵野市等、神奈川県横浜市・川崎市・横須賀市、大阪府大阪市・堺市等）

【引用文献・参考図書】

総理府等［1969］：総理府ほか『昭和 44 年版公害白書』1969

総理府等［1970］：総理府ほか『昭和 45 年版公害白書』1970

総理府等［1971］：総理府ほか『昭和 46 年版公害白書』1971

岡山県環境部［1971］：岡山県環境部「環境保全概要 昭和 46 年 10 月」1971

岡山県・倉敷市・川崎製鉄［1971］：岡山県・倉敷市・川崎製鉄「公害防止協定書（1971 年 11 月
　　　　29 日）」

岡山県・倉敷市・水島共同火力［1971］：岡山県・倉敷市・水島共同火力「公害防止協定書（1971
　　　　年 11 月 29 日）」

中公審専門委［1972］：中央環境審議会大気部会窒素酸化物等に係る環境基準専門委員会「窒素酸
　　　　化物等に係る環境基準についての専門委員会報告（昭和 47 年 6 月 20 日）」1972

環境庁［1972］：環境庁『昭和 47 年版環境白書』1972

岡山県［1972］：岡山県衛生部「住民健康調査報告書（昭和 47 年調査）」1972

環境庁［1973a］：環境庁「大気汚染に係る環境基準について 環境庁告示第 25 号（昭和 48 年 5 月
　　　　8 日）」1973

環境庁［1973b］：環境庁『昭和 48 年版環境白書』1973

倉敷市［1973］：倉敷市・岡山県倉敷東保健所「倉敷市における大気汚染に伴う健康調査（昭和 48
　　　　年度）」1973

環境庁［1974a］：環境庁『昭和 49 年版環境白書』1974

環境庁［1974b］：環境庁「二酸化窒素に係る環境基準の達成期間について（昭和 49 年 7 月 12 日
　　　　環大企 227 号）」1974

岡山県［1974］：岡山県「NOx の暫定排出許容量の企業割り当ておよび経年計画について（昭和
　　　　49 年 2 月報道等発表資料）」1974

環境庁［1975a］：環境庁『昭和 50 年版環境白書』1975

牧原［1975］：牧原光彦「水島地域における大気汚染物質の総量規制について」『産業公害』
　　　　Vol.11.　No.4.　1975

倉敷市［1975］：倉敷市「環境大気調査報告書 昭和 50 年 3 月」1975

岡山県［1975］：岡山県「呼吸器症状有症率調査報告書 昭和 50 年 3 月」1975

環境庁［1976］：環境庁『昭和 51 年版環境白書』1976

岡山県［1976a］：岡山県環境部「環境保全の概要 昭和 51 年 10 月」1976

岡山県［1976b］：岡山県「水島地域窒素酸化物汚染対策について（1976 年 3 月 22 日公害対策審

議会説明資料）」1976

環境庁大気保全局［1977］：環境庁「WHO 窒素酸化物に関する環境保健クライテリア（草案）仮訳」1977

岡山県公対審・専門委［1977］：岡山県公害対策審議会・専門委員会「水島地域窒素酸化物汚染対策調査結果報告書 昭和 52 年 3 月」1977

環境庁［1978a］：『昭和 53 年版環境白書』1978

環境庁［1978b］：環境庁「二酸化窒素に係る環境基準について（環境庁告示第 38 号 1978 年 7 月 11 日）」1978

環境庁［1978c］：環境庁「二酸化窒素に係る環境基準の改定について（1978 年 7 月 17 日環大企第 262 号 環境庁大気保全局長から都道府県知事・政令市長宛文書）」1978

中公審専門委［1978］：中央公害対策審議会大気部会専門委員会「二酸化窒素に係る判定条件等についての専門委員会報告 昭和 53 年 3 月」1978

岡山県［1978］：岡山県「水島地域の NOx 低減に係る企業ヒアリングの結果について（昭和 53 年 2 月 15 日報道発表資料）」1978

環境庁［1979］：環境庁「二酸化窒素に係る環境基準に基づく地域区分について（昭和 54 年 8 月 7 日環大企第 310 号　環境庁大気保全局長から都道府県知事・政令市長宛文書）」1979

岡山県議会［1981］：岡山県議会［岡山県議会史第九編］1981

岡山県［1981］：岡山県「倉敷地域窒素酸化物排出総量削減計画 昭和 56 年 6 月」1981

環境庁［1982］：環境庁『環境庁十年史』1982

岡山県［1982］：岡山県「水島地域の窒素酸化物総量削減計画に基づく企業別の削減実施について（岡山県資料　昭和 57 年 5 月 7 日）」1982

環境庁［1985］：環境庁『昭和 60 年版環境白書』1985

岡山県［1985］：岡山県「水島地域窒素酸化物排出総量削減計画（排出総量規制）の達成について（昭和 60 年 3 月 26 日報道発表資料）」1985

環境庁［1991］：『環境庁二十年史』1991

第 **6** 章

水島海域における水質汚濁をめぐる3つの事件
—— 発生の経緯と対応・顛末 ——

1　はじめに

　水島開発に伴う水質汚濁は人の健康への被害を発生させることはなかった。しかし、工業開発初期における魚のへい死をはじめとしてさまざまな水質汚濁をめぐる問題を発生させた。そのうち特筆されるのは、工業開発の最盛期の1960年代半ば頃から約10年間にわたって続いた異臭魚発生の問題、1973年に発生した水銀法による苛性ソーダ等製造にかかる魚介類の水銀汚染などを懸念することに関係する紛争、および1974年の三菱石油重油流出事故である。

　工業開発の初期の段階である1960年前後から散発的に魚、養殖のアサリへの着臭などが起こるようになった。やがて1960年代半ば頃には恒常的に異臭魚が捕獲され魚が売れなくなる事態となった。岡山県、倉敷市の仲介により、1966年12月26日に異臭魚を立地企業の資金により買い上げることとなり、1975年に異臭魚が捕獲されなくなり買取りが打ち切られるまで続けられた。

　1973年5月の朝日新聞報道に端を発した全国的に水銀汚染を懸念する紛争が倉敷市にも及んだ。当時、水島工業地域に3工場、他に児島地域に1工場の水銀法苛性ソーダ工場が稼働し、全国の同種の設備規模の約1割を占めていた。魚の汚染、人の健康への影響が、倉敷市および全国的に否定されて問題は収拾されたのであるが，その経緯の中で国民の不安を背景に政府が主導した製法転換の方針に沿って、1986年までに全国の水銀法苛性ソーダ工場は隔膜法等に製法を転換した。

　1974年12月に三菱石油水島製油所（当時）の石油タンクの1つから油漏れが生じ、やがて異常音とともにタンクが破裂して重油が大量に流出する事故が発生した。事故により工場内の防油堤が破壊されて重油が水島港へ、さらに北西の季節風に流されて備讃瀬戸へ、7日後には鳴門海峡を超えて紀伊水道にまで広がって、瀬戸内海の東南側の広い範囲に油汚染が拡大する事態となった。

水島開発に関係してこの地域が経験した水質汚濁問題をめぐるこれらの事例は、この地域だけでなく日本の水質汚濁をめぐる問題、紛争を代表する事例であった。

2　水島開発の初期に発生した魚介類の着臭・へい死等

(1) 魚介類の着臭

　水島開発の初期の1950年代から1960年代半ば頃までの間に、水質汚濁に関係する魚や貝への着臭やへい死などの問題が発生した。

　1957年6月に、水島沖で養殖していたアサリ・藻貝に異臭が付着して売れなくなったとして、漁協関係者が食用油の工場に汚水対策の申入れを行った。漁業関係者はこの年に操業を始めた工場に汚水対策を講じるよう申入れを行ったのである。(倉敷市 [2005]) (山陽新聞 [1957]) (補注1)

　1961年に水島港付近で捕獲される魚に異臭が付着し、また、沖合の浅瀬で養殖していたアサリ、藻貝が育たなくなった (倉敷市 [2005]) (山陽新聞 [1961]) (補注2)。1962年3月の山陽新聞は、倉敷漁連が漁連内に「汚水対策委員会」を設け、試料を集めて岡山県、倉敷市に汚水対策を陳情することになったと報じている。記事は、魚に異臭が着いてほとんど売れなくなったこと、貝類が育たなくなったことについて、倉敷市の福田漁協、水島漁協の組合員からの苦情を得て、倉敷漁連として調査し、県・市に対応を求めていくとの内容である。(山陽新聞 [1962])

　1963年には、倉敷市玉島乙島の乙島漁協が高梁川河口付近でとれるアサリの着臭のため、潮干狩りを中止し、水産庁内海区水産研究所 (当時) が異臭 (油臭) 魚の分布範囲が高梁川河口から、高島 (水島港の港口部の東側) の海域であったとした。(山陽新聞 [1966b])

　1964年末には、水島港の沖合でとった魚が臭くて売れなくなったとして、倉敷市水島呼松町の第一呼松漁業協同組合は近隣の工場に対して抗議をしていたが、1965年1月には倉敷市が仲立ちして工場側が魚を買い取ることとなり、同年6月1日から買取り会社である「呼松水産販売会社」が設立され営業を始めた。新聞報道によれば、3漁協 (第一呼松、水島、高島)、関係小売商人、立地企業9社が運営資金を出し、資本金5百万円、利益は社員 (漁民) に配分され、とれた魚は主として9社の工場に供給する、工場側は従業員に安い魚を供給できる、「工場側も

理解をみせ、一時的な補償より終生食える道を、と工場、地区民の共栄を願っており、譲歩ともいえる今回の措置となった」（山陽新聞［1965a］）と報じられている。（倉敷市［2005］）（山陽新聞［1965a］［1965b］）

　杉本氏らは、1963年に水島港内、水島港口の沖合海域における油分による汚染、底泥の油汚染を調査して報文として発表している。それによれば、1963年8月18日に水島地域の石油精製工場の廃水中の油分が4.3 ppmであったこと、同じ日に目視により、水島港内、その沖合、高梁川河口沖の海面に廃油の分布が認められたとしている。また、廃油は連続的に海面に分布するのではなく、濃淡さまざまな縞模様をなして分布すること、一部の海面上では黒色、黒褐色を呈していることを確認したとしている（補注3）。また、杉本氏らは同じ日に採取した底泥について、石油精製工場の排水口付近の底泥について油臭を認めたとしている。（杉本他［1964］［1965］）

(2) 呼松港水路における魚類のへい死

　魚の買取りの仕組みが動き始めた直後の1965年6月15日に、呼松港水路において大量の魚類がへい死した。漁協は工場の廃液に原因があるとの見方から、漁協組合員に操業を休むように指示し、呼松港水路に排水する4工場に善処を申し入れ、また、岡山県、倉敷市は死魚、海水の調査を始めた。なお、漁協・組合員は19日には出漁することとした。（山陽新聞［1965c］［1965d］）

　岡山県衛生研究所（当時）は、6月22日に開かれた倉敷市公害対策審議会・水質汚濁専門委員会の席で、死魚の発生した海域の海水から0.002〜0.015 ppmの青酸イオンを検出したことを発表した。また、同研究所による海水の採水は、8〜9時間程度遅れたので、死魚の発生時・発生海域では、検出されたレベルよりも高い青酸イオンが存在したと推定される、周辺の工場の生産工程で青酸イオンの副生が考えられるものの断定はできないとした。（山陽新聞［1965e］［1965f］）

　この死魚の発生問題について、倉敷市のあっせんにより7月1日に交渉が行われ、漁業関係者側が被害防止策などを申し入れ、工場側は誠意をもって問題解決にあたるとした。その後、8月13日に、4工場の代表が倉敷市を訪問して死魚事件の「見舞金」として補償に相当する金一封（150万円）を渡し、倉敷市が直接に被害を受けた第一呼松漁協、呼松小売人組合に渡すとして、問題が収拾された。（山陽新聞［1965g］）（倉敷市［2005］）

3　異臭魚の発生と対策

(1) 異臭魚捕獲海域の拡大

　魚、貝類への着臭は、1957年、1961〜1964年に発生したが、分布範囲は高梁川河口、水島港港口部に限られていた。しかし、1966年頃になると分布範囲が西は笠岡市大島沖の海域に、東南に大室沖にまで広がった。1966年6月10日には、水島地域の漁協だけでなく、玉島乙島漁協（当時は玉島市。現在は倉敷市）、寄島漁協（当時は浅口郡寄島町。現在は浅口市）、大島漁協（笠岡市）が、岡山県知事、岡山県議会議長に異臭魚対策を要望した。（倉敷市 [2005]）（山陽新聞 [1966a] [1966b]）

　三宅氏は1969年に異臭魚について研究結果を発表している。三宅氏によれば、1963年には異臭魚の分布範囲は水島港内、および水島港港口部のみであった。

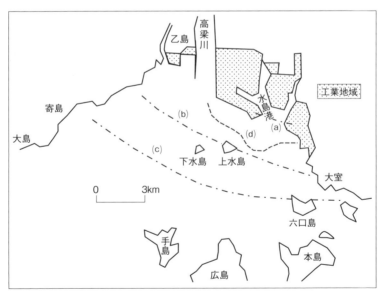

図6-1　異臭魚の分布範囲
　　注1：三宅 [1969] による。
　　　2：(a)(b)(c) の鎖線は異臭魚の分布範囲。
　　　　　(a) は1963年8月、(b) は1966年7月、(c) は1968年5月
　　　3：(d) の点線は海水の着臭の範囲

第6章　水島海域における水質汚濁をめぐる3つの事件 —— 発生の経緯と対応・顛末 ——　　*123*

1966年には港口部から沖合へ数kmの範囲に広がり、1968年には南方へ8km、西方へ12kmの範囲にまで広がった。この間、分布範囲は年間1〜2kmの速度で広がったとした。水域の油汚染について平均して水島港内で1.0ppm、呼松水路で0.7ppm、海水の臭気について水島港の沖合数kmの範囲に異臭があったとしている。（三宅［1969］）（補注4）

　三宅氏は魚の着臭について、冬に比較的水温の高い水島港内に魚が集まり、港内の油分の高い海水により着臭し、春に水温の上昇とともに魚が港外に離散すること、このことは4〜6月に異臭魚が多いことから支持されること、遊泳力の強い魚種はより広い範囲に異臭魚がみられ、遊泳力の弱い魚種は港口からわずかな距離の範囲にみられることなどとしている。（三宅［1969］）

(2)　異臭魚の買取り

　1960年代の前半頃に、水島港の沖合でとれた魚に異臭がつくようになったことについて、1965年1月に倉敷市の仲立ちにより、工場側が魚を買い取ることで問題の解決が図られることとなり、同年6月には買取り会社が営業を始めた。（山陽新聞［1965a］［1965b］）。

　しかし、異臭魚の捕獲海域の拡大を背景に、岡山県、倉敷市、漁業関係者、関係企業により対策が検討された。出資金による利息で運営する買取り会社の設立が構想されたが、企業側が難色を示し、異臭魚を買い取る機関を設置して買い取ることに関係者が合意し、1966年12月に設立総会が開かれて「水島海域水産協会」の発足が決定された。（山陽新聞［1966c］）

　協会は1967年1月1日に発足、存続期間を同年末日（12月31日）とし、異臭魚を買い上げること、異臭魚の分布状況と利用に関する調査研究を行うこと、異臭魚対策を行うことを目的とした。会社の会員を岡山県、倉敷市、関係漁協、企業の代表4者とするとした。計画では、魚種ごとに市価の　定割合の価格で買い取る

表6-1　年度別異臭魚買上げ状況

年度	1967	1968	1969	1970	1971	1972	1973	1974	1975
買上げ量（t）	66	98	97	161	197	138	109	84	82
買上げ金額（千円）	7,949	10,757	9,337	15,333	23,505	22,752	18,165	21,572	27,815

出典：倉敷市「（各年版）倉敷市における公害対策の概要」による。

こと、漁獲（買取り）目標は約40 t とすること、活魚は脱臭・販売することなど
とされた（水島海域水産協会［1967］）（山陽新聞［1966c］）。1967 年 1 月から買
い上げが始められ、「漁価評価委員会（年 2 回開催）」に図ったうえ市価の 7 割で
買上げて焼却処分した。買上げは毎年更新・継続されたが 1976 年 6 月に異臭魚が
捕獲されなくなったことにより買上げを中止し、その後は港湾内外の分布調査と計
画採捕を実施した（倉敷市［1976］）。

(3) 油分汚染と対策の経緯

異臭魚の原因となった「油分」汚染について、1966 ～ 1972 年度にかけて、水
島港の内外で 1 ppm を超える状態にあった（各年版「倉敷市における公害対策の
概要」による）。新田氏らは「油臭魚が発生するための廃油成分の限界濃度は、水
域では 0.01 ppm、また低泥中では 0.2 ％と考えられる」（新田他［1965］）として
おり、着臭が起こる汚濁が発生していた。汚染が最も進んでいたのは 1960 年代後
半であったと考えられ、1970 年代には急速に汚染の改善が進んだ。

この水域の油分汚染および底質の油濁を改善する措置として、船舶からの排水の
規制、工場排水の処理施設導入の指導、法律による規制措置がとられ、また、底泥
のしゅんせつが行われた。

船舶からの排水規制について、海洋油濁防止条約（1954 年）が、改正を経て
1967 年に発効し、日本はこの条約の加入にあわせて、同年 8 月に「船舶の油によ
る海水の汚濁の防止に関する法律」（昭和 42 年法律第 127 号。以下「海水油濁防
止法」。改正を経て現在は「海洋汚染及び海上災害の防止に関する法律」）（補注 5）
を制定した。これにより、油類、船の運航安定性の確保のための水バラスト、船底
にたまる油性混合物（ビルジ）、船艙の洗浄水などについて、油送船について 150 t
以上、その他について 500 t 以上の船舶を対象とし、海岸から 50 海里内への排出
を禁止した。また、20,000 t 以上の船舶については、油を排出しない構造を備える
ことが可能であるとして、すべての海域における油類等の排出が禁止されることと
なった。（総理府・厚生省［1969］）

海水油濁防止法は港湾管理者に、必要があれば船舶からの廃油処理施設の整備を
行うことを勧告すること、また、建設を行う場合に費用の半分を補助することを規
定し（同法第 27 条、第 28 条）、岡山県が 1967 年に水島港への施設設置に着手し、
1971 年に共用開始した。（総理府・厚生省［1969］）（岡山県［1971］）（補注 6）

第6章　水島海域における水質汚濁をめぐる3つの事件 —— 発生の経緯と対応・顛末 ——　　*125*

表6-2　1966～1975年度の水島港内外の油分汚染

年度	水島港湾内	水島港口付近	水島港外	備　　考
1966	－	0～5.4		
1967	－	0～1.6 （平均 0.38）	－	海水油濁防止法
1968	0～4.48 （平均 1.68）	0～2.55 （平均 0.83）	0～1.57 （平均 0.43）	
1969	0～6.7 （平均 1.38）	0～2.0 （平均 0.71）	0～1.8 （平均 0.49）	通産省・県・市指導
1970	0～6.7 （平均 1.38）	0.0～2.0 （平均 1.1）	0.1～1.5 （平均 0.6）	水質汚濁防止法規制（新設規制） 水質汚濁環境基準設定・適用
1971	不検出	不検出～1.6	不検出	船舶廃油処理施設稼働 水質汚濁法規制（既設規制）
1972	－	－	不検出～0.8	
1973	－	－	不検出	
1974	－	－	不検出	
1975	－	－	不検出	

単位：ppm

注1：「水島港湾内」は各年版「倉敷市における公害対策の概要」の「港湾内」あるいは「水島港奥部」の測定値による。
　2：「水島港口付近」は同じ資料の「港則法境界川鉄側」（1966年度）、「川鉄切込湾」（1967～1970年度）、「水島港口」（1971年度）の測定値による。
　3：「水島港外」は同じ資料の「港外」（1968～1969年度）、「川鉄南端沖」（1970年度）、「濃地諸島東」（1971年度、1973年度）、「上水島北」（1972年度）の測定値による。

工場排水について、主要工場の排水総量（冷却用海水を含む）は1966年に約59万 t/日であったが、1976年に約956万 m³/日に急増した後、減少に転じた。1967年に調査された26工場について、油分の含有量の年間平均値が10 ppmを超える工場が4工場、1 ppm未満の工場は2工場のみであったが、1972年に調査された32工場について、年間最低値がゼロである工場が31工場、年間最大値が10 ppmを超える工場が4工場になった。（各年版「倉敷市における公害対策の概要」による）

工場排水中の油分濃度を下げることについて、1960年代後半に相次いで対策がとられた。

1966～1969年に、通産省（当時）による水島海域に係る産業公害総合事前調査が、岡山県・倉敷市の協力によって進められた。この調査は各地の工業開発について、大気汚染、水質汚濁の未然防止を図ることを趣旨として行っていたものであった。水島海域の事前調査の結果から、各発生源において活性汚泥処理、凝集沈

殿処理、高級処理を行うよう指導し、COD、油分の排出負荷を減少させ、港外ではCOD3 ppm、油分 0.01 ppm 以下にするとした。(岡山県 [1970])（補注 7)

　1970 年 8 月 20 日に、この水域が「公共用水域の水質の保全に関する法律」（以下「水質保全法」）に基づく水域に指定され排水規制が行われることとなった。石油系油分含有量を「日平均 1 mg／ℓ 以下、最大 2 mg／ℓ」に規制し、既設は 1971 年 8 月 1 日から、新設は 1970 年 8 月 20 日から基準が適用された。石油系油分含有量に関する水質基準は、1972 年 4 月 1 日から、活性汚泥処理、あるいは油分除去についてそれと同等以上の効果を有すると認められる排水処理方法によらねばならないとされた。なお、水質保全法は廃止され、1970 年 12 月に制定・施行された水質汚濁防止法に継承された。(倉敷市 [1970])

　1970 年 4 月に「水質汚濁に係る環境基準」が閣議決定され、これに基づき「生活環境の保全に関する環境基準」について、同年 9 月に水域類型指定が閣議決定された。水島港区（水島港内）について「海域 C」、水島港に近い沖合海域について「海域 B」、その沖合海域について「海域 A」とされた。これにより「油分等（ノルマルヘキサン抽出物)」について、「海域 A」、「海域 B」について「検出されない

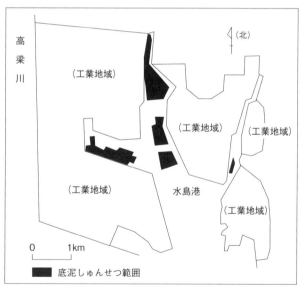

図 6-2　底泥しゅんせつ海域
出典：岡山県 [1981] による。

こと」とされた。（閣議決定［1970a］［1970b］）（補注 8）

底泥のしゅんせつについては 1978 ～ 1979 年に実施された。底質の油分濃度が 1,500 ppm 以上の底泥を対象とし、海底面積 159 ha、汚染土量 70.7 万 m³ をしゅんせつした。しゅんせつ土は民間企業が埋立を予定していた場所を土捨場として確保し、水質汚濁を起こさないよう特殊なしゅんせつ船により行われた。総事業費は 65 億 5,500 万円、公害防止事業費事業者負担法に基づき、地域立地企業による事業者負担 77.4%、公共負担 22.6% により行われたが、公共負担については費用負担事業者以外の汚染源によるものとの考え方がとられた。（岡山県［1981］）

1971 年には油濁汚染が改善され、水島港内で不検出、水島港口で不検出 ～ 1.6 ppm、水島港外で不検出となったのであるが、船舶からの排水排出の法規制および岡山県による船舶からの廃油処理施設の設置・稼働（1971 年）、また、水質保全法に基づく規制水域指定にともなう油分排出規制（既設工場 1971 年施行）が適用されたことが関係していると考えられる。

4 水銀法による苛性ソーダ製造工場に関する紛争

(1) 1973 年の水銀汚染報道と水島地域への影響

1973 年 5 月 22 日に朝日新聞が「有明海に第三水俣病」との見出しの報道を行った。この報道は 1971 ～ 1972 年にかけて熊本県が熊本大学研究班に委託した調査結果の報告書をもとにしたものであった。有明海側の有明町（現在は天草市）に典型的水俣病と区別できない症状を持つ者 5 人、水俣病と同様とみられる者が 3 人、水俣病の疑いがある者 2 人、判断を保留する者 9 人とされた。有明海に面する工場でアセチレンからアセトアルデヒドを生産・排水する工場が 1965 年 5 月まで操業しており、水俣病症状の原因である可能性があるとした。（朝日新聞［1973a］）

同年 6 月 8 日に朝日新聞は、大牟田市に水俣病患者と同様の症状を有する患者が見つかったこと、また、山口県徳山湾に排水する 2 つの工場において約 500 t の水銀が未回収であることが判明したと報じた（朝日新聞［1973b］）。大牟田市および徳山湾の場合は、ともに水銀を電極に使って苛性ソーダ、塩素、水素を生産する工場であって、水俣病の原因となった生産工程の工場ではなかった（朝日新聞［1973b］）。6 月 10 日には、富山県において水銀法による苛性ソーダ工場において

水銀60 tが行方不明であると報道された。同じ6月10日の朝日新聞は徳山湾において漁業者が約120隻の漁船により関係工場の専用港を封鎖する示威行動を行ったと報道した（朝日新聞［1973c］）。

そうした影響が水島にも及んだ。『昭和49年版警察白書』は、1973年に水銀汚染をめぐる公害紛争について千葉港沖、富山湾、水島地先、徳山湾、有明海等で問題となったと記述している（警察庁［1974］）。水銀法による苛性ソーダ工場について、水島工業地域には3つの工場が稼働しており、他に倉敷市内の児島地域に1工場が稼働していた。倉敷市内の4工場の苛性ソーダの年産設備規模は39.5万t／年、全国の規模は384万t／年であったので、倉敷市における設備規模は全国の約10%であった。（日本ソーダ工業会［1982］）

1973年6月に、水銀汚染を懸念する全国各地の紛争に呼応するように、倉敷市に健康、漁業への影響を懸念する動きが波及した。魚が売れない状況となり、6月中旬に、漁業関係者、魚の小売り関係者らが相次いで倉敷市長等に4工場の操業の停止や休業補償などを求めた。岡山県漁連は6月19日に4工場に操業の即時中止と損害補償を申し入れた。6月20日に岡山県庁前に約3,500人の漁業関係者が集まり漁民大会を開いて操業の停止と被害補償を求めた。その後、漁業関係者等は4つの工場に分かれてそれぞれ約300〜450人が訪ねて操業中止、被害補償を求めて交渉を行った。工場側はそれぞれに一部の操業中止、被害補償への対応などを回答した。やがて、6月25日に漁業関係者は海上封鎖や排水口の封鎖決議を行うとの強硬姿勢を示したが、6月26日に姿勢を和らげて大規模な海上デモを行った。約1,200隻の漁船が児島沖に集まり、その後、10時半頃に児島地域の工場沖、11時頃に3つの水銀法苛性ソーダ工場のある水島港口部において、海上デモを行った。（倉敷新聞［1973a］〜［1973g］）

6月26日から4工場は操業を停止した。27日に岡山県が県漁連と47の漁業協同組合、4工場関係者に対して漁業補償案を提示した。休業補償として漁業専業者に1日1万円、兼業漁業者のうち漁業収入が他収入より多い者に半額とのあっせん案に対して、漁業関係者側が同意し、企業側が全海域への適用に難色を示したものの28日朝にあっせん案に同意した。これにより28日には4工場は操業を再開した。（倉敷新聞［1973i］）

一方、7月10日に、魚の小売り関係者らによる岡山県鮮魚小売組合連合会は一斉休業を行い、岡山市で組合員約1,600人が集会を持ち市中をデモ行進した。同じ

日に浅口郡寄島町（当時）の魚商友の会の約180人の会員が水島工業地域の3工場の門前に車を並べて工場を封鎖する行動を行った。人の出入りは可能であったがタンクローリー、トラックなどの出入りができない状態が午後8時頃まで続いた。この件について、岡山県のあっせんにより、倉敷市内関係以外の小売商に対する補償・見舞金により合意が成立し、また、倉敷市内関係の小売商に対する補償・見舞金の交渉が、倉敷市のあっせんにより8月13日〜14日未明にかけて行われて合意が成立した。（倉敷新聞［1973k］［1973l］［1973m］）

　魚の汚染と住民の健康への影響については以下のような経緯があった。

　倉敷市長は6月16日に、岡山県が5月31日に採捕し調査した結果をもとに「水島沖などは安全度が高い、水銀汚染の心配はまずない」とした。水銀汚染がもっとも高かったのは児島地区工場沖の総水銀0.42 ppm、塩化メチル水銀0.41 ppm、総水銀については児島沖で魚種により0.42〜0.18 ppm、水島沖で0.185〜0.046 ppmであった。この時点でさらに追加調査を行うことが発表された。（倉敷新聞［1973c］）

　倉敷市長は6月27日に追加調査結果について発表した。岡山県が6月16日に採捕し調査した結果をもとに、児島田の口沖のシャコ以外は「まったく心配はない」とした（倉敷新聞［1973h］）。調査結果は水島沖で総水銀平均0.061 ppm、児島沖で0.109 ppm、水島沖で魚種により0.105〜0.016 ppm、水島から西側の寄島沖で0.218〜0.012 ppmであった。児島沖でシャコが0.41 ppm、その他は0.149〜0.025 ppmであった。厚生省（当時）は意見を求めた専門家の意見に基づき魚介類の水銀の暫定的規制値として総水銀0.4 ppm、メチル水銀0.3 ppmと定めていた（環境庁［1974］）。倉敷市長は児島沖のシャコが、厚生省の暫定的規制値と比べて高かったが、その他は心配がなかったとした。

　岡山県は6月13日から実施していた住民の毛髪の水銀含有量の調査結果を発表した。水銀使用工場の周辺の7地域と対照地域4地域について、1地域につき4〜23人、計110人、漁業関係者21人を含む住民が調査された。毛髪中の水銀の最大は10.2 ppm、最低は0.6 ppm、平均3.6 ppmであった。11地域中最も高かった地域は、水銀法苛性ソーダ工場ではないが水銀を使用している工場のある玉野市の地域で7人の住民について、最大は10.2 ppm、最低3.3 ppm、平均6.64 ppm、最も低かった地域は水銀法苛性ソーダ工場が操業する倉敷市児島地域で12人の住民について、最大5.4 ppm、最低0.6 ppm、平均2.4 ppmであった。対照地域

について、最も高かったのは水島工業地域からはなれた倉敷市街地で9人の住民について、最大10 ppm、最低1.9 ppm、平均5.01 ppm、最も低かった地域は岡山県東部の海辺の和気郡日生町（現在は備前市日生）で23人の住民について最大6.8 ppm、最低1.4 ppm、平均2.7 ppmであった。岡山県はこれらの結果から、水銀使用工場周辺と対照地域に差が認められず心配する必要はない、とした。（倉敷新聞［1973j］）

(2) 国の対応の経緯と水銀汚染等

1973年5月22日の報道の後、当時の環境庁長官、通産大臣がそれぞれ調査の必要性の認識を示した（朝日新聞［1973a］）。6月6日には閣議了解（口頭）により「水銀等汚染対策推進会議」が設置され、6月14日に第1回会議が開催され、魚介類の安全基準の設定、工場の点検・規制、環境調査・健康調査の実施、汚染底質の除去などの対応策を決定した。6月25日に開かれた第2回会議では緊急に水島海域を含む9水域について調査を行うことを決定した。（環境庁［1974］）（補注9）

厚生省（当時）は同年6月24日に専門家の意見として、魚介類の水銀暫定規制（総水銀0.4 ppm、メチル水銀0.3 ppm）を得ており、この値を指導指針として決定し、7月23日に知事・政令指定市長に通知した（厚生省環境衛生局長［1973］）。8月31日には環境庁（当時）が水銀を含む底質の暫定除去基準（水島海域について港外25 ppm）を定めた（環境庁水質保全局長［1973］）。

水島海域については、同年11月に取りまとめられた調査結果では、魚介類（20種、150検体）、水質（40検体）、底質（40検体）ともに基準値を超える事例はなく、漁獲、販売、食用に安全であるとされた。なお、魚介類の暫定規制値を超える汚染について水俣湾と徳山地先に合わせて9検体（全3,984検体中）、水質について総水銀濃度が0.0005 ppmを超える汚染が水俣湾など4水域18検体（全532検体中）、底質について各水域の暫定除去基準を超える汚染が水俣湾など3海域47検体（全1,214検体中）であった。（環境庁［1974］）

倉敷市水島海域について国による健康影響調査は行われなかった。なお、環境庁は、有明海沿岸の4県および山口県（徳山湾に関係）の10万人に近い沿岸住民を対象として、1973〜1974年に健康調査を実施し、「過去に水俣湾で海上生活をしていた者1人を除き‥‥水俣病と診断できる患者はみいだせないと判断する」と

した。（環境庁［1975］）

　倉敷市は水質汚濁環境基準（水銀を含む）が定められた後、1971年度から水質の水銀測定を行うようになっていた。1971年度に、2つの水銀法による苛性ソーダ製造工場排水が排水されていた呼松水路についてかなり詳しい測定を行い、総水銀について不検出（11検体）、その後1972〜1974年度の測定結果においても総水銀について不検出であった。（各年版「倉敷市における公害対策の概要」による）

(3) 水銀法による苛性ソーダ製造工場における製法転換

　6月14日に開催された第1回水銀等汚染対策推進会議において、水銀法苛性ソーダ工場における水銀の逸失を少なくするクローズド化を1974年9月末までに完了すること、隔膜法への転換を極力1975年9月末まで行うとの方針（第1期製法転換）が決定された。11月の第3回水銀等汚染対策推進会議において、隔膜法への転換については1975年9月末までに3分の2を、1977年度末までに原則として全面転換すること（第2期製法転換）、またクローズド化については、すべて1973年12月末までに行うこととされた（日本ソーダ工業会［1982］）。

　しかし、1978年3月末までに転換できたのは当初目標の約3分の2であった。全面転換することに関してはさらに数次にわたって延期された。全面転換が1年後になった時期に、関係各企業の経営環境の悪化から製法転換を進める余裕がなくなったこと、隔膜法の苛性ソーダについてその品質に問題や検討事項があること、転換する製法の一つとしてのイオン交換膜法による高純度苛性ソーダについて確認に時間を要することなどから、第2期製法転換についての決定を約2年後に持ち越すことになった。（徳田・勝村［1996］）（日本ソーダ工業会［1982］）

　1979年9月にソーダ工業会は、1984年以後3年程度で製法転換に努めることなどを内容とする「第2期製法転換に関する要望書」を各界に提出した。同年9月に開催された第5回水銀等汚染対策推進会議において、未転換工場のイオン交換膜法への転換時期を1984年度末とされた。なお、製法転換について、隔膜法だけでなく、イオン交換膜法への転換が進むようになった。1986年6月末までに転換が終了し、その時点で隔膜法が約3分の1、イオン交換膜法が約3分の2であった。その後1999年9月に日本の苛性ソーダ製造はすべてイオン交換膜法になった。（日本ソーダ工業会［1982］）（ソーダ工業会［2014］）

　こうした全国的な動向に沿って水島工業地域の3工場の製法転換が進んだ。菱

日（株）は 1975 年 9 月までに約 60％に相当する設備を隔膜法に転換した。関東電化工業（株）は 1976 年に約 60％を隔膜法に転換し、1986 年 4 月にイオン交換膜法に転換した。岡山化成（株）は 1986 年 4 月にイオン交換膜法に転換した。倉敷市児島地域の住友化学工業岡山工場については、製法転換を求められたことを期に、水銀法苛性ソーダの製造を中止した。（日本ソーダ工業会［1982］）（関東電化工業［2000］）（岡山県商工労働部［2002］）

5　重油タンクの破損による流出油事故

(1)　重油タンクの破損事故の発生と流出油の拡散

　1974 年 12 月 18 日の 20 時 40 分頃、三菱石油（株）水島製油所（当時）の重油タンク（T-270、容量 48,000 t）から漏油が発見され、21 時 10 分頃に異常音とともにタンクの底部から重油が流出し始め、やがてタンクに付設された点検用の階段が倒壊して防油堤を破壊し、重油が水島港内に流出を始めた。19 日の夜明けには港内全体に、夕方には港外に流出し、北西の季節風のため 20 日には玉野市、坂出市、高松市の沖合にまで拡散した。21 日には小豆島に、22 日には徳島県沖・鳴門海峡入口に、24 日には鳴門海峡を超えて紀伊水道に達した。（岡山県［1975］）

　水島工業地域には、当時約 1,500 基以上のタンクがあり、中には容量 10 万 kℓ 以上のものもあった（岡山県［1977］）。三菱石油水島製油所は、水島工業地域の中核企業の一つで、事故当時、原油処理能力 27 万バレル／日、製油所内に 334 基のタンクを有し、容量 50,000 kℓ 級のタンク 8 基があり、そのうちの 1 つが事故を起こした（岡山県［1975］）。

　流出油量は推定で 42,888 kℓ、そのうち 33,900 〜 35,600 kℓ が陸上で回収され、海上への流出量は 7,500 〜 9,500 kℓ と推定された。海上へ流出した油のうち、回収船、吸着剤、汲取り、処理剤による処理により、7,000 〜 8,500 kℓ が回収され、未回収油量は 800 〜 1,000 kℓ と推定された。（岡山県［1975］）

第6章 水島海域における水質汚濁をめぐる3つの事件 —— 発生の経緯と対応・顛末 ——　　133

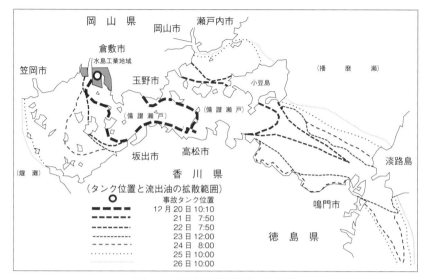

図 6-3　流出油の瀬戸内海への拡散
出典：「三菱石油流出油事故の概要」（岡山県［1975］）による。

(2) 流出油による汚染影響等

　事故直後からノリ養殖漁業に影響を発生させたのをはじめとして、ワカメ、ハマチの養殖に広範囲に被害が生じた。漁具などの機材が汚染され、また、岡山県内の漁船漁業については、兵庫県に近い東部沖、笠岡市島嶼部の漁協を除いて操業を中止した。また、二次的な汚染被害防止のために12月29日から1月24日にかけて汚染されたノリ網、ワカメ種糸の引き揚げが行われた。（岡山県［1975］）

　魚介類への着臭について調査が行われた。岡山県が1月4～6日、1月17日に岡山県沖の魚について調査し、一部に油臭を感知（14魚種35検体中19検体について、各検体に14名の検査者のうち1～3名が油臭を感知）したが、すべての検体に油臭がある状態ではないとされた。岡山県漁連が1月17日に行った調査では、児島沖、玉野市玉・日比沖において異臭魚とは判定できないが異臭を感知する検体があり、その他については影響がないと判断された。国が1月31日、2月5日に行った調査では、玉野市玉・日比沖、水島地先において異臭魚と判定されるものがあった。児島地区漁連が2月15日（8魚種20検体）、2月25日（10魚種1藻類20検体）に、46名の試食者により行った調査では、異臭を認めなかった。（岡山県［1975］）（補注10）

1月17日の岡山県漁連の調査結果を踏まえて、岡山県漁連は1月26日から、倉敷市児島沖、玉野市日比沖を除く漁船漁業の操業を開始した。2月7日には児島沖、日比沖について、香川県側の操業に歩調を合わせて操業を再開した。（岡山県［1975］）

　海水の油濁について、岡山県が事故後の12月21日（岡山県沖15地点）、12月27日（同18地点）、1月6日（同18地点）の3回にわたって調査を行った。岡山市沖（犬島の南西1km）において1.1ppmを検出した以外にはすべて不検出であった（岡山県［1975］）。

　海水の油濁を香川県高松市が事故後に調査した結果について、国会特別委員会における証言によれば、1月16日に調査された23検体中0.1ppmを超えるものが20検体、そのうち0.4ppmが5検体、0.3ppmが2検体であったが、1月27日には0.1ppmを超えるものが8検体になった。このことについて参考人は「海水中に溶け込んでいる油分量というのは、かなり問題ありますが‥‥予想よりは少ないように思います」（岡市友利参考人）（国会議事録［1975］）と証言している。

　倉敷市が一般的な水質監視のために行っている測定結果によれば、水島沖を含む倉敷市沖における油分汚染について、1974年度に事故前の測定結果も含んで13地点173検体について不検出、事故後の1975年度に13地点174検体について不検出であった（各年版「倉敷市における公害対策の概要」による）。したがって事故直後を除いて、油汚染の影響を受け続けることはなかったとみられる。

　海岸に漂着した重油は海岸、防波堤・岸壁などの構造物に付着した。これらについて漁業関係者、住民、消防関係者らにより清掃作業が行われたが、汚染のはげしい児島地区の海岸、水島沖の島嶼の海岸については、岡山県の要請により陸上自衛隊が出動して清掃作業が行われた。手作業による回収の他にスチームクリーナーを使った除去、バーナーを使った除去などが行われた。1月11日の時点では「べっとり付着している」海岸が約8kmであったが、清掃作業により2月末までには「うっすら付着している」海岸が約29kmにまで改善された。清掃作業に延べ約10,000人、約500隻の船、スチームクリーナーなど約130台が投入された。回収された廃油、吸着マット、回収されたノリ網などは焼却等により処分された。（岡山県［1975］）

第6章　水島海域における水質汚濁をめぐる3つの事件 —— 発生の経緯と対応・顚末 —— 135

(3) 事故原因の調査および事故後の対応等

事故の後、政府により「三菱石油水島製油所タンク事故調査委員会」（以下、事故調査委員会）が設置され調査が進められ、1975年3月に中間報告が発表され、同年12月8日に最終報告書が発表された。最終報告書によれば事故の経過等はおおむね以下のようであった。

事故タンク（許可容量48,000キロリットル、高さ23.67メートル、直径52.3メートル）は事故発生の7か月前の5月下旬から本格的に使用されており、事故発生直前の20時から別のタンクに油を送油していた。20時40分頃、タンクの底部から5〜6メートルの上部に幅30センチメートル程度で油が噴き出しているのが発見され、やがて幅1メートル程度ではげしく吹き出すようになった。発見から25分以上過ぎた頃に大音響とともに大量の油が流出した。タンクの底部から油が流出し、タンクに付設していた直立階段（高さ24.1メートル、総重量約40トン）を押し飛ばした。倒れた階段が防油堤（高さ1.5メートル）の一部、幅7.3メートル、最大破壊部分で防波堤頂部から約1メートルを破壊し、そこから油が工場構内に、やがて工場の排水口、および直接に水島港内に、そして港外、さらには瀬戸内海の東南部に広がった。（三菱石油事故調査委［1975]）（補注11）

破損したタンクは、側板と底部の溶接部分に沿って円周方向に約13メートル、側板から中心部に向かって約3メートルの亀裂が生じており、また、タンクの屋根が陥没して2つに破断し、側板にゆがみが生じていた。（同）

最終報告書は荷重によるせん断破壊によりタンクが破断したこと、タンク本体の破断溶接部に溶接時の欠陥がみられたこと（ただしこの欠陥が事故タンクにだけ生じた理由等を断定できないこと）、タンク完成後の水張試験時の直立階段の基礎掘削によりタンクの使用開始前に割れが生じていた可能性があること、タンクの使用にともなう荷重の変化、雨水の侵入等によって基礎砂が減少し基礎が局部的な沈下を発生したことも考えられること、事故発生時には直立階段の基礎部の盛り土は大部分が洗い流されており、油の噴流とともに直立階段は押し飛ばされ、滑るように突進して防油堤に激突し破壊したことなどを指摘した。このタンク破壊について多くの因子が悪い方向に組み合わされて発生したと考えられ、事故の発生経過を学問的に明らかにすることは難しいとした。（同）

21時10分頃に大量の重油流出が起こった後、21時15分頃には工場は緊急運転停止した。23時40分には、倉敷市長が消防法に基づいて保安施設を除く設備

の使用停止を命じた。1975 年 6 月末に、漁業補償、その他の関連補償問題が解決した後、2 次防油堤などの安全対策を補強し、8 月 15 日の閣議了承を経て、8 月 18 日に倉敷市長から三菱石油に対して操業再開が許可され、19 日に運転が再開された。三菱石油によれば、事故にともなう会社の損害額は約 536 億円、そのうち漁業等補償費約 168 億円、流出油防除費約 117 億円、製油所の停止による損害約 200 億円、その他約 15 億円とされ、漁業等補償などの会社側の対処は 1975 年 6 月頃までに解決に至った。(三菱石油 [1981])

　一方、事故調査委員会の最終報告の後、刑事責任について捜査が行われ、1976 年 12 月に、タンクに付設した階段基礎工事に不備があったとして、タンクの工事を行った 2 社と関係者、および下請け会社 1 社の関係者が起訴されたが、三菱石油は捜査を受けたものの過失責任を問うことができないとして不起訴とされた。裁判において直立階段基礎工事と事故の関係が争点となったが、1988 年 3 月の地方裁判所の判決は、事故の原因は不明であるとして被告人等を全員無罪とし、判決は確定した。(三菱石油 [1981]) (判例タイムズ [1989])

　1975 年 2 月の国会の特別委員会議事録によれば、当時の環境庁長官が発言し、事故の経験を踏まえて防災対策の総合的強化を図る必要があること、各省の権限を超えた一元的な強い保安防災対策の法律を練ってもらっているとしていた (参議院 [1975])。その後、1975 年 12 月に流出油事故を契機として「石油コンビナート等災害防止法」が制定された。この法律の制定時点において、消防法 (1948 年制定)、高圧ガス保安法 (1951 年制定)、災害対策基本法 (1961 年制定) が制定されていたが、こうした災害防止に関する法律と併せて、石油コンビナート等の区域について災害の発生・拡大の防止のための総合的施策を推進する目的で制定された (同法第 1 条)。一定規模以上の石油貯蔵所等が 2 つ以上立地し、災害の発生と災害の拡大の防止が必要な地域を「石油コンビナート等特別防災区域」(以下「特別防災地区」) を指定し、この区域において一体的な防災体制を確立するとした。

　水島地域は「水島臨海地区」として特別防災地区に指定されている。1977 年 3 月 25 日にこの指定による最初の計画、「岡山県石油コンビナート等防災計画」(当初計画) が策定された。計画に「流出油災害想定」として、三菱石油の油流出事故に相当するような事故、その他の事故が想定されている (岡山県 [1977])。

第6章 水島海域における水質汚濁をめぐる3つの事件 —— 発生の経緯と対応・顛末 —— *137*

6 水島開発と水質汚濁問題に係る経緯の特徴

(1) 異臭魚をめぐる経緯と特徴

水島工業地域の開発は 1960 年代に急速に進んだ。1966 年 4 月の時点で排水総量（冷却用海水を含む）は約 59 万 m³／日、5 年後の 1971 年 7 月に 595 万 m³／日に、約 5 倍に増加した（倉敷市［1967］［1971］）。同じ時期に水島港への入港船舶数が急速に増え、1965 年度に 23,688 隻、延べ総トン数 903 万トンであったが、1970 年度に 65,502 隻、延べ 4,671 万トンに増加した（各年版「倉敷市統計書」による）（補注 12）。工業開発は水質汚濁対策が皆無の状態で進行したために、水島港とその沖合いの広い範囲に油分による汚染とそれによる異臭魚を発生させることとなった。

この異臭魚の発生に遅れて水質汚濁防止対策が進められた。1966 ～ 1969 年に実施された通産省（当時）と岡山県・倉敷市による産業公害事前調査結果に基づき、立地企業は油分離処理施設、活性汚泥処理施設などを導入することを約束した。次に 1970 年の水質保全法による海域指定と排水規制に伴う廃水中の油分規制により、石油系油分含有量を日平均 1 mg／ℓ 以下、最大 2 mg／ℓ 以下とされ、活性汚泥処理あるいは同等の油分除去効果のある処理施設設置が義務づけられることとなった。なお、水質保全法の規制は水質汚濁防止法の規制に引き継がれた。

また、船舶からのバラスト水等について、海洋油濁防止条約に基づく国内対応措置として、1967 年に海水汚濁防止法（補注 5）による規制措置等がとられた（総理府・厚生省［1969］）（岡山県［1971］）。こうした対策がこの海域の油汚染を改善させたものと考えられる。

異臭魚問題は四日市開発においてもみられた。1958 年頃には伊勢湾の魚が油臭いとされるようになり、1960 年頃に異臭魚の漁獲範囲が拡大し四日市の沖合 4 km になり、築地市場で伊勢湾の魚が油臭いとされるようになった。漁業関係者が工場の排水口をふさぐとする緊張状態に発展したが、最悪の事態は回避され、長い交渉を経て 1964 年に漁業補償支払いにより問題が収拾された経緯があった。（ICETT［1992］）

水島開発に伴う異臭魚問題は、この四日市の事例の約 5 年遅れで発生したが、これは両開発の年差に相当する。いわゆる水質 2 法（補注 13）が制定されていた

が、両開発に伴う海域の油汚染を防止することはできなかった。水島開発の中途の段階の 1960 年代後半〜 1970 年代初頭にかけて、固定発生源からの排水規制、船舶からの廃油規制措置が導入されることによって油汚染の改善が進み、問題が解消されたのであるが、水島開発にともなう異臭魚問題は、四日市開発と同様に、日本の高度経済成長期に公害対策が遅れたことによって発生した典型的なできごとであった。

(2) 水銀法苛性ソーダ製造に係る水銀汚染問題の経緯

1973 年 5 月の朝日新聞による「有明海に第三水俣病」の報道の時点で、倉敷市では 4 工場において水銀法苛性ソーダ製造が行われており、年産設備規模 39.5 万 t、全国の約 10％の規模であった。水銀法苛性ソーダ工場が立地する地域で紛争が発生し、倉敷市にも問題が波及した。(日本ソーダ工業会 [1982]) (補注 14)

水俣病の原因となった工場と同じ製造工程の工場があった有明海の南部海域における「第三水俣病」報道の後、製造工程や水銀の使い方は異なるにもかかわらず、水銀法苛性ソーダ工場が操業していた福岡県大牟田地域、山口県徳山湾地域において住民の不安が増してそれぞれの地域で紛争状態となった。その動向は報道を通じて全国に知られることとなったことから、同じ製法の工場を有し、かつ全国の約 1 割の設備規模を有していた倉敷市に紛争が波及した。

その後、6 月〜 7 月に岡山県による魚の調査結果から、魚の水銀汚染について心配のない程度であったことが発表され、住民の健康影響の調査結果から 4 工場の周辺地域の住民およびその対照地域の住民の毛髪中の水銀含有量に差は認められず心配する必要はないことが発表された。同年 11 月に国による調査結果は水島地域の魚については漁獲、販売、食用に安全であるとされた。国により全国の 10 万人に及ぶ健康調査が行われ、過去に水俣湾で海上生活をしていた 1 人を除いて、水俣病と診断できるものはなかったと結論された (環境庁 [1975])。なお、倉敷市については健康影響調査を行う必要がないと判断されたものと考えられ、国の健康調査の対象地域にならなかった。魚の水銀汚染、住民の健康影響に問題のないことが判明し、全国的にも倉敷市においても問題が沈静化に向かうこととなった。

しかし、関係工場はその後製法転換を進めねばならないこととなり、最終的に 1986 年 6 月末に水銀法苛性ソーダ製造はすべて中止されるに至った。水銀法の苛性ソーダ製造設備は 1960 年代〜 1970 年代前半に、高度経済成長と軌を一にする

ように急速に増加し、第三水俣病の報道がなされた1973年頃には日本では大部分の苛性ソーダ製造設備が水銀法によるものとなっていた（徳田・勝村［1996］）。しかし、水俣病の経験にかかる環境汚染物質としての水銀に対する懸念から、1972年に日本ソーダ工業界は欧米に水銀規制、隔膜法への転換の可能性等に関する調査を行う調査団を派遣することを決めており、やがてこの調査団は通産省の産業構造審議会化学工業部会ソーダ分科会の調査団として位置づけられて調査が行われた。その調査結果をもとに、1972年12月に産業構造審議会は苛性ソーダ製造の新増設施設は隔膜法などの水銀を使用しない製法を採用することが望ましいとした。（日本ソーダ工業会［1982］）

　そのような製法転換の考え方が存在した最中に第三水俣病に関する新聞報道がなされたことになる。その後に政府主導で進められた製法転換について『日本ソーダ工業会百年史』は、1972年のOECDによる日本の環境政策レビュー報告書（環境庁［1973］）を敷衍したとして「有無を言わせぬ強い政治的諸施策が、因果関係や経済的収支などの合理的判断をはるかに超越したところで実施されたし、また、そのようなムードが環境対策全体を支配していたと言えると指摘している」（日本ソーダ工業会［1982］）としたが、この百年史によるOECDレポートの引用・敷衍そのものは間違っていない。その後、ソーダ業界は実際にはいわゆる「第三水俣病」の存在は否定されたが製法転換を進めねばならないこととなり、隔膜法への転換にともなう製品（苛性ソーダ、塩素、水素）の品質の問題に加えて、製法転換の借入れ資金の利払い、第一次石油ショック後の物価の高騰などによって厳しい経営状態に陥ることとなった。（徳田・勝村［1996］）

　岡山県の漁業関係者は一時期ではあるが魚が売れないという深刻な事態に陥り、倉敷市、岡山県は行政的な対応に追われ、提起された問題に翻弄されたとみることができる。倉敷市内の3つの工場は製法転換し、1つの工場は製法転換を期に苛性ソーダの製造を中止した。

　一方、この問題を日本の環境問題をめぐる歴史的な経緯における1つのできごととして注目すると、いくつかの視点からみることができる。第1に「第三水俣病」の指摘の是非についてである。後に環境庁などによりその存在が否定されたのであるから「非」とされるのであるが、その時点の科学的事実に基づく情報として示されたとみなすことができる。第2にこの問題の提起を得た社会的な反応と対応についてである。朝日新聞が大きく報道した後、政府、関係地方自治体が対応に

140

動き、岡山県民にみられるように魚の買控えが起こった。漁業関係者は当然ながら
工場側に対応を迫ることとなった。問題提起直後の対応、およびその後数年間にわ
たる健康影響の調査等において、全体としては科学的な解明を通じて事態が沈静化
されたとみることができる。第3に製法転換という政策選択の是非についてであ
る。これは国主導で進められたとみることができる。「第三水俣病」の指摘にかか
る地域およびその他の水銀法苛性ソーダ工場の周辺において健康影響の存在が否定
されたこと、実際の最終的な水銀法苛性ソーダの製法転換は十数年を経て1986年
6月末に実現したこと、また、1972年12月に産業構造審議会が新増設施設は隔膜
法などの水銀を使用しない製法を採用することが望ましいとしていたこと、などを
勘案すれば、もう少し緩やかな製法転換という政策の選択が可能であったのではな
いかと考えられる。

(3) 三菱石油流出油事故

　この事故は水島港、水島灘から、瀬戸内海の東側の広い範囲に重油汚染を引き起
こした。事故を起こした工場は水質汚濁防止法に基づく規制を受けている事業所で
あるので、同法に基づく水質汚濁責任が問われるところであった。しかし、工場は
水質汚濁防止法にかかる違反を問われることはなかった。このことについては以下
のような経緯があった。

　事故後、水島海上保安部（海上保安庁）は海上における公害の発生にかかる刑事
責任の追求に備えたものの、政府により事故調査委員会が設置されたことから、そ
の結果を待つ必要があったとされる。事故後約1年を経て、1975年12月18日に
調査委員会の最終報告が発表された後、同保安部は刑事責任にかかる捜査を始め、
また、岡山県警察本部も、最終報告の発表を期に刑事責任にかかる捜査を始め、両
者はそれぞれ独自に捜査することとされた。岡山県警は、水質汚濁防止法違反、岡
山県海面漁業調整規則違反、過失往来危険罪の容疑により、三菱石油、タンクの建
設に携わった千代田化工、石川島播磨の2社、および関係者9名を送検した。水
島海上保安部も3社と9名を岡山県警と同様に送検した。しかし、岡山地検は千
代田化工、石川島播磨の2社を岡山県海面漁業調整規則違反の容疑により、2社と
タンクに付設した直立階段を施工した東洋工務店社長を含む6人を漁業調整規則
違反と過失往来危険罪の容疑により起訴した。三菱石油については不起訴とした。
（大國［1989］）（高田［1989］）

第6章　水島海域における水質汚濁をめぐる3つの事件 ── 発生の経緯と対応・顛末 ──　　*141*

　この三菱石油の不起訴については、瀬戸内海漁民会議議長が検察審査会に審査を申し立て、検察審査会は「不起訴不当」、または「公害罪法などで起訴相当」と議決した。しかし、岡山地検は三菱石油を不起訴とした。(高田 [1989])

　事故の15年後、起訴から13年後の1989年に、岡山地方裁判所が判決を言い渡した。検察側は、事故原因がタンクに付設した直立階段の工事にあり、その工事による基礎地盤の埋め戻しが不十分であったためにタンクに亀裂が生じ、その亀裂が拡大してタンクを破断させた、このことについて2社と関係者に責任があるとした。しかし、判決は被告の行為と事故の原因について因果関係は究明されなかったとし、被告に無罪判決を行った。なお、判決は検察側が控訴を断念したことにより確定した。(神山 [1989])

　判決は起訴にかかるものの他に、三菱石油が重油の流出を防ぐことができなかったことについて重要な指摘を行った。油の噴出が発見された後、三菱石油の担当者が事故タンクと同型の隣接するタンクに重油を移すとしてバルブ操作を行ったことが事故タンクを急激に負圧状態とし、屋根の陥没、タンクの破壊を引き起こした可能性があること、タンクの破壊がなければ直立階段の倒壊、防油堤の破壊、工場外への重油流出を防ぐことができたと推定されることを指摘した。神山氏は「(この指摘は)本事故の全責任を三石(三菱石油)に負わせているといえよう」(神山 [1989])としている。

　1970年制定の水質汚濁防止法は「排出水を排出する者は、その汚染状態が当該特定事業場の排水口において排水基準に適合しない排出水を排出してはならない」(第12条第1項)と規定し、「第12条第1項の規定に違反した者」に「6月以下の懲役又は10万円以下の罰金」を規定(同法第31条)していた。違反に対して直ちに罰則を適用するとのこの規定は、水質汚濁防止法における「直罰」とされ、大気汚染防止法においてもとられている。水質汚濁防止法においては、特定施設を有する特定事業場の排水口からの排出水を規制しており、石油精製業に該当し蒸留施設・脱硫施設などの水質汚濁防止法施行令に定める特定施設を保有していた三菱石油水島製油所は、油分を含む排出水の排出規制を受けている。「タンク」は当時においても現在においても「特定施設」に指定されていないが、特定事業場から油を公共用水域である水島港、瀬戸内海に排出したことは、水質汚濁防止法違反とされる可能性があったといえる。

　一方、事故は「石油コンビナート等災害防止法」の制定を促した。事故発生

後、政府内部においてはこの事故を機に新たな立法措置の検討が始められていた。1975年2月に開かれた参議院の「公害対策及び環境保全特別委員会」において、国務大臣である環境庁長官（当時）が質問に答えて「今回の事故の経験にかんがみ‥‥総理のご指示によって総理と私と自治大臣と‥‥消防庁のほうで相当の強い防災体制が確立できるような法律‥‥にしてもらおう」との立法措置について言及した。（参議院［1975］）

　1975年12月に「石油コンビナート等災害防止法」が制定された。同法は石油コンビナートが引き起こす可能性のある災害の特殊性を勘案して、従前からの消防法、高圧ガス保安法、災害対策基本法と併せて、大量の石油や高圧ガスが取り扱われている地域を指定して、災害の発生防止、拡大防止などのための総合的な施策を推進することを目的として制定された。

　なお、事故により海上に流出した重油による汚染影響が心配されたが、事故後2か月程度で魚の着臭及び海水の油濁の懸念が払拭されたことは、漁業関係者だけでなく、その他の関係者、さらには社会全体を安堵させるものであった。

(4) 地域の水質汚濁をめぐる経験から知られるもの

　1960年代後半から1970年代前半の日本の高度経済成長期に、水島地域は海域の油汚染による異臭魚の発生、水銀法苛性ソーダ工場にかかる水銀汚染をめぐる紛争、三菱石油水島製油所の重油流出事故という3つの水質汚濁事件を経験した。

　これらの経験のうち、異臭魚の問題は実効性のある水質汚濁対策がとられていない段階で、四日市コンビナートの開発に伴って発生した事例を後追いするように発生し、その後の水質汚濁防止法、海洋汚染防止法の施行などにより急速に改善されることとなったが、この地域の異臭魚問題の経験と経緯は、日本の水質汚濁対策、特に油汚染対策の導入・加速に関わるものであった。また、三菱石油重油流出事故は、約1,500基の水島工業地域のタンク類の1つによる事故であった。その後の石油コンビナート等災害防止法の制定、同法に基づく全国の85区域の特別防災区域指定、およびそれらの区域の防災計画の策定を促し、災害発生・拡大の防止が図られることとなった。これらの2つの地域の経験は日本の水質汚濁問題のさまざまな経緯において重要な意味を持つものであったといえる。

　一方、水銀法苛性ソーダ製造にかかる水銀汚染にかかる紛争は、日本のこうした問題への対処のあり方に重要な示唆を与えるできごとといえる。日本全体が新聞報

第6章 水島海域における水質汚濁をめぐる3つの事件 —— 発生の経緯と対応・顛末 —— 143

道を機に翻弄されたのであるが、さまざまな研究者による調査・研究の自由が保障され、また、その結果が報道機関によって自由に報道されることが保障され、そのうえで迅速かつ冷静に問題の科学的な本質や環境リスクを判断し、社会的な対応を行う必要があることを示唆する重要な経験であった。

【補注】

補注 1：1957年当時、三菱自動車工業、クラレ玉島工場、住友機械工業玉島製造所などが操業を行っており、1957年4月には、日本興油水島工場が操業を始めた。「新修倉敷市史第8巻現代」は「昭和30年代に入ると‥‥水島地区に工場が進出し海が汚れ始めた‥‥日本興油水島工場が操業し始めると、倉敷市水島漁協が水島港沖で養殖していたアサリ、藻貝に異臭がついて売れなくなった。同漁協が汚水対策を講じるよう同工場へ申し入れた‥‥」としている。

補注 2：1961年に、三菱石油（当時）水島製油所は5月に、日本鉱業（当時）水島製油所は6月に、中国電力水島発電所は11月に、それぞれ操業を開始した（「水島工業地帯の現状（昭和51年6月）」による）。

補注 3：杉本の報文に示されている図によれば、海面に廃油の分布を確認した水島港内、水島港沖、高梁川河口沖合の海域面の数10％程度（50％以下）と思われる。

補注 4：1966年、1968年のいずれであったかについて論文から読み取ることができなかった。

補注 5：海水油濁防止法は1970年に海洋汚染防止法に改正・改称され、1976年に「海洋汚染および海上災害の防止に関する法律」に改正・改称された。

補注 6：岡山県港湾課によればこの施設については、2007年から処理実績がなくなり、2014年4月に廃止された。

補注 7：この調査に基づく行政指導により、油分離装置が既設8工場17施設に、新設10工場11施設に、凝集沈殿装置が既設4工場6施設に、新設4工場8施設に、活性汚泥処理装置が既設3工場3施設に、新設10工場12施設に設置することが計画された。

補注 8：「検出されないこと」の検出限界は0.05 mg／ℓ以下）とされた。「海域C」については、閣議決定された環境基準に「油分等」の基準値は設定されていなかったので、水島港内には油分等の環境基準適用はされなかった。

補注 9：9水域は水俣湾、八代海、有明海、徳山地先、新居浜地先、水島地先、氷見地先、魚津地先および酒田港内。

補注 10：検体ごとに試食メンバーの3割が異臭を感じた場合に異臭魚と判定された。

補注 11：「三菱石油水島製油所タンク事故原因調査報告書」は「タンク破壊に介在する問題は必ずしも単純ではなく、多くの因子が悪い方向に組み合った形で、この現象の引き金になったものと考えられ、上記の諸条件を考慮すると、事故の発生経過を学問的に明らかにすることは難しい」と結論した。

補注 12：1975年59,942隻、延べ総トン数5,458万トン、1985年65,500隻、延べ6,913万トン、最近の2010年度に40,012隻、延べ8,807万トンである。

補注 13：水質汚濁防止法（1970 年）が制定される以前の 1958 年に「公共用水域の水質の保全に
　　　　関する法律」（水質保全法）と「工場排水等の規制に関する法律」（工場排水規制法）が
　　　　制定されており、「水質 2 法」と通称されていた。水質保全法は基本法的な性格を持ち、
　　　　水質を保全する地域とその水域への排水基準（水質基準）を定め、工場排水規制法が工
　　　　場・事業場からの排水の規制・監視を行う仕組みをとっていた。1970 年の水質汚濁防止
　　　　法の制定とともに水質 2 法は廃止された。
補注 14：岡山化成 11.8 万 t、菱日 18.4 万 t ／年、住友化学岡山製造所 250 t ／月（2,880 t ／年）（い
　　　　ずれも『日本ソーダ工業百年史』）、関東電化工業 7,464 t ／月（年産約 9 万 t ／年。『関東
　　　　電化工業六十年史』）

【引用文献・参考図書】

山陽新聞［1957］：山陽新聞（1957 年 6 月 11 日）

山陽新聞［1961］：山陽新聞（1961 年 12 月 22 日）

山陽新聞［1962］：山陽新聞（1962 年 3 月 8 日）

杉本他［1964］：杉本仁弥・鈴木正也・竹内脩「瀬戸内海における石油廃水の漁場に及ぼす影響に
　　　関する研究－Ⅰ」『日本水産学会誌第 30 巻第 7 号』1964

山陽新聞［1965a］：山陽新聞（1965 年 1 月 30 日）

山陽新聞［1965b］：山陽新聞（1965 年 6 月 3 日）

山陽新聞［1965c］：山陽新聞（1965 年 6 月 16 日）

山陽新聞［1965d］：山陽新聞（1965 年 6 月 19 日）

山陽新聞［1965e］：山陽新聞（1965 年 6 月 23 日）

山陽新聞［1965f］：山陽新聞（1965 年 6 月 29 日）

山陽新聞［1965g］：山陽新聞（1965 年 7 月 2 日）

杉本他［1965］：杉本仁弥・鈴木正也・竹内脩「瀬戸内海における石油廃水の漁場に及ぼす影響に
　　　関する研究－Ⅱ」『日本水産学会誌第 31 巻第 1 号』1965

新田他［1965］：新田忠雄他「工場排水等による油臭魚問題に関する対策研究」『東海水研報第 42
　　　号 1965 年 4 月』1965

山陽新聞［1966a］：山陽新聞（1966 年 6 月 11 日）

山陽新聞［1966b］：山陽新聞（1966 年 6 月 30 日）

山陽新聞［1966c］：山陽新聞（1966 年 12 月 27 日）

総理府・厚生省［1969］：総理府・厚生省『公害白書昭和 44 年版』1969

水島海域水産協会［1967］：水島海域水産協会「水島海域水産協会要綱」1967

倉敷市［1967］：倉敷市「倉敷市における公害対策の概要第 2 報」1967

三宅［1969］：三宅与志雄「水島地区の水質汚濁、特に異臭魚の発生に関する研究」『岡山医学会
　　　雑誌 89 号 1969 年 4 月』1969

総理府・厚生省［1969］：総理府・厚生省『公害白書昭和 44 年版』1969

岡山県［1970］：岡山県「岡山県水島地域に係る公害防止計画昭和 45 年 1 月」1970

倉敷市［1970］：倉敷市「倉敷市における公害対策の概要第 5 報 昭和 45 年」1970

第 6 章　水島海域における水質汚濁をめぐる 3 つの事件 ── 発生の経緯と対応・顛末 ──　　*145*

閣議決定［1970a］：閣議決定「水質汚濁に係る環境基準について 昭和 45 年 4 月 21 日」1970

閣議決定［1970b］：閣議決定「公共用水域が該当する水質汚濁に係る環境基準の水域類型の指定
　　について 昭和 45 年 9 月 1 日」1970

岡山県［1971］：岡山県「岡山県船舶廃油処理施設使用規則 昭和 46 年 4 月 1 日」1971

倉敷市［1971］：倉敷市「倉敷市における公害対策の概要第 6 報 昭和 46 年」1971

朝日新聞［1973a］：朝日新聞（1973 年 5 月 23 日「熊本大研究班の報告書要旨」）

朝日新聞［1973b］：朝日新聞（1973 年 6 月 8 日）

朝日新聞［1973c］：朝日新聞（1973 年 6 月 10 日）

厚生省環境衛生局長［1973］：厚生省環境衛生局長「魚介類の水銀の暫定的規制値について 昭和
　　48 年 7 月 23 日」1973

環境庁水質保全局長［1973］：環境庁水質保全局長「水銀を含む底質の暫定除去基準について 昭和
　　48 年 8 月 31 日」1973

倉敷新聞［1973a］：倉敷新聞（1973 年 6 月 12 日）

倉敷新聞［1973b］：倉敷新聞（1973 年 6 月 13 日）

倉敷新聞［1973c］：倉敷新聞（1973 年 6 月 16 日）

倉敷新聞［1973d］：倉敷新聞（1973 年 6 月 18 日）

倉敷新聞［1973e］：倉敷新聞（1973 年 6 月 20 日）

倉敷新聞［1973f］：倉敷新聞（1973 年 6 月 21 日）

倉敷新聞［1973g］：倉敷新聞（1973 年 6 月 26 日）

倉敷新聞［1973h］：倉敷新聞（1973 年 6 月 27 日）

倉敷新聞［1973i］：倉敷新聞（1973 年 6 月 28 日）

倉敷新聞［1973j］：倉敷新聞（1973 年 7 月 2 日）

倉敷新聞［1973 k］：倉敷新聞（1973 年 7 月 11 日）

倉敷新聞［1973l］：倉敷新聞（1973 年 8 月 11 日）

倉敷新聞［1973m］：倉敷新聞（1973 年 8 月 14 日）

環境庁［1973］：環境庁国際化監修『日本の環境経験 ─ 環境政策は成功したか』1973

警察庁［1974］：警察庁『昭和 49 年版警察白書』1974

環境庁［1974］：環境庁『昭和 49 年版環境白書』1974

環境庁［1975］：環境庁『昭和 50 年版環境白書』1975

岡山県［1975］：岡山県「三菱石油流出油事故の概要 昭和 50 年 3 月」1975

参議院［1975］：参議院議事録「第 75 回国会公害対策及び環境保全特別委員会（昭和 50 年 2 月
　　28 日）」1975

三菱石油事故調査委［1975］：三菱石油水島製油所タンク事故調査委員会「三菱石油水島製油所タ
　　ンク事故原因調査および付属書 1975 年 12 月 8 日」1975

倉敷市［1976］：倉敷市「倉敷市における公害対策の概要第 11 報 昭和 51 年度」1976

岡山県［1977］：岡山県「岡山県石油コンビナート等防災計画 1977 年 3 月 25 日」1977

岡山県［1981］：岡山県「環境保健行政の概要 昭和 56 年度」1981

三菱石油［1981］：三菱石油『三菱石油五十年史』1981

日本ソーダ工業会［1982］：日本ソーダ工業会『日本ソーダ工業百年史』1982

判例タイムズ［1989］：判例タイムズ「三菱石油重油流出事件判決」『判例タイムズ No.708 1989
　　年 11 月 15 日』1989

大國［1989］：大國仁「海の犯罪と捜査の管轄」『刑法雑誌』第 30 巻第 2 号 1989

高田［1989］：高田昭正「三菱石油重油流出事件と長期裁判問題」『刑法雑誌』第 30 巻第 2 号
　　1989

神山［1989］：神山敏雄「三石重油流出事故の概要と問題点」『刑法雑誌』第 30 巻第 2 号 1989

ICETT［1992］：ICETT（国際環境技術移転センター）『四日市公害・環境改善の歩み』1992

徳田・勝村［1996］：徳田晉吾・勝村龍雄「日本における苛性ソーダの製法転換とその社会的背景」
　　『科学史研究』第 23 巻第 4 号　1996

関東電化工業［2000］：関東電化工業『関東電化工業六十年史』2000

岡山県商工労働部［2002］：岡山県商工労働部「水島臨海工業地帯の現状」2002

倉敷市［2005］：倉敷市『新修倉敷市史第 8 巻現代』2005

ソーダ工業会［2014］：日本ソーダ工業会 HP「日本ソーダ工業会沿革」（2014 年 7 月 5 日参照）

第**7**章

水島地域におけるベンゼン大気汚染と対策

1　はじめに

　1968 年に制定された大気汚染防止法は、当初は有害大気汚染物質に対する対策を規定・施行しなかった。欧米では 1980 年代後半から有害大気汚染物質による大気汚染防止のための包括的な取組が進められており、1992 年の地球サミットで合意された「アジェンダ 21」は化学物質による環境リスク低減のための取組みの必要性を指摘した。こうした状況を背景に、1990 年代の半ば頃に日本の有害化学物質対策の遅れが指摘されるようになった。国は大気汚染防止法の 1996 年改正により汚染防止対策をとるようになった。法改正の時点で日本の大気環境中に有害性から注目される約 200 種類の多様な物質が検出されていた。（佐々木［1998］）

　1997 年 2 月にベンゼン、トリクロロエチレン、テトラクロロエチレンによる大気汚染環境基準が定められ、また、2001 年 4 月にジクロロメタンの大気汚染環境基準が定められた。（環境庁［1997］［2001a］）

　これらの環境基準に比べて、水島工業地域に近接する住居地域においてベンゼン汚染が環境基準を大きく超過した状態が長らく続いた。全国的に 1997 年度からベンゼン汚染対策が進められ、汚染改善が進み、水島地域においても汚染改善が見られたが、水島工業地域の化学工場群に近い地域、特に松江局ではベンゼン汚染改善が遅れ、2001 年度から 2007 年度にかけて、環境基準に不適合であるだけでなく、1997 年以来全国の高濃度汚染上位 5 位以内にあり、加えて全国で最も高濃度汚染であったことが 1999 ～ 2001 年度、2003 年度、2005 ～ 2007 年度の 7 年度にわたった。また、さまざまな対策により全国的に汚染の改善が進む中で 2007 年度の時点で全国の環境基準未達成地点の 3 地点の一つであるなど、汚染改善が遅れた地点であった。こうしたベンゼン汚染の改善のため地域の企業 10 社（補注 1）が「水島コンビナート環境安全情報交換会」を設立して共同で排出抑制対策を進め、

2008 年度に環境基準に適合する状態に改善された。

2 有害大気汚染物質対策等

(1) 中央環境審議会の答申および大気汚染防止法の改正等

　1996 年 1 月に中央環境審議会は「今後の有害大気汚染物質対策のあり方について（中間答申）」を答申した（中環審［1996]）。この答申では、日本の大気環境において低濃度ではあるが発がん性等の有害性を有する物質が検出されていること、長期暴露により国民への影響が懸念される物質があること、アメリカ等先進国において排出抑制対策が進められており国際的な共通課題であること、日本で水質汚濁対策等において有害物質対策が進められていること、などから有害大気汚染物質の排出抑制、国民の健康リスクの低減が必要とした。そして、環境目標値を設定した場合にその値を超える、あるいは超える可能性があり、着実にリスクを低減するべき物質について、工場・事業場、自動車からの排出抑制対策の方向性を示唆した。工場・事業場については「関連するすべての事業者が排出抑制に取り組むことにより健康リスクの低減が図られるよう、自主的取組を活用しつつ公平で信頼度の高い制度を構築することが必要である。また、その仕組みは国民や国際社会に理解される透明性の高いものとすることが肝要である」（中環審［1996]）とした。

　この答申を踏まえ大気汚染防止法が 1996 年 5 月に改正された。改正により、事業者が責務として有害大気汚染物質の排出・飛散状況を把握し抑制対策を講ずること、国が必要と認める物質について「指定物質」を定め工場・事業場において排出・飛散を抑制する「指定物質排出抑制基準」を定めて公表する、とした。しかし、この基準に対する罰則を適用しないで、都道府県知事が必要が生じた場合に「勧告」するに止めた。また、こうした有害化学物質に係る規定について、法施行 3 年後を目途として検討を行うとした。この改正法は 1997 年 4 月に施行された。一方、1997 年 2 月 4 日に、ベンゼン、トリクロロエチレンおよびテトラクロロエチレンによる大気の汚染に係る環境基準が告示された。いずれも年平均値で定められ、ベンゼンについては $3\,\mu\mathrm{g}\,/\,\mathrm{m}^3$ 以下（補注 2）とされた（環境庁［1997]）。また、2001 年 4 月 20 日にジクロロメタンの大気汚染環境基準が定められた（環境庁［2001a]）。

(2) 事業者による自主的な取組みの促進等

　環境庁と通産省（いずれも当時）は、事業者の自主的取組みが透明性を確保しつつ実効をあげるよう 1996 年 10 月に「事業者による有害大気汚染物質の自主管理の促進のための指針」（通産省・環境庁［1996］）を作成し、地方公共団体および事業者団体に通知した。この指針は、優先取組み物質のうち 13 物質（ダイオキシン類を 1997 年 11 月に追加）を対象としており、各事業者団体は業種ごとに自主管理計画を策定し、個別事業者は自主管理計画を踏まえ 1999 年度末を目途とする客観的排出管理目標を定めて、その達成状況を毎年度評価しながら有害大気汚染物質の排出等の抑制に取り組むことを目指す内容となっており、これに沿って 77 の事業者団体で自主管理が推進された。化学品工業界を例にあげると、自主管理計画対象物質 12 物質について 3 年間で約 35%の削減を行う目標が掲げられた（佐々木［1998］）。この自主管理計画は、各年度の計画実施状況を翌年度の 5 月までに通産省に報告し、通産省化学品審議会リスク管理部会と環境庁中央環境審議会大気部会において毎年度の実施状況をチェック・アンド・レビューし公表することとした。こうして進められたのがいわゆる自主管理第一期（計画）である。

　1997 年 4 月に改正大気汚染防止法が施行されて 3 年が経過したことから検討が行われた。諮問に基づいて、2000 年 12 月に中央環境審議会が評価と今後の対策のあり方を「今後の有害大気汚染物質対策のあり方について（第六次答申）」により答申した（中環審［2000］）。答申は、自主管理が全国的なレベルからみれば大きな成果を挙げたこと、地域レベルにおいても効果のあるケースがあったこと、しかし、ベンゼンに関して環境基準を 23%の地点で上回り、環境基準を大幅に超える高濃度汚染地域があることを指摘した。そして汚染対策のあり方として、環境基準に照らし高濃度汚染状態にある地域について、地域ごとに事業者による自主管理による削減を継続していくことが適当であるとした。この答申に基づき、2001 年 6 月に「事業者による有害大気汚染物質の自主管理促進のための指針」を改正し、ベンゼンについては、水島地域を含む全国の 5 地域（室蘭地区、鹿島臨海地区、京葉臨海中部地区、水島地区、大牟田地区）について「地域自主管理計画」を策定することとした（中環審［2005］）。一方、このことに関して業界団体に自主管理の促進を求め、ベンゼンについての地域自主管理計画を策定した場合にはこれを経済産業省に報告を求めることとし、2003 年度まで毎年度の実施状況報告を求めた。これがいわゆる自主管理第二期（計画）である。（環境省［2001b］）

(3) 岡山県条例の制定と対策

　岡山県は2001年12月に「岡山県環境への負荷低減に関する条例」（以下「岡山県条例」）を制定し、翌年の2002年10月に施行した。この条例ではベンゼン等の排出について、知事が対策地域を指定し、指定された地域でベンゼンを取り扱う施設の届出義務、事業所敷地境界における測定および報告義務、削減計画の届出義務、排出抑制対策の報告義務、他の事業者との連携義務などを規定し、加えてそれらの関連情報の公表について規定した。この条例に基づき、水島地域が地域指定され、指定地域内の事業所からの届出・報告が行われるようになった（補注3）。

　この岡山県条例の制定前の1995年に、前述の通産省・環境庁の指針（通産省・環境庁［1996］）に対応するため地域企業が「水島コンビナート環境安全情報交換会」（通称「ESI会」）（補注4）を設立して活動していた。ESI会は、参加企業内で幹事、事務局を選任し、自主的に活動しており、各企業の取組み内容や測定結果等の情報共有を行ってきている。ベンゼン汚染対策については、ESI会の10社が部会を設置し、地域におけるベンゼンの排出抑制対策を進めた。また、ESI会の活動としてベンゼンの高濃度汚染が続いた松江局のある町内会を対象として、2006年より年に1回「町内説明会」を実施、2010年までに5回が開催され、企業、町内会長、住民約20名が出席し開催されてきた。倉敷市、岡山県はオブザーバーとして随時参加した。

3　水島地域におけるベンゼン汚染と対策の経緯

(1) 水島地域におけるベンゼン汚染

1）水島工業地域後背地におけるベンゼン汚染

　岡山県水島地区は鉄鋼、石油精製、石油化学等工場のコンビナート地域であるため、さまざまな有機化学物質の製造や取扱いが多い。1980年代に光化学オキシダントを生成する原因物質として、岡山県環境保健センターが1979～1984年に7回にわたって水島地区（倉敷市環境監視センター）で、ベンゼン、トルエン等15種類の炭化水素の調査を夏期と冬期に行った（劔持他［1981］［1983］）（前田他［1984a］［1984b］）。

　この時のベンゼン分析方法は、1997年度以降の分析方法、採取期間、採取時期

等とは異なるが、夏期においては 12 μg / m³ 前後で環境基準 3 μg / m³ のおおよそ 4 倍前後の濃度レベルにあった。

　倉敷市は 1997 年 10 月より松江局と倉敷美和局において、また、2001 年 9 月から春日局と塩生局において、2004 年度から乙島東幼稚園において、有害大気汚染物質の調査を行い、環境省は 2005 年度から大高局で調査を行った（「倉敷市環境白書」による）。また、岡山県は 2001 〜 2003 年度の間、発生源周辺における汚染をより詳しく把握するため、宇野津局、広江局、港湾局で年 4 回の補完調査を実施した。（倉敷市［2003 〜 2006］［2007 〜 2009］）

　松江局は工場地域の直近の工場の北数百メートルに位置し、自主管理第 1 期の 1998 〜 1999 年度に 9.6 μg / m³ 〜 8.3 μg / m³、環境基準の約 3 倍であった。自主管理第 2 期 2001 〜 2003 年度は工業地域周辺でさらに 3 局を追加し計 7 局で測定された。この時期に松江局および塩生局（工場群の東側直近数百 m でベンゼン排出事業所から約 1 km）では、各々 5.1 〜 4.3 μg / m³、3.4 〜 3.1 μg / m³（2002 〜 2003 年度）でともに環境基準を超えていた。また、他に工場群に近接した宇野津、港湾局、広江の補完 3 局で 3.0 μg / m³ 以上の値がみられた。工業地域より北方 2 km 以上離れた春日局で 2.0 〜 2.3 μg / m³、工業地域から北方 7 km 以上離れた市街地に位置する倉敷美和局では 1.7 〜 1.9 μg / m³ で環境基準以下であった。（倉敷市［2003 〜 2006］）

　自主管理第 2 期が終了した 2004 年度以降においても、松江局において 4 年間にわたって環境基準以上の 3.1 〜 4.5 μg / m³ の状態が続き、2008 年度になって初めて 2.6 μg / m³ と環境基準以下となった。2004 年度から測定を行った高梁川西岸に位置し工場群から約 2 km の乙島東幼稚園は 1.5 〜 1.8 μg / m³ であった。（倉敷市［2003 〜 2006］［2007 〜 2009］）

　国道 2 号線・高速道路の影響を受けやすく、水島工業地帯から北へ 10 km の早島町の早島局では 1998 年度は 4 μg / m³ であったが、1999 年度以降は 3.0 μg / m³ 以下となり、2000 〜 2005 年度までの間 2 〜 3 μg / m³ で推移し、2006 年度以降 2 μg / m³ 以下となった。倉敷市内の主要道沿道の大高局は測定初年の 2005 年度は 2.0 μg / m³ 以下、翌 2006 年度 3.0 μg / m³ となり、2007 〜 2008 年度は 2 μg / m³ であった。（同）（環境省［1998 〜 2008］）

　松江局に着目すると、1997 年度以降のベンゼン汚染濃度について、3 つの時期に分けて把握できるものと考えられる。第一の時期（汚染低減期）は 1997 年から

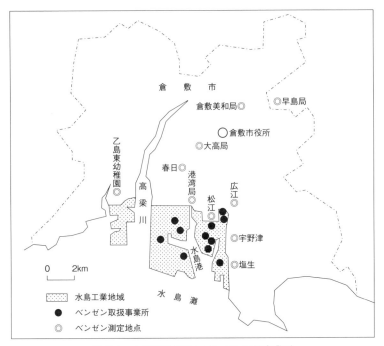

図 7-1　水島工業地域とベンゼン取扱事業所
注：倉敷市資料により前田作成（倉敷市［2004］）

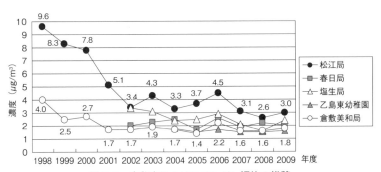

図 7-2　倉敷市におけるベンゼン汚染の推移
注1： 松江局、春日局、塩生局、乙島東幼稚園は発生源に近い地域の測定局、倉敷美和局は特定発生源の影響を受けにくい市街地の測定局である。
　2： 倉敷市資料により前田作成（倉敷市［2003〜2006］［2007〜2009］）

2002 年度である。自主管理第 1 期の 1997 ～ 1999 年度、自主管理第 2 期の 2001 ～ 2003 年度の対策に符合するようにベンゼン汚染は 1998 年度 9.6 μg / m^3 から 2003 年度 3.4 μg / m^3 に改善された。第 2 の時期（汚染横這期）は自主管理第 2 期以降の 2003 ～ 2006 年度である。この間、ベンゼン汚染濃度は改善とは言い難い状態が続いた。この時期の 1 年前の 2002 年度に 3.4 μg / m^3 であったが、その後 2003 ～ 2006 年度は汚染濃度の若干の上がり下がりはあるが、この間全体で横ばい傾向と見られる。第 3 の時期（汚染暫減期）は 2006 年度～ 2009 年度で汚染改善が進み、2008 年度に環境基準を達成した。（倉敷市［2003 ～ 2006］［2007 ～ 2009］）

2）水島工業地域の工場敷地境界におけるベンゼン濃度

　岡山県条例の規定に基づきベンゼン排出事業所により敷地境界のベンゼン濃度測定が行われ、2006 ～ 2009 年度における測定結果が公表されている（岡山県［2006 ～ 2010］）。この結果によれば、各事業所境界ともに最大値はベンゼン環境基準を超えており、3.9 μg / m^3 ～ 118 μg / m^3 であった。また、各事業所境界最大値の平均は 26.5 μg / m^3 ～ 36.4 μg / m^3 であった。最小値は 0.5 μg / m^3 未満であるが、これは大気試料採取時の風向きに関係していると考えられる。

表 7-1　指定事業所により測定された敷地境界におけるベンゼン濃度（2006 ～ 2009 年度）

年　　度	ベンゼン濃度（μg / m^3）			
	2006 年度	2007 年度	2008 年度	2009 年度
指定事業所敷地境界ベンゼン濃度 （測定された濃度の範囲）	0.5 未満 ～ 57	0.5 未満 ～ 118	0.5 未満 ～ 61	0.5 未満 ～ 60
指定事業所敷地境界最大値の地域最少	6.5	3.9	5.7	11.0
指定事業所敷地境界最大値の地域平均	28.0	36.4	26.5	28.3
指定事業所敷地境界最大値の地域最大	57	118	61	60

注：「岡山県（平成 19 ～ 21 各年度）岡山県環境への負荷の低減に関する条例第 48 条に基づく公表について」（2007 年 9 月 25 日岡山県発表資料等）により前田作成

（2）全国のベンゼン汚染等の推移

1）全国のベンゼン汚染の推移

　全国的なベンゼンの大気中濃度調査は 1997 年度から実施されるようになった。環境省および地方公共団体が、1998 ～ 2008 年度に継続して月 1 回以上の頻度で測定を実施した 155 地点におけるベンゼン濃度は最大値で 9.6 ～ 2.6 μg / m^3、平

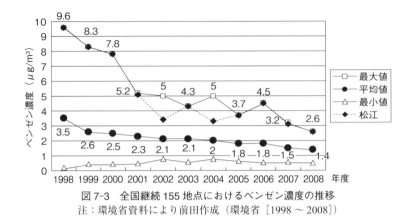

図7-3　全国継続155地点におけるベンゼン濃度の推移
注：環境省資料により前田作成（環境省 [1998 ～ 2008]）

均値で3.5 ～ 1.4μg / m³ であった。（環境省 [1998 ～ 2008]）

　継続155地点におけるベンゼン濃度の平均値は、1998年度に3.5μg / m³ であったが、1999年度に2.6μg / m³ となった。これ以降低下し2005年度は1.8μg / m³、2008年度は1.4μg / m³ で、1998年度と比較すると60%低下した。一方、継続155地点におけるベンゼン濃度の最大値について、1998 ～ 2000年度に各々9.6 ～ 7.8μg / m³ で環境基準3.0μg / m³ の3倍前後の高濃度であった。2002年度以降低下し、2008年度には2.6μg / m³ となり全国の最大値についても環境基準を下回った。倉敷市松江は1999 ～ 2001年度、2003年度、2005 ～ 2007年度の7年度にわたって全国で最大である状態であった。（同）

2）全国のベンゼン環境基準超過地点数

　全国のベンゼン環境基準の不適合地点数は、1998年度に135地点であったが、2008年度に1地点にまで改善された。1997年度当初の4月から測定した地点は53地点であったが、1998年度になって292地点に大幅に増加し、2002年度には400地点、2004年度には450を超える地点で測定が行われた。1998年度は全292地点中46%の135地点で環境基準を超過していた。1999年度は79地点に大幅に減少し、次いで2001年度から2002年度に67地点から34地点に減少した。2004年度は23地点、2005年度には18地点、2007年度は3地点に減少し、2008年度は1地点となった（環境省 [1998 ～ 2008]）。倉敷市の不適合地点数は1998 ～ 2007年度に1 ～ 3地点、2008年度にゼロとなったのであるが、倉敷市の不適合

状態が 2007 年度まで続いたことは、この間の全国の不適合地点数が減少していく中で、全国的に見た環境基準適合を延引させる一因となり続けた。(倉敷市 [2003 〜 2006] [2007 〜 2009])

(3) 水島地域におけるベンゼン排出源および排出量

1) 指定事業所と施設数

　水島地域に設置されている岡山県条例に基づくベンゼン等排出施設届出数は、2002 〜 2008 年度に 125 〜 140 施設数であった。ベンゼン貯蔵施設が最も多く全施設数の半数程度である。ベンゼンを原料とする化学物質等の製造施設が減少し、ベンゼンの貯蔵施設および蒸留施設が増加し、ベンゼンの製造施設、出荷施設、コークス炉の増減はほとんどなかった。全体として 2002 年度の 125 施設から、2008 年度の 137 施設に少し増加している。(岡山県 [2006 〜 2010])

表 7-2　岡山県条例によるベンゼン排出施設の種類と施設数

条例に定められた施設の種類	各年度の届出施設数				
	2002	2003	2006	2007	2008
ベンゼンの製造施設	11	12	12	12	12
ベンゼンを原料とする化学物質等の製造施設	26	28	23	18	17
ベンゼンの貯蔵施設	55	64	70	71	70
ベンゼンの出荷施設	6	6	5	5	5
ベンゼンの蒸留施設	16	17	19	20	21
コークス炉	11	11	11	11	12
合　　　　計	125	138	140	137	137

注 1 : 排出事業所は 10 事業所。ただし、岡山県条例の取扱いにおいて、隣接して立地しており資本系列の同じ 2 つの事業所を 1 つの事業所とみなしており、指定事業所数は 9 事業所とされている。(産業環境管理協会 [2004]、岡山県 [2006 〜 2010])
　2 : 2004 年度、2005 年度の施設数は公表されていない。

2) 水島地域のベンゼン排出量の低減の経緯

　水島地域の指定事業所におけるベンゼン排出量の削減の経緯についておおむね以下のとおりであった。自主管理第 1 期 1997 〜 1999 年度はベンゼン排出量が各々 134 t／年、107 t／年、97 t／年で (有害大気汚染物質対策研究会 [2000])、この間 37 t が削減された。自主管理第 2 期の 2001 年度、2002 年度は排出量が各々 43.1 t／年、33.5 t／年、1 年で 9.6 t 削減された。2004 年度は 21.4 t／年で 2002 年度の 2／3 の排出量に削減された。これ以降は 2005 年度の 17.3 t／年から毎年 1.3

表7-3 水島地域におけるベンゼン削減対策

年度	業種別対策項目 化学 (A～F事業所)	鉄鋼 (G事業所)	石油 (H、I事業所)	削減対策件数	ベンゼン排出量 (t/年)	備考
1997	(B) ベントガス回収	(G) ガイドラリーナー搭載	(H) 高濃度タンクを浮き屋根式に改造	3	134.1	第1期自主管理
1998	(A) オフガスフィルターエレメント交換		(I) ベンゼン分離塔設置	2	107.3	
1999	(A) 排ガス燃焼処理		(I) ガソリン中濃度低減	2	97.5	
2000	(A) タンクベント吸収塔吸収能力向上等19項目				—	第2期自主管理
2001	(B) タンクベントガス吸収塔設置等3項目	(G) タールデカンター排ガスの燃焼装置接続など9項目	(H) ベンゼン製品のローリー出荷の停止など11項目		43.1	
2002	(C) 船積み時の排ガス吸収等4項目			66	33.5	
2003	(D) 製造品2種類の製造停止等4項目		(I) サンプリング等の日常蒸散対策等4項目		31.2	
2004	(E) ベンゼン施設排水の加熱処理等9項目				21.4	
2005	(F) タンクベント排ガス前段吸着装置等3項目				17.27	
2006	(A) ベントガスライン変更 (B) ベントガス吸収塔の更新等3項目 (C) ポリマー抽出溶剤変更 (E) 分析室排ガス処理改善等2項目	(G) 集塵機の排ガス処理等2項目	(H) 内部浮き屋根タンクへの改造等2項目 (I) 定期修理中のスチームパージの密閉化	12	16.04	
2007	(A) スチレン製造停止等3項目 (C) ポリマー抽出溶剤変更等3項目 (E) 手動サンプリングをオンライン自動化	(G) 集塵機の排ガス処理等3項目	(H) 第1排水設備サンプリングピット密閉化等2項目 (I) 定期修理中のスチームパージの密閉化	13	13.75	岡山県

第7章　水島地域におけるベンゼン大気汚染と対策　　*157*

					条例施行
2008	(A) ベンゼンタンクのベントガスライン仮設等2項目 (B) 過去に実施した対策の機能維持管理 (C) 船荷揚げ時の気液分離器の排ガス吸収塔処理 (D) 排ガス活性炭設備維持管理 (E) ストレーナードレンラインの密閉化等2項目 (F) 過去に実施した対策の機能維持管理	(G) 集塵機の排ガス処理等3項目	(H) タンク2基を浮き屋根タンクへ改造等2項目	13	11.03
2009	(A) サンプルベントガス回収等2項目 (B) 過去に実施した対策の機能維持管理 (C) ポリマー抽出溶剤変更 (D) ベンゼン使用製品製造中止 (E) 定期点検時の管理強化 (F) 過去に実施した対策の機能維持管理	(G) 集塵機の排ガス処理等3項目	(H) タンク解放時の排出抑制対策等2項目 (I) タンクベント改造・ベンゼン回収	13	7.84

注：1997 年度から 1999 年度は有害大気汚染物質対策研究会「有害大気汚染物質対策研究会報告書」（平成 12 年 10 月）による。2000 年度から 2009 年度は倉敷市ホームページ（「岡山県環境への負荷低減に関する条例」第 48 条の規定による公表について（平成 18 ～ 21 年度））による。

～ 2.5 t 削減され、2007 年度に 13.5 t／年に、2008 年度に 11.0 t／年に、2009 年度に 7.8 t／年となり、1997 年度の約 1／17 の排出量に削減された。（産業環境管理協会 ［2004］）（岡山県 ［2006 ～ 2010］）

　各事業所において採られた個別の対策は全体で 124 項目であった。これによると自主管理第 1 期の削減対策の件数は少なく、この期に量の大きい排出削減対策が 1 事業所において実施され、その他に 6 件の対策が行われた。2000 年度からの自主管理第 2 期および岡山県条例制度施行後の 2005 年度までの間に、ベンゼンタンクの内部浮屋根式への変更、ベンゼンを溶媒とする製造製品の脱ベンゼン化等総数 66 件の対策が採られた。2006 年度以降に、個別の削減量は大きくはないが、ベントガスの活性炭吸着、中間製品タンクを固定屋根式から内部浮き屋根式へ改造、装炭車集塵機の排ガス処理機・着火装置設置等のきめ細かな約 50 件の対策が採られた（岡山県 ［2006 ～ 2010］）。

3）水島地域のベンゼン汚染と対策の関係

　松江局に着目してベンゼン汚染と対策の関係を整理すると、第 1 の時期の 1997 年から 2002 年度（汚染低減期。自主管理第 1 期、同第 2 期に相当）に、松江局のベンゼン汚染は 1998 ～ 2003 年度の間 9.6 μg／m^3 から 4.3 μg／m^3 に約 5 μg／m^3 改善された。この汚染改善は自主管理第 1 期の 1997 ～ 1999 年度の対策、自主管理第 2 期の 2001 ～ 2003 年度の対策が行われ、ベンゼン排出量は 1997 ～ 2003 年度に 134.0 t／年から 31.2 t／年に削減されたことに対応する。しかし、ベンゼン環境基準を達成するには至らなかった。第 2 の時期（汚染横逼期）は自主管理第 2 期後の 2003 ～ 2006 年度の間で、ベンゼン汚染濃度は改善されない状態が続いた。この時期の 1 年前の 2002 年度にベンゼン汚染は 3.4 μg／m^3 であったが、その後 2003 ～ 2006 年度は汚染濃度の若干の上がり下がりが見られるものの横ばい傾向とみられる。この間においてもベンゼン排出量の削減対策は少しずつではあるが進み、2003 ～ 2006 年度に 15.2 t が削減されたのであるが環境基準を上回る汚染が継続した。第 3 の時期（汚染暫減期）は 2006 ～ 2009 年度である。この間、ベンゼン汚染は改善が進み、2008 年度に 2.6 μg／m^3 となり環境基準を達成した。2009 年度は 3.0 μg／m^3 と若干汚染は上昇したが環境基準を超過することとはならず、2006 ～ 2009 年度のベンゼンの排出削減量は 8.2 t であった。

　1997 ～ 2009 年度までの水島地区松江局のベンゼン濃度と水島地区ベンゼン排

出量は、全体としてほぼ比例関係にあるとみられる。

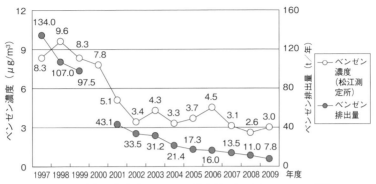

図 7-4　水島工業地域のベンゼン排出量と松江局のベンゼン汚染
注：ベンゼン排出量について、1997-1999 年度「有害大気汚染物質対策研究会報告書（平成 12 年 10 月）」、2001-2003 年度「中央環境審議会大気環境部会排出抑制専門委員会第 8 回会議録（平成 16 年 3 月 9 日）」、2004-2009 年度「倉敷の環境白書（平成 17 ～ 22 年版）」による。（2000 年度排出量データなし）

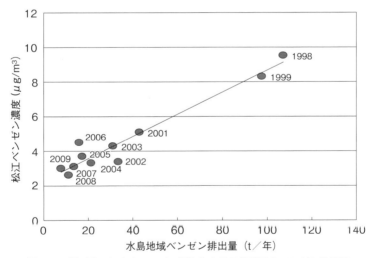

図 7-5　松江局におけるベンゼン汚染と水島工業地域のベンゼン排出量
注：図 7-4 と同資料から前田作成

4 ベンゼン大気汚染と対策の経緯・特徴

(1) 水島地域のベンゼン汚染

1979～1984年に、水島工業地域の北東約3kmに位置する倉敷市公害監視センターにおいて、ベンゼン濃度は夏期には12μg／m³前後であった。1997～1999年度の水島工業地域に近接する松江局のベンゼン汚染は環境基準の3倍前後の汚染状態であった。2001年度から工業地域周辺の他の3測定局においても測定が行われるようになり、松江局ほどではないが、環境基準を上回っていた。1997年度以降、発生源における排出抑制対策が進められたことにより汚染の改善が進んだものの、松江局では2007年度まで環境基準を超える状態が続き、2008年度になって環境基準が達成された。1998年度以降の松江局のベンゼン汚染と水島工業地域から排出されるベンゼン量はほぼ正比例の関係にあった。

日本の全国的な動向と比較してみると、松江局のベンゼン汚染は1997年以来汚染濃度上位5位以内にあり、さらに全国で最も高濃度汚染であったことが1999～2001年度、2003年度、2005～2007年度の7年度にわたった。

全国のベンゼン汚染の改善が進む中で、松江局は環境基準の達成について、千葉県の京葉臨海中部地域とともに最も汚染改善が遅れた。自主管理第1期（1997～1999年度）が実施された後の自主管理第2期において、水島地域を含む全国の5地域（室蘭地区、鹿島臨海地区、京葉臨海中部地区、水島地区、大牟田地区）について「地域自主管理計画」を策定することとされたのであるが、この5地域の内で水島地域におけるベンゼン排出量はむしろ少なかった。1997年度の時点で最も多かったのは市原市554t／年、次いで茨城県神栖町417t／年、大牟田市327t／年、倉敷市136t／年（このうち水島地域は134.0t／年）、室蘭市115t／年であった。1999年度においてもその順は変わらず、市原市310t／年、神栖町254t／年、大牟田市161t／年、倉敷市は100t／年（このうち水島地域は97.5t／年）であった。ところが倉敷市松江局はベンゼン排出量が他地域よりも少ないにもかかわらず、ベンゼン汚染は1999年度に松江局8.3μg／m³で、市原市の岩崎西局7.1μg／m³よりも高く、この年度に松江局は全国で最も高濃度であった（有害大気汚染物質対策研究会［2000］）。

このことについては、松江局がベンゼン関連事業所に3方から取り囲まれるよ

うになっていることと関係があるものと考える。水島工業地域の 10 のベンゼン排出事業所の敷地境界では、最大値で $3.9 \sim 118 \mu g / m^3$ のベンゼン汚染があり、松江局に約 1 km の範囲に複数のベンゼン排出事業所がある。また、住居地域が汚染影響を受けやすい海風である南西方向、冬期の季節風である西方向などの場合に、松江局を始め近接の住居地域は汚染されやすかったと考えられる。

なお、ベンゼン排出量の削減が進んでいるにもかかわらず、全体の傾向としてベンゼン汚染がゼロに近づく様子がみられない。1998 年度以降の松江局のベンゼン汚染と水島工業地域から排出されるベンゼン量はほぼ正比例の関係にあった。例えば図 7-5 から地域のベンゼン排出量をゼロに抑えたとしてもベンゼン汚染は $2 \mu g / m^3$ 程度になる。全国のベンゼン濃度の測定結果の総平均は $1.4 \mu g / m^3$（2008 年度）であるので、全国的な濃度に比べて、水島工業地域の潜在的な汚染レベルがやや高く、地域に由来する自動車の走行や船舶の航行・荷積み・荷揚げなどを含み、把握しきれていないベンゼン排出に関係があるものと推定される。

(2) 日本および地域のベンゼン大気汚染対策の成果と特徴

1996 年改正の大気汚染防止法は有害大気汚染物質対策について事業者に排出抑制の努力義務を規定し、排出基準ではなく罰則を適用しない排出抑制基準を設定するとともに、自主的な排出削減対策を促す手法を採った。浅野氏は「国が目標を定め、事業者は自主的にその達成に努める‥‥その成果については透明性のあるシステムによって点検‥‥成果が上がらなければ、直接規制の余地があることを法律で予告するという『枠組み規制』手法と呼ばれることになります」としている（浅野 [2004]）。

業界単位の全国的な自主管理計画に基づく自主管理第 1 期（1997 ～ 1999 年度）、自主管理第 2 期（2001 ～ 2003 年度）の削減対策により排出量の削減が推進された。ごく一部の地点を除いて、全国的にベンゼン大気汚染環境基準が達成されるに至ったのである。「枠組み規制」は自主管理第 1 期、同第 2 期の自主的な取組みによって、全国レベルにおけるベンゼン汚染の改善に「大きな成果を上げたと評価されています」（浅野 [2004]）というように成果を上げた。なお、1998 ～ 2009 年度の全国のベンゼン製造量は 400 ～ 500 万 t /年で推移しており、全国的な汚染改善は製造・取扱い量の変化によるものではなく、さまざまな排出削減対策によると考えられる。一方、道路沿道におけるベンゼン大気汚染について、固定発生源周辺地域

よりも環境基準超過割合が高い状態であった（補注5）ことから、ガソリン中のベンゼン濃度について、1996年4月から5%以下に、さらに2000年1月から1%以下に規制された。このことも全国的なベンゼン汚染改善に重要な役割を果たしたと考えられる。（佐々木［1998］）

しかし、水島地区松江局のベンゼン汚染は、自主管理第1期、自主管理第2期の対策後においても環境基準を達成できなかった。水島地域はベンゼン自主管理5地域のなかでは排出量が少ないにもかかわらず高濃度が続いたのであるが、これは前述のように松江局等の工場近接地域がベンゼンを排出する事業所に近いことが要因の一つであると考えられ、ベンゼン排出事業所はよりきめ細かい対策による削減が求められた。

地域のきめ細かな対策を推進した重要な主体は水島工業地域企業により設立された、ESI会の中のベンゼン部会であった。特に地方自治体による水島地域のモニタリング結果と各指定事業所敷地境界による測定結果との情報交換により、ベンゼン発生施設・設備毎の削減効果が確かめられ自主的な削減手法、削減技術の導入を促したと考えられる。知事により指定された地域内の事業所に設置されているベンゼン等排出施設は10事業所137施設（2003年3月は10事業所、125施設）の中でもベンゼンの貯蔵施設は対象数も多く、浮屋根タンクへの改造、ベントガス回収装置設置等さまざまな対策が採られた。工業地域の中で相対的にベンゼンの排出量が多かった事業所グループでは、コークス炉と関連施設における多くのきめ細かい約50件以上のソフト・ハードの対策が採られた。

こうした対策を督励するように、2002年10月から岡山県条例に基づくベンゼン排出事業者に対するベンゼン排出削減計画、自主測定結果と排出抑制対策の実施状況等の内容を公表する制度が導入されていた。ESI会および条例制度が、個々の事業所ごとの責任を前提としつつ、自主的な排出削減計画の策定と定期的な敷地境界での自主測定と結果の報告、対策技術の蓄積・共有、それらの情報公開等により、官民の協働による対策が進んだのである。一方、ESI会の活動の一環として、年1回、2006年度からベンゼンの高濃度汚染が続いた松江局の存在する町内会に対する説明会が開催されていることは注目される点である。こうした説明会に臨むにあたって、企業に対してより早い削減対策の実施と環境基準達成の早期実現を促したものと考えられるし、何よりも企業と住民の対話の機会を用意し情報が共有された。

第7章　水島地域におけるベンゼン大気汚染と対策　*163*

　このような汚染発生源事業者の自主的な共同体形成と汚染改善活動は、この地域においては初めて採られた地域環境マネジメントの新しいあり方であり、地域内外に敷衍することができるものといえる。自主的取組みが社会的に存在の意義を有するためには、あらゆる主体が汚染リスクに対して科学的に正しい理解を共有するとともに、汚染物質の排出と汚染状況に関する正確な情報が公開・共有され、透明で公正な評価の仕組みのもとで環境管理されることが前提条件となるものと考える。水島地域におけるベンゼン汚染改善の取組みの経緯はその可能性を示唆している。

【注記】

　松江における 2009 ～ 2012 年度のベンゼン汚染は 1.9 ～ 3.0 μg / m^3 であった（各年板「倉敷市環境白書」による）。

【補注】

補注 1：旭化成ケミカル、JFE スチール、JX 日鉱日石エネルギー、三菱化成、荒川化学、三菱瓦斯化学、関東電化工業などである。

補注 2：ベンゼンは人の健康影響について、急性骨髄性白血病、その他の発ガン性に関しては閾値がないと考えることが適当とされ、生涯リスクレベル 10^{-5}（10 万分の 1）を当面の目標に、有害大気汚染物質対策に着手すべきとする健康リスク総合専門委員会の報告に基づいて、中央環境審議会の二次答申（1996 年 10 月 18 日）は「ベンゼンに係る大気環境基準の設定に当たっての指針値は、ベンゼンによる現状の大気汚染を着実に改善していく見地から、年平均値として 3 μg / m^3（0.003 mg / m^3）以下」と答申している。ベンゼン環境基準はこうした考え方により定められている。

補注 3：「岡山県環境への負荷の低減に関する条例」の第 37 条～第 52 条に規定されている。

補注 4：ESI 会の "ESI" は "Environment Safety Information" の頭文字による。

補注 5：一般、発生源周辺、道路沿道の 3 測定区分におけるベンゼン環境基準超過地点割合で、道路沿道での超過地点割合は他の 2 測定区分よりも大きかった。1997 年度は 88％、2000 年度は 43％、2003 年度は 21％、2007 年度は 2％であった。発生源周辺での超過地点割合は、1998 年度 38％であったが、2003 年度は 9％、2006 年度は 6％。2008 年度は 98 地点中 1 地点（1.4％）であった。一般環境のベンゼン環境基準の超過地点割合は 3 測定区分のうちでは最も小さく、他地点の約半分で 1999 年度には 10％、2002 年度は 1％に低減した。（環境省［1998 ～ 2008］）

【引用文献・参考図書】

劔持子［1981］：劔持章子他「環境大気中における炭化水素の挙動に関する基礎的研究」『岡山県環境保健センター年報（5）』1981

劔持他［1983］：劔持章子他「環境大気中の二次生成物質の挙動に関する基礎的調査研究」『岡山

県環境保健センター年報（7）』1983

前田他［1984a］：前田泉他「環境大気中の二次生成物質の挙動に関する基礎的研究」『岡山県環境
　　保健センター年報（8）』1984

前田他［1984b］：前田泉他「環境大気中の二次生成物質の挙動に関する基礎的調査研究」『岡山県
　　環境保健センター年報（9）』1984

中環審［1996］：中央環境審議会「今後の有害大気汚染物質対策のあり方について（中間答申）
　　（1996 年 1 月 30 日）」1996

通産省・環境庁［1996］：通産省・環境庁「事業者による有害大気汚染物質の自主管理の促進のた
　　めの指針（1996 年 9 月）」1996

環境庁［1997］：環境庁告示第 4 号「ベンゼン、トリクロロエチレンおよびテトラクロロエチレン
　　による大気の汚染に係る環境基準について（平成 9 年 2 月 4 日）」1997

佐々木［1998］：佐々木祐介「有害大気汚染物質対策をめぐる最近の動向」『資源環境対策』第 34
　　巻第 12 号 1998

環境省［1998 ～ 2008］：環境省大気環境課・自動車環境対策課「地方公共団体等における有害大
　　気汚染物質モニタリング調査結果（1998 ～ 2008 年度）」

有害大気汚染物質対策研究会［2000］：有害大気汚染物質対策研究会「有害大気汚染物質対策研究
　　会報告書（2000 年 10 月）」2000

中環審［2000］：中央環境審議会「今後の有害大気汚染物質対策のあり方について（第六次答申）
　　（2000 年 12 月）」2000

環境省［2001a］：環境省告示第 3 号「ベンゼン、トリクロロエチレン及びテトラクロロエチレン
　　による大気の汚染に係る環境基準についての一部改正について（平成 13 年 4 月 20 日）」2001

環境省［2001b］：環境省「有害大気汚染物質の自主管理促進のための指針の改正について（通知）
　　（2001 年 6 月 5 日）」

倉敷市［2003 ～ 2006］：倉敷市「有害大気汚染物質対策測定結果について（平成 15 ～ 18 年度版）」

倉敷市［2004］：倉敷市『倉敷市の環境白書（平成 16 年版）』2004

浅野［2004］：浅野直人「環境政策の楽屋裏（6）」『環境科学会誌』第 17 巻第 2 号 2004

産業環境管理協会［2004］：産業環境管理協会「有害大気汚染物質対策の経済性評価報告書（2004
　　年 2 月）」2004

中環審［2005］：中央環境審議会「自主管理に基づく有害大気汚染物質対策の評価について（2005
　　年 6 月）」2005

岡山県［2006 ～ 2010］：岡山県「岡山県環境への負荷の低減に関する条例 48 条の規定による公表
　　について（平成 18 ～ 21 年度）」

倉敷市［2007 ～ 2009］：倉敷市「大気汚染防止法第 24 条の規定による公表について（平成 19 ～
　　21 年度版）」

第**8**章

倉敷市における大気汚染健康被害の発生と対応

1 はじめに

　水島開発が進み始めた1960年代前半頃に大気汚染による健康影響はみられなかったが、1960年代の後半になると、倉敷市による調査、民間医療機関の調査などにより少しずつ健康影響がみられるようになった。1969年2月第2週に発生した高い濃度の二酸化硫黄汚染について、倉敷市の依頼による倉敷市医師会の調査結果等は、住民に大気汚染による喘息発作が起こったことを明らかにした。1970年代の前半にかけて、倉敷市、岡山県などによる調査結果は大気汚染健康被害が顕在化していることを明らかにしていった。健康被害を受けた認定者に対して、1972年制定の「倉敷市特定気道疾ぺい患者医療費給付条例」（以下「医療費給付条例」）による医療費支給が行われるようになり、1982年3月末まで続けられた。条例による措置が続いていた1975年12月に、倉敷市の一部が公害健康被害補償法（以下「公健法」）の地域指定を受けた。

　1980年代に入ると、国において公健法の改正が議論されるようになった。1983年の第二臨調報告書では公健法による大気汚染系地域指定の解除などが指摘された。環境庁（当時）は制度のあり方を中央公害対策審議会に諮問し答申を得て、1987年に公健法は改正されて大気汚染系の新規認定は行われなくなった。この経緯の最中に、補償制度の成り行きを懸念する認定者らにより、1983年〜1988年に第1次〜第3次、計292人の原告が水島地域の8社を被告として、健康被害補償等を要求する「倉敷公害訴訟」が提訴された。訴訟は13年にわたって争われ、1996年に和解した。

　水島開発における最大の負の側面は大気汚染による健康被害の発生であったということができる。この地域の健康被害の発生は、先行して1961年に発生した四日市喘息の事例ほどに全国的に高い関心を集めたとは言えない。しかし、新産業都市

166

建設促進法（1962 年）に基づく 15 区域、工業整備特別地域整備促進法（1964 年）に基づく 6 地域のなかで、公健法に基づく大気汚染系の健康被害者の補償地域となったのは、倉敷市（公健法の対象地域は倉敷市の一部）の他には、富士市の一部地域だけであった。

2　健康被害発生の経緯

(1) 1963〜1965 年

　倉敷市は水島工業地域開発の初期段階における住民の呼吸器機能・呼吸器疾患を調査している。1963 年度、1964 年度の国民健康保険診療報酬請求書（以下「国保診療報酬請求」）から、気管支炎等の呼吸器疾患が全受診数に占める受診率を地域ごとに比較し、また、呼吸器疾患死亡が全死亡に占める死亡率を工業地域隣接地域、住宅地域について比較し、さらには 1965 年度に小学生を対象とした呼吸器障害に関係する自覚症状調査、1965 年度に小学生の呼吸機能に関する計測調査（補注 1）等を実施している。（倉敷市［1966］）

　調査結果から、呼吸器疾患受診率と全疾患受診率の比（呼吸器疾患受診率比）は、老人、幼児について、工業地域隣接地域と非隣接地域に差が認められなかったと結論している。また、小学生の呼吸機能の計測調査結果についても工業地域隣接地域と非隣接地域に「めだった差異は認められなかった」（倉敷市［1966］）と結論している。しかし、1965 年度の眼および上気道粘膜刺激症状の自覚症状については、第一福田小学校（工業地域からの南〜南西の海風の風下数 km）、第三福田小学校（工業地域から西南西〜南西の海風の風下数 km）の順に高く、連南小学校（工場から北側数 km、海風の主風向から少し外れる地域）ではまったく認められなかった、と結論している。（倉敷市［1966］）

(2) 1966〜1970 年
1）倉敷市による調査結果

　倉敷市は住民の呼吸器機能、呼吸器疾患、自覚症状等について引き続き調査している。

　1966 年および 1967 年に、国保診療報酬請求において、工業地域隣接地域（福

田地区）の 0 ～ 4 歳、60 歳以上の年齢層に、非隣接地域と比べて差異が認められ
なかったとしている。（倉敷市［1968］［1969］）

　1967 年に、宇野津・宇頭間地域（工業地域東側隣接地域）の呼吸器疾患受診率
比について、60 歳以上の男性に高い傾向、60 歳以上の女性に 1 月に高い傾向が認
められたとしている（倉敷市［1969］）。1968 年に、60 歳以上の男性・女性につい
て、2 月に浦田、福田、北畝、古新田などの工業地域の北東側隣接地域において受
診率が高く、また、同年に宇野津地域の男性に請求件数の多い月（1 月、7 月、9 月、
11 月および 12 月）があったとしている（倉敷市［1970］）。

　1965 ～ 1968 年に、眼・上気道粘膜刺激症状に関係する自覚症状調査結果によ
れば、工業地域の影響を受けやすい福田中学校（その他の調査対象校は水島中学
校、連島中学校、西中学校）に多い傾向があったことを指摘している。1968 年に、
工業地域の東側に隣接する本荘小学校（塩生）では、対照校に比べて自覚症状が多
い傾向は認められなかった。（倉敷市［1967］［1968］［1969］［1970］）

　1969 年に、呼吸器疾患受診率比の一定の比率以上を示す月の数は工業地域隣接
地域に多いこと、工業地域隣接地域では一般的に呼吸器疾患、中でも気管支炎の受
診率比が高いと推定されることを指摘している。（倉敷市［1971］）

　1969 年に、呼吸器機能調査の結果から、工業地域の影響を受けやすい福田中学
校において、対照地域の中学校と比較して、肺活量に比べてピークフロー値（補注
1）が低い傾向を認めなかったものの、肺活量と体表面積に比べてピークフロー値
がやや低い傾向を指摘している。自覚症状調査の結果から、福田中学校の 2 年生
に、眼の刺激症状（まばたきしたり涙がでたりすることが多い、眼が痛むことが多
い、眼が赤くなることがある）および風邪をひきやすいとする者が多い、連島中学
校に咽頭痛を訴える者が多く、前年度を 10％上回って 32％であることを指摘して
いる。（倉敷市［1970］）

　1970 年に、前年度と同様に、国保診療報酬請求において工業地域隣接地域（松
江、広江、宇野津）は対照地域よりも呼吸器疾患受診率比が高かったことが指摘さ
れている（倉敷市［1972］）。

2) 水島地域の病院による調査結果

　水島地域の病院による「水島地域における公害健康調査のまとめ」（丸屋
［1970a］）に、実施された意識調査、肺機能健康調査の結果がまとめられている。

意識調査は、呼松地域を対象に、1967年338名、1968年377名、および連島地域を対象に1967年222名の住民について、住民から「咳や痰になやむ」などの12項目（補注2）の訴えを調査している。呼松地域は、工業地域の東北東側に工場群から1〜数km、この地域の海風（主風向は南々西〜西南西）の風下に位置する。連島地域は工業地域の北〜北西に工場群から1〜数km、海風の主風向から少し外れており、工場群からの排煙拡散が呼松地域よりも少ない地域である。意識調査結果は、呼松地域においては、連島地域に比べて、どの項目についても訴えが数倍多いこと、特に上気道・気道に関係する「くしゃみがつづく」「風邪をよくひく」「咳や痰になやむ」という3項目の訴えが多いこと、また、呼松地域の1967年、1968年の比較から3項目の訴えが増加していることを指摘している。（丸屋 [1970a]）（補注3）

肺機能調査は、呼松地域において1967年に352名、1968年に391名を調査している。調査結果は、肺機能の1秒率（補注4）について、1967年、1968年に全体としては変化が認められなかったこと、しかし、異常者の出現について1968年は1967年よりも低年齢層に移行する傾向があったことを指摘している。（丸屋 [1970a]）

(3) 1969年2月の大気汚染と健康影響

1) 倉敷市・倉敷市医師会による調査結果

1969年2月に二酸化硫黄の高濃度汚染が発生したことに関連して、同年6月の倉敷市議会の質疑において、市の担当部局から調査を行っていると答弁された（倉敷市議会［1969]）が、倉敷市は倉敷市連合医師会に調査を依頼していた。同医師会は、岡山大学医学部、倉敷市担当課とともに、1968年調査において喘息症状を有するとされた者、1969年2月1日〜21日に新たに喘息症状を呈した者を対象に、工業地域隣接地域（福田、水島、連島）112名、工場非隣接地域103名について調査した。調査は、同年2月の第1週（1日〜7日。二酸化硫黄汚染が低かった週）、第2週（8日〜14日。1時間値が0.5 ppmを超える事例があるなど、工業地域隣接地域で高濃度汚染があった週）、第3週（15日〜21日。気象条件の変化により汚染が改善された週）について、対象者の喘息症状発作の有無を調査している。調査結果は、喘息の発作について、工業地域隣接地域において、第1週に112名中50名（44.6%）、第2週に56名（50.0%）、第3週に56名（50.0%）に喘息の

発作があり、工場非隣接地域において、103名中、それぞれ32名（31.0%）、32名（31.0%）、28名（27.1%）であった。第1週には発作がなかった者で、第2週に発作を起こした者、および第2週・第3週に引続き発作を起こした者について、気象および大気汚染による「影響がある」と見なし、工業地域隣接地域において29名（25.8%）、非隣接地域について13名（12.6%）であった（補注5）。結論として、統計的に工業地域隣接地域と非隣接地域に有意差があるとは言えないが、工業地域隣接地域では第2週目に喘息発作が増加している、と記述している。（倉敷市連合医師会［1969b］）

2）具体的な2人の症例

　丸屋氏はその著書の中で水島地域に住むKさん（水島南亀島町）の喘息発作について記述している。2月12日〜14日にかけて、二酸化硫黄濃度がいくつかの測定局で0.3ppmを超え、最大で0.5ppmに達する高濃度汚染状態であった。Kさんは2月14日に喘息の発作で病院に行くことができない程の状態となり、医師の往診を求め自宅で往診・治療を受けていたが、一睡もできないような喘息発作が続いた。17日には入院し、やがて病状は治まったが、Kさんはそれまでに喘息発作の経験はなかった。診察した丸屋氏はKさんの病状を「劇的ともいえるほどのはげしい喘息発作」と記述している。（丸屋［1970b］）（補注6）

　また、丸屋氏はMさん（松江）について、健康な状態であったが、2月17日に風邪をひいたとして診察を受け、その後、薬による治療を続けたが回復せず、3月末になって「胸の奥からヒューヒューと鳴る音が聞こえる‥‥喘息に近い音‥‥2月13日または14日頃から、異常な大気汚染の中で、Kさんとは違ったかたちの気管刺激症状‥‥急にはげしい症状はあらわれず‥‥徐々に気管支炎—喘息性気管支炎の道をすすんでいた」（丸屋［1970b］）と記述している。

(4) 1968〜1971年に倉敷市等により実施された住民検診調査結果

　倉敷市は、岡山大学医学部、岡山県、倉敷医師会の協力を得て、1968年から実施した住民検診調査結果から以下のようにまとめている。

　調査は、40歳以上の工業地域隣接地域と対照地域の住民にアンケート調査票を配布して回収・解析し、喘息を訴える者などを抽出して検診を行う方法により実施された。アンケート調査数は、1968年に3,017名（対照地域調査なし）、1969年

に 4,401 名（対照地域 303 名）、1970 年に 4,884 名（同 600 名）、1971 年に 5,503 名（同 486 名）であった。対象地域について、1968 年については工業地域隣接地域の北北東～東北東側に隣接する水島地域、1969 年～ 1971 年は、1968 年の対象地域に工業地域隣接地域の北側と東側に隣接する地域を加えた地域である。（倉敷市［1971］）

　アンケート調査の有訴者の割合について、1968 年に 17.2％（対照地域調査なし）、1969 年に 9.4％（対照地域 7.6％）、1970 年に 12.1％（同 7.3％）、1971 年に 16.4％（同 15.7％）であった。この結果から、1969 年～ 1971 年に有訴率は工業地域隣接地域では非隣接地域よりも高かった、1968 年～ 1969 年に有訴率が減少したが、1969 年～ 1971 年に有訴率は増加した、と結論している。1968 年～ 1969 年に有訴率が減少したことについて理由等は付されていない。なお、アンケートにおける有訴と専門家の問診による有訴の間の一致率について、慢性気管支炎について 94.3％、喘息について 87.2％などのように一致率が高かったとしている。（倉敷市［1971］）

　1969 年調査において、アンケート調査結果から、慢性気管支炎、咳・痰が 1 年間に 3 か月以上続き 2 年未満、および喘息を訴える者 410 名、1968 年調査において要観察とされた者 39 名、医師会調査から抽出した者 21 名、合計 470 名を検診対象として、第一次検診を行うこととし、受診した 156 名について報告している。その結果、X 線有所見者 37 名のうち、肺せんい症 2 例、肺気腫 3 例、気管支拡張症 5 例、慢性気管支炎 4 例があったこと、および肺機能の低い者 7 例があったことを指摘している。さらに、第一次検診受診者であって X 線有所見者と肺機能の低い者から、75 歳以下で呼吸器機能検査が必要と認められる者 18 名を第二次検診対象者として選び、そのうち 7 名が第二次検診を受診している。第二次検診の結果、気管支喘息 1 名、慢性気管支喘息を伴う肺気腫 2 名、肺気腫 2 名、気管支拡張症 1 名、その他 1 名であった。（倉敷市［1970］）

　1970 年に 1969 年と同様に検診調査が行われている。アンケート調査等から第一次検診対象とされた 607 名のうち 176 名が受診した。その結果、肺疾患・循環器障害等の有所見者 68 名、そのうち慢性気管支炎 6 名、気管支拡張症 6 名、肺機能障害 5 名、肺気腫 18 名、肺せんい症 5 名があったことを指摘している。第一次検診有所見者のうち、70 歳以上の者と高血圧者等を除いた 33 名を第二次検診対象者として選び、そのうち 28 名が第二次検診を受診している。第二次検診の結果、

慢性気管支炎4名、気管支喘息を伴う慢性気管支炎1名、肺気腫を伴う気管支喘息2名、肺気腫7名（うち1名は本態性高血圧を伴う者）、気管支拡張症2名であった。（倉敷市［1970］）（倉敷市連合医師会［1969a］）

　1971年に、1968年、1969年と同様に検診調査が行われている。第二次検診について25名が受診し、単純性気管支炎とその疑いのある者3名、閉塞性気管支炎とその疑いのある者8名、肺気腫5名、慢性肺気腫8名、著変なし1名であった。なお、第一次検診の結果について資料に記載がなかった。（倉敷市［1971］）

　1969年の検診の結果について、倉敷市連合医師会が岡山県医師会報に発表している（倉敷市連合医師会［1969a］）。また、1969年の検診結果について『新倉敷市史7現代』は「倉敷市が岡山大学医学部の協力で実施した水島コンビナート周辺の住民健康診断でも14人の慢性気管支炎患者が見つかり、大気汚染による患者であることが明らかになった」（倉敷市［2005］）と記述している。

(5) 1971年および1972年に岡山県により実施された住民健康調査結果
1）1971年調査結果

　1971年に、岡山県衛生部が倉敷市水島地域を含む県内の8地域について住民健康調査を行っている。（岡山県［1971］）

　調査対象地域の40～69歳の全住民を対象とし、アンケートに回答した者の有訴率（標準化有訴率。咳・痰ともに3か月以上続くと訴える者、および喘息様発作を訴える者）について、倉敷市水島地域は20.6％（回答者1,871人）、その他の県下の各地域では14.7～7.2％、大気が清浄であったと考えられる高梁市7.2％であった。慢性気管支炎有訴率（有訴者であり咳・痰ともに3か月以上続き2か年にわたる者）について、倉敷市水島地域は4.5％であり、岡山市（4.7％）よりも低いが、その他の地域（3.2～1.5％）、大気が清浄であったと考えられる高梁市1.5％よりも高かった。（岡山県［1971］）

　調査対象地域の40歳代、50歳代の女性から20％を無作為抽出して行った臨床調査結果から、有訴者（咳・痰の訴えが3か月以上および喘息様訴えのある者）について、倉敷市水島地域18.1％（受診者100名）、岡山市17.5％、その他の地域はそれ以下（10.9～3.6％、高梁市3.6％）であった。軽度閉塞性異常者について、水島地域は4.3％、備前市（7.2％、5.3％）（補注7）に次いで多く、その他の地域（2.3～0％、高梁市0％）に比べて多かった。1971年のこうした調査結果から、

倉敷市水島地域は工業地域による大気汚染の影響があり、影響は軽度異常を主体としたものであると推定されると記述している。(岡山県 [1971])

2) 1972年調査結果等

1972年に岡山県衛生部が、倉敷市水島地域、倉敷市宇野津・塩生地域を含む県内の12地域について、1971年と同様の調査を行っている (岡山県 [1972])。有訴率 (標準化) について、倉敷市宇野津・塩生地域は18.1% (回答者750人)、倉敷市水島地域は17.3% (回答者1,937人)、その他の県下の各地域では16.2%〜7.1%、大気が清浄であったと考えられる高梁市7.2%であった。慢性気管支炎有訴率について、倉敷市宇野津・塩生地域は3.6%、倉敷市水島地域は3.4%、備前市片上地域3.5% (補注7)、その他の県下の各地域について3.3%〜1.2% (高梁市1.5%) であった。(岡山県 [1972])

臨床調査 (対象者は調査対象地域の40歳代、50歳代の女性から20%を無作為抽出した者) 結果から、「換気機能の障害者に補足指標による異常者を加味した者」 (肺機能の計測結果から呼吸器の呼出異常を把握する調査方法により把握された者) について宇野津・塩生地域 (受診者156名) に、「レントゲン有所見者」について倉敷市水島地域 (受診者137名) に、それぞれ対照地域 (津山市、高梁市) と較べて、有意差が認められた。(岡山県 [1972])

1972年のこうした調査結果から、倉敷市水島地域、宇野津・塩生地域が工業地域による大気汚染の影響があると考えられると記述している。(岡山県 [1972])

岡山県は、1971年、1972年の調査結果から「せき、たん、喘息の訴えでは改善の傾向がみられてはいるが‥‥ (水島、宇野津・塩生については) 汚染の影響があると考えられ‥‥」(岡山県 [1972]) と記述している。また、1971年報告書は、慢性気管支炎有訴率が水島地域において4.3%であったことについて、他地域と比較し、同じ時期に大気汚染にかかる公害病の指定地域 (「公害に係る健康被害の救済に関する特別措置法 (1969)」に基づく「指定地域」を意味するものと解される) の大阪市の一部地域において7.7〜9.2%、尼崎市の一部地域において7.5〜9.8%であったとし、それらの例よりも低率であったと記述している (岡山県 [1971])。また、1972年度報告書は、慢性気管支炎有症率が宇野津・塩生地域で3.6%、水島地域で3.4%であったことについて、大阪・西淀川7.7〜9.2%、兵庫・尼崎7.5〜9.8%と比べると低率であったとしている (岡山県 [1972])。

第 8 章　倉敷市における大気汚染健康被害の発生と対応　　*173*

(6) 1970 〜 1975 年の調査結果

1) 倉敷市による調査結果

　小学生、中学生を対象に倉敷市により健康調査が実施されている。1971 年に、1970 年度に比べて福田中学校、水島中学校（いずれも工業地域隣接校）において、眼痛、喉痛、頭痛の訴えが増加した。1970 〜 1972 年に、工業地域隣接校（第一福田小学校、第三福田小学校）の小学生について、非隣接地域の小学生に較べて、肺機能に差（呼吸抵抗値が高い）が認められ、1973 年にも同様の差が認められ、隣接校（7 校）の小学生について、非隣接地域（5 校）に比べて呼吸器疾患による欠席率が多かった。（倉敷市［1972］［1973］）

　30 歳以上の市民、4,743 名について、倉敷市が 1972 年度に調査を実施している。それによれば、全有訴率は、工業地域隣接地域において 9.7 〜 20.6 ％、非隣接地域は 3.1 〜 15.7 ％、「CB」（筆者注：咳・痰が 3 か月以上続き 2 年以上にわたる「慢性気管支炎」と解される）は隣接地域において 6.4 〜 2.5 ％（以下、いずれも年齢構成訂正後の有訴率）、非隣接地域について 3.8 〜 0 ％であった。また、咳・痰が 3 か月以上毎日のように続くとする有訴者は隣接地域 14.8 〜 4.0 ％、非隣接地域 11.9 〜 1.6 ％であった。（倉敷市［1973］）

　1973 年に倉敷市・倉敷東保健所が、結核住民検診の受診者のうち 40 〜 69 歳を対象として問診調査を行っている。対象者のうち肺機能検査の可能であった者2,001 人について検診を行い、慢性気管支炎（咳・痰ともに 1 年のうち 3 か月以上続き 2 年以上）は、工業地域隣接地域では 4.9 ％、非隣接地域では 4.0 ％であった。有訴率（咳が 3 か月以上、痰が 3 か月以上、慢性気管支炎および喘息様発作）は隣接地域で 20.4 ％、非隣接地域で 14.3 ％であった。この調査は 1972 年度の4,223 人の検診に引き続いて実施されており、1973 年度報告書は前年度調査結果と比較して記述している。それによれば、1972 年度に、慢性気管支炎は隣接地域で 4.0 ％、非隣接地域で 1.5 ％、有訴率は隣接地域で 17.0 ％、非隣接地域で 6.9 ％、1972 年度から 1973 年度にいずれも増加した。（倉敷市・倉敷東保健所［1973］）

　1973 年に、工業地域に隣接する第一福田小学校、第三福田小学校、工業地域から海風（南西風）の風下約 10 km に位置する菅生小学校、工業地域から約 20 km の庄小学校の 4 校について、それぞれ 5 年生、6 年生を対象として、呼吸機能の調査が行われている。調査の結果、第一福田小学校、第三福田小学校、菅生小学校の生徒が、庄小学校に較べて、呼吸抵抗値が有意に高かった。菅生小学校の呼吸抵抗

値が高かったことから、対照校として庄小学校を調査に加えたとしている。なお、菅生小学校はかなり工業地域から距離がある（約10km）にもかかわらず呼吸抵抗値が高かったことについて、大気汚染の測定を行うなどによる検討を行う必要性を指摘している。（倉敷市［1973］）

1974年、1975年に、倉敷市が国保診療報酬請求により調査した結果、松江、広江、宇野津、生坂の住民について、呼吸器疾患、気管支炎、喘息等の受診率比が高い月数において、宇野津は他の3地域よりも多かった。（倉敷市［1975a］）

2）倉敷市教育委員会・倉敷医師会による調査結果

1975年に、倉敷市教育委員会、倉敷医師会は、市内の小・中学校児童・生徒を対象に行っていた健康調査の結果を報告書としてまとめている。報告書は、1975年に行った調査の結果とともに、1971年〜1975年に行った調査結果を総括している。（倉敷市教委・倉敷医師会［1976］）

1975年調査については、工業地域隣接校（A群。小学校7校、中学校2校）、非隣接校（B群。小学校4校、中学校2校）について、A群6,983名、B群3,504名のアンケート調査を行い、また、その結果から、咳・痰が毎年3か月くらいほとんど毎日出る、最近2年間に喘鳴があった、医師に喘息と言われたことがある、昨年1年間に風邪・気管支炎・肺炎などに7回以上かかった、などの者を抽出して医師による問診を行っている。抽出された問診の対象者は、A群983名（12.8%）、B群276名（7.9%）である。（同）

問診の結果から、気管支喘息についてA群244名（3.5%）、B群74名（2.1%）、慢性気管支炎についてA群8名、B群ゼロ、反復性気管支炎についてA群47名（0.7%）、B群6名（0.2%）、その他の下部気道障害についてA群390名（5.6%）、B群111名（3.2%）であったとしている。（同）

1973年、1974年に同様の手法で行った問診の結果について、同報告書は以下のようであったとしている。

1973年に、A群6,887名、抽出問診者617名（8.9%）、B群3,332名、抽出問診者139名（4.2%）、問診抽出者について問診している。気管支喘息についてA群149名（2.2%）、B群24名（0.7%）、慢性気管支炎についてA群3名（0.04%）、B群1名（0.03%）などであった。（同）

1974年に、A群6,957名、抽出問診者1,185名（17.0%）、B群3,373名（11.1%）、

抽出問診者 373 名（11.1%）、問診抽出者について問診している。気管支喘息について A 群 210 名（3.1%）、B 群 48 名（1.4%）、慢性気管支炎について A 群 15 名（0.2%）、B 群 2 名（0.04%）などであった。（同）

1975 年のアンケート調査の結果から、咳・痰の有訴項目のうち、「咳が毎年 3 か月以上ほとんど毎日のように出る（C3）」「痰が毎年 3 か月以上ほとんど毎日のように出る（S3）」「過去 3 年間にかなりひどい咳と痰が 3 週間以上にわたって続いたことがある（CB）」について、以下のとおりであった。（同）

C3 について A 群 76 名（1.09%）、B 群 25 名（0.71%）、S3 について A 群 70 名（1.00%）、B 群 13 名（0.37%）、CB について A 群 87 名（1.25%）、B 群 20 名（0.57%）であった。（同）

1971 年～ 1975 年に実施したアンケート調査について、アンケート回答数は、A 群 6,866 名～ 7,140 名、B 群 3,150 名～ 3,540 名、そのうち 5 年間の調査において一貫して質問項目とされた C3、S3、CB について、以下のとおりである。（同）

C3 について、A 群は 1971 年に 3.8%、1975 年に 1.1%、B 群は 1971 年に 1.7%、1975 年に 0.7%、S3 について、A 群は 1971 年に 3.0%、1975 年に 1.0%、B 群は 1971 年に 1.5%、1975 年に 0.8%、CB について、A 群は 1971 年に 4.0%、1975 年に 1.3%、B 群は 1971 年に 1.6%、1975 年に 0.6%であった。有訴率は、A 群は B 群よりも高く、約 3 ～ 1.2 倍、A 群、B 群ともに 1971 年～ 1975 年に徐々に減少した。（同）

この報告書は、「呼吸器に関する有症率を経年的に追求し、大気汚染等環境条件との関連を考察していく」（倉敷市教委・倉敷医師会 ［1976］）とし、1974 年に行った調査結果から「大気汚染の拡散、自動車排ガス等による汚染源の拡大を疑わしめた」（同）としている。

(7) 公害健康被害補償法の指定にかかる 1974 年度の調査結果

公健法（1973 年）に基づく倉敷市の指定について検討するために必要な調査として、1974 年度に岡山県、倉敷市が環境庁（当時）の委託を受けて、住民健康調査および大気汚染状況調査を実施した。（岡山県 ［1975］）（倉敷市 ［1975b］）

岡山県は倉敷市、地元愛育委員会の協力を得て住民健康調査を行った。対象地域と対象者について、福田・水島地域（A 地区）、連島・本荘・郷内地域（B 地区）を対象地域とし、この地域に 3 年以上居住している 40 歳以上 60 歳未満の男

女 17,662 名のうち 464 名を無作為抽出し、そのうち 1974 年 11 ～ 12 月に問診を受診した 386 名について面接問診、肺機能検査、血圧等について実施した。(岡山県［1975］)

住民健康調査の結果、A 地区の咳について、冬の朝の咳 16.9%、冬の夜／昼の咳 13.6%、3 か月以上の持続性の咳 13.1%、B 地区について、15.6%、14.5%、13.3% であった。A 地区の痰について、冬の朝の痰 28.6%、冬の夜／昼の痰 19.7%、3 か月以上の持続性の痰 26.8%、B 地区について、21.4%、13.3%、15.0% であった。こうしたことから、咳・痰症状の有症率は A、B 両地区共に高率、かつ、ほとんどの者が持続性であったと結論している。また、咳・痰の急性憎悪（過去 3 年間に 3 週間以上持続する咳・痰）のあった者の有症率は全体で 10.9%、A 地区 14.1%、B 地区 6.9% と高率であった。A および B 地区の差は環境汚染濃度の差によるのではないかと思われること、持続性咳・痰の有症率は 8.8%、A 地区 10.8%、B 地区 6.4%、自然有症率（2 ～ 3%）に比べて高率であったこと、持続性咳・痰と急性憎悪の有症率は 6.0%、A 地区 8.9%、B 地区は 2.3% であった、とした。(同)

倉敷市は 1960 年代後半における大気汚染の状況を調査した。二酸化硫黄汚染は 1969 年度に 3 か所の測定局で年平均値が 0.05 ppm を超えたこと、特に 1967 ～ 1970 年度の 4 月～ 6 月に汚染濃度が高く、4 年間を通じて水島地域のほぼ全域で 0.04 ppm 以上、1968 ～ 1970 年度には大部分が 0.05 ppm 以上であったこと、同じ時期に 1 時間値が 0.1 ppm 以上などの高濃度出現時間が多かったことなどを指摘した。(倉敷市［1975b］)

環境庁は、1975 年に、この調査が対象とした地域を公健法に基づく健康被害の補償対象地域としたが、その根拠となったのは岡山県の住民健康調査結果および倉敷市の大気汚染状況調査結果である。(岡山県［1975］)（倉敷市［1975b］)

なお、倉敷市は、倉敷市玉島地区および児島地区（環境庁委託による工業地域近接地域の調査地域を除く）について、委託調査と同じ時期・調査方法により調査を行い、とりまとめを行っている。その結果、児島地区（工業地域から 5 km ～ 10 数 km 東側。工業地域東側の 100 ～ 300 m の丘陵に隔てられた地区）の 385 名（地区に 3 年以上居住、40 ～ 60 歳男女から無作為抽出）について、工業地域近接地域と比べて差がみられず、例えば持続性咳・痰（咳・痰が毎年 3 か月以上続く）6.5% であったとしている（倉敷市［1975c］)。玉島地区（工業地域から北～北西に数

第8章　倉敷市における大気汚染健康被害の発生と対応　　*177*

表 8-1　倉敷市における大気汚染健康影響の経緯（1963 ～ 1974 年）

時　　期	健康影響等（出典）
1963 ～ 1964 年	・倉敷市による最初の健康調査。顕著な健康影響なし（倉敷市［1966］）
1965 年	・工業地域隣接の二つの小学校で眼・上気道粘膜刺激の自覚症状が多い傾向（倉敷市［1966］）
1965 ～ 1968 年	・1965 ～ 1968：工業地域隣接・福田中学校で眼・上気道刺激自覚症状が多い傾向（倉敷市［1967］［1968］［1969］）［1970］） ・1967：宇野津・字頭間（工業地域東側隣接地域）の 60 歳以上の住民に呼吸器疾患受診率比が高い傾向（倉敷市［1969］） ・1967 ～ 1968：工業地域の北東側隣接の呼松地域で「咳や痰に悩む」とする有訴が多い。（丸屋［1970a］） ・1968：工業地域の北東側隣接地域の 60 歳以上・呼吸器疾患受診率が高い月（倉敷市［1970］） ・1968：倉敷市の住民の有訴の割合 1968 年に 17.2 ％（対照地域調査なし）（倉敷市［1971］）
1969 年	・1969 年 2 月第 2 週に高濃度の二酸化硫黄汚染。この週に工業地域隣接地域で喘息発作を起こした者（29 人）が非隣接地域（13 人）よりも多かった。（倉敷市連合医師会［1969b］） ・1969 年 2 月第 2 週に水島地域に住む K さん激しい喘息発作、M さん気管刺激症状（丸屋［1970b］） ・倉敷市によるアンケート調査の有訴の割合 9.4 ％（対照地域 7.6 ％）（倉敷市［1971］） ・工業地域隣接地域で呼吸器疾患、特に気管支炎受診率比が高い。（倉敷市［1971］） ・工業地域隣接・福田中学校で対照校よりもピークフロー値が低い。（倉敷市［1970］） ・倉敷市がアンケート調査（工業地域隣接地域と対照地域の 40 歳以上の住民）の有訴者（慢性気管支炎等）について検診調査を実施。検診の結果、肺せんい症 2 名、肺気腫 3 名、気管支拡張症 5 名、慢性気管支炎 4 名の計 14 名。（倉敷市［1970］）
1970 ～ 1971 年	・1970 ～ 1971：慢性気管支炎等の有訴率が工業地域隣接地域において非隣接地域よりも高く、1970 年に 12.1 ％（対照地域 7.3 ％）、1971 年16.4 ％（同 15.7 ％）（倉敷市［1971］） ・1970：倉敷市がアンケート調査（工業地域隣接地域と対照地域の 40 歳以上の住民）の有訴者（慢性気管支炎等）について検診調査を実施。検診の結果、慢性気管支炎 6 名、気管支拡張症 6 名、肺機能障害5 名、肺気腫 18 名、肺せんい症 5 名。（倉敷市［1970］） ・1970：呼吸器症状受診率比について工業地域隣接地域が対照地域よりも高い傾向（倉敷市［1972］） ・1971：倉敷市がアンケート調査の有訴者（慢性気管支炎等）について検診調査を実施。検診の結果、慢性気管支炎（疑いのある者を含む）3 名、閉塞性気管支炎（疑いのある者を含む）8 名、肺気腫 5 名、慢性肺気腫 8 名。（倉敷市［1971］）

表 8-1　倉敷市における大気汚染健康影響の経緯（1963 ～ 1974 年）（つづき）

時　期	健康影響等（出典）
1971 ～ 1972 年	・1971：岡山県による県下 8 地域の住民健康調査（40 ～ 59 歳の全住民アンケート）。水島地域の有訴率 20.6 ％（清浄地域の高梁市 7.2 ％）、慢性気管支炎（咳・痰ともに 3 か月以上、2 年にわたる者）の有訴率 4.5 ％（高梁市 1.5 ％）。有訴者が県内他地域よりも高い傾向。40・50 歳代の女性から無作為抽出した臨床調査で水島地域は軽度閉塞性異常者が多い傾向。（岡山県［1971］） ・1972：岡山県による 1971 年と同様の調査の結果、有訴率は宇野津・塩生地域 18.1 ％、水島地域 17.3 ％、高梁市 7.2 ％、慢性気管支炎は宇野津・塩生地域 3.6 ％、水島地域 3.4 ％、高梁市 1.5 ％。40・50 歳代の女性から無作為抽出した臨床調査で肺機能・レントゲン所見に県下他地域と比べて有意差あり。（岡山県［1972］）
1970 年代前半	・1970 ～ 1972：工業地域隣接小・中学校で肺機能が非隣接校と差異（呼吸抵抗値が高い）、呼吸器疾患欠席率が多い。（倉敷市［1972］［1973］） ・1972：30 歳以上の工業地域隣接地域市民の全有訴は 9.7 ～ 20.6 ％（非隣接 3.1 ～ 15.7 ％）、慢性気管支炎有訴は 2.5 ～ 6.4 ％（非隣接 0 ～ 3.8 ％）（倉敷市［1973］） ・1972 ～ 1973：1972 年に、工業地域隣接地域の慢性気管支炎 4.0 ％、非隣接地域 1.5 ％、1973 年に慢性気管支炎 4.9 ％、非隣接地域 4.0 ％、いずれも増加（倉敷市・倉敷東保健所［1973］） ・1973：工業地域隣接小学校で呼吸抵抗値が対照小学校よりも有意に高い。（倉敷市［1973］） ・1973 ～ 1975：工業地域隣接校（小学校 7 校、中学校 2 校）、非隣接校（小学校 4 校、中学校 2 校）のアンケート調査の有訴者の医師による問診調査の結果、隣接校に気管支喘息、反復性気管支炎、下部気道障害等が多い。（倉敷市教委・倉敷医師会［1976］）
1974 年	・岡山県が環境庁の委託により調査を実施。対象地域は工業地域隣接地域の福田・水島地域（A 地区）、連島・本荘・郷内地域（B 地区）。調査対象者は地域に 3 年以上居住の 40 歳以上 60 歳未満の住民から無作為抽出した 386 名（岡山県［1975］） ・咳・痰の急性憎悪（過去 3 年間に 3 週間以上持続する咳・痰）のあった者の有症率は全体で 10.9 ％、A 地区 14.1 ％、B 地区 6.9 ％と高率。持続性咳・痰の有症率は 8.8 ％、A 地区 10.8 ％、B 地区 6.4 ％、自然有症率（2 ～ 3 ％）に比べて高率。（岡山県［1975］）

km ～ 10 数 km。海風および寒候期の北西風・西風による大気汚染影響を受けない地区）の 390 名について、健康影響は工業地域近接地域ほどではないが、持続性咳・痰について 5.1 ％であったとしている（倉敷市［1975d］）。なお、これらの調査が対象とした児島地区、玉島地区は公健法の指定地域にはならなかった。

第 8 章　倉敷市における大気汚染健康被害の発生と対応　*179*

3　1960 年代から 1970 年代の大気汚染

(1)　1960 ～ 1970 年代における二酸化硫黄汚染

1)　1965 年度～ 1970 年度の二酸化硫黄年平均濃度

　1965 年に、岡山県衛生研究所が行った二酸化鉛法（PbO_2 法）（補注 8）による測定結果によれば、工業地域隣接地域では 0.15 ～ 0.63 $mgSO_3$ /日/ 100 cm^2（0.035 ppm / $mgSO_3$ で換算して 0.005 ～ 0.023 ppm）（補注 9）であった（岡山県衛生研究所［1966］）。1965 年度に倉敷市が行った調査結果によると、工業地域隣接地域において 0.22 ～ 0.68 $mgSO_3$ /日/ 100 cm^2（0.008 ～ 0.024 ppm）であった（倉敷市［1966］）。1966 年度に、二酸化鉛法による倉敷市の調査結果によれば 0.31 ～ 0.74 $mgSO_3$ /日/ 100 cm^2（0.011 ～ 0.026 ppm）であった（倉敷市［1967］）。

　1967 年度から自動測定器（溶液導電率法による）による二酸化硫黄測定が行われるようになった。後に公健法が制定・施行され、倉敷市の工業地域近接地域が同法に基づく指定地域となったが、指定された地域における代表的な 7 測定局の年平均値の推移は図 8-1 のとおりである。

　図 8-1 から知られるように、1967 年度に年平均値は、0.027 ～ 0.038 ppm、1968 年度に 0.031 ～ 0.044 ppm、1969 年度には 0.032 ～ 0.051 ppm に上昇した。1969 年度には 3 つの測定局において年平均値が 0.05 ppm 以上となった。1969 年度をピークに年平均値は低下し、1973 年度には 0.025 ～ 0.035 ppm、1967 年度と同程度のレベルになり、1975 年度にはこのグラフに示したすべての測定局で 0.03 ppm を下回った。

　PbO_2 法による測定結果と合わせてみると、1965 年頃の段階において、高濃度とは言えないがすでに年平均値が 0.023 ppm の測定点があり、その後二酸化硫黄汚染が急上昇して、1969 年度に 3 測定点で年平均値が 0.05 ppm 以上となるような汚染状態となった。約 4 年間という極めて短期間に二酸化硫黄汚染が急上昇し、その後、汚染対策を講じて 1980 年代に現在の環境基準をすべての測定局で達成する状態に改善された。

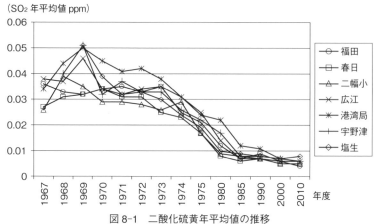

図 8-1　二酸化硫黄年平均値の推移
注：各年版「倉敷市における公害対策の概要」から作成

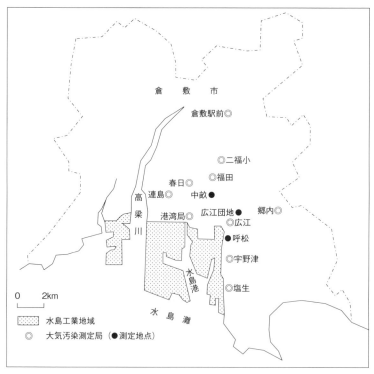

図 8-2　大気汚染測定局（測定地点）

2) 1967年度～1970年度における二酸化硫黄1持間値が 0.1 ppm を超えた時間数

　公害健康被害の補償を行う指定地域における代表的な7測定局における二酸化硫黄1時間値が 0.1 ppm を超えた時間数は 1969 年度には 1,000 時間を超える測定局があり、また、いくつかの測定局において 500 時間を超えた。1967 年度に、0.1 ppm を超えた時間数が福田で 776 時間、広江で 772 時間、その他の測定局で 477 ～ 235 時間であった。1969 年度には、宇野津では 1,047 時間、その他の測定局では 922 ～ 331 時間に及んだ。7 つの測定局において、0.1 ppm 以上の時間数が 100 時間を下回るのは 1975 年度であった。1980 年度には、各測定局において 0.1 ppm 以上時間数は 0 ～ 13 時間となった。

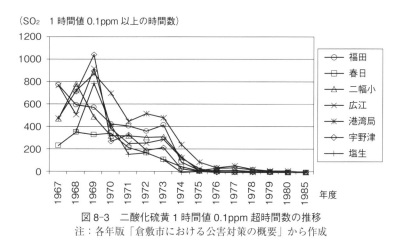

図 8-3　二酸化硫黄 1 時間値 0.1ppm 超時間数の推移
注：各年版「倉敷市における公害対策の概要」から作成

3) 1969 年 2 月第 2 週の高濃度発生事例等

　1969 年 2 月第 2 週に発生した二酸化硫黄高濃度汚染は、高気圧に覆われて風の弱い気象条件下において発生する地域の典型的な事例であった。2 月 12 日～ 13 日にかけて、西日本付近は移動性高気圧に覆われ、水島地域では弱い海風が吹き、二酸化硫黄汚染は各測定局ともに上昇した。12 日には、工業地域から 10 数 km 離れた二つの測定局を含む 10 測定局において、日平均値が 0.04 ppm を超え（0.045 ～ 0.128 ppm）、1 時間値の最大値は 0.42 ppm に達し、各測定局（10 局）の延時間数について、0.1 ppm 以上は 50 時間、そのうち 0.2 ppm 以上は 27 時間、0.3 ppm 以上は 6 時間であった（補注 10）。

　2 月 13 日はさらに高濃度となり、日平均値の最大は 0.212 ppm（宇野津局）、

その他の測定局においても 0.05 ppm 以上（0.05 ～ 0.174 ppm）となり、1 時間値の最大値は 0.5 ppm（連島局）、1 時間値が 0.1 ppm 以上であった時間数は宇野津局では 20 時間、その他の測定局では 2 ～ 19 時間であった。各測定局（10 局）の延時間数について、0.1 ppm 以上は 118 時間、そのうち 0.2 ppm 以上は 48 時間、0.3 ppm 以上は 18 時間、0.4 ppm 以上は 8 時間であった。（補注 10）

　この 2 日間の少し前の 2 月 8 日から汚染上昇の兆候は見られ、測定局においては 0.3 ppm 以上の汚染が出現し、9 日 ～ 11 日には汚染が拡大していた。2 月 14 日の午前中にはまだ 0.1 ～ 0.3 ppm の汚染があったが、その後、気象条件が変わり汚染は解消された。（補注 10）

　この二酸化硫黄高濃度汚染に関連して、前述のとおり、倉敷市・倉敷医師会による調査が行われ、喘息発作が増加したことを指摘し、また、丸屋氏は喘息症状の 2 人の症例を記述している。（倉敷市連合医師会［1969b］）（丸屋［1970b］）

4）倉敷市が実施した大気汚染解析

　倉敷市は 1975 年 5 月に、公健法に基づく地域指定に係る大気汚染の解析調査を実施し、報告書している。（倉敷市［1975b］）

　報告書は 11 の測定局について、二酸化硫黄汚染が 1969 年度に最も著しく、3 測定地点で年平均値が 0.5 ppm 以上となったことを指摘し、加えて、1967 ～ 1969 年度に、工業地域隣接地域の多くの測定点で 4 ～ 6 月の 3 か月平均値が 0.05 ppm 以上であったこと、最も汚染濃度の高かった地区では 0.07 ppm に達したこと、ほとんどの測定点で 1 時間値が 0.1 ppm 以上となった日数の割合が 50％以上、3 測定地点では 70％以上に達したことを指摘している。また、汚染を受け易い地区では、4 ～ 6 月には 1 時間値が 0.1 ppm 以上の出現率は 50％に達したこと、1 時間最大値については 0.59 ppm（1969 年、広江）の事例があるなど、0.5 ppm を超える事例もあったこと、さらに寒候期において 1969 年までは 0.3 ppm 以上の高濃度が、暖候期と同程度に多く出現したことを指摘している。（倉敷市［1975b］）

（2）その他の大気汚染

1）降下ばいじんおよび浮遊粉じん

　降下ばいじんについて、1964 年の岡山県衛生研究所（当時）の調査結果によれば、工業地域隣接地域の 4 測定点における年平均値では、1964 年度に 3.5 ～ 7.8 t／月／

km² である。(岡山県衛生研究所［1966］)

1965年度〜1969年度について、岡山県衛生研究所によるものに加えて、倉敷市による3測定点（1968〜1969年度に4測定点）のデータがある。それらによれば、1965年度に 4.25〜8.23 t／月／km²、1967年度に最も多く 4.55〜23.22 t／月／km²、1969年度に 5.35〜12.37 t／月／km² である。月最大値について、1967年度に最も多く 6.81〜65.25 t／月／km² である。最も降下ばいじん量が多かった中畝測定点について、1965〜1973年度の推移によれば、1965年度から急増し、1967年度、1968年度に最も多い状態が続き、その後減少して1971年度には

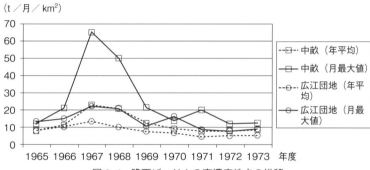

図 8-4　降下ばいじんの高濃度地点の推移
注：倉敷市データにより作成（倉敷市［1975b］)

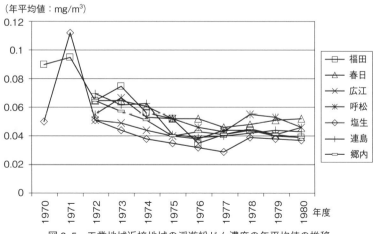

図 8-5　工業地域近接地域の浮遊粉じん濃度の年平均値の推移
注：「環境数値データベース」（国立環境研究所）により作成

1965 年度の状態に下がった。(岡山県衛生研究所 [1971]) (倉敷市 [1975b])。

浮遊粉じんについて、1970 年度から、工業地域近接地域において一部の測定局で測定が始められた。年平均値について、1970 年度の福田において 0.090 mg / m³、1971 年度に 0.095 mg / m³、また塩生において 0.112 mg / m³ で、かなり高い汚染状態であった。1972 年度には 7 地点の測定が行われ、年平均値は 0.051 ～ 0.070 mg / m³ となり、1977 年度には 0.042 ～ 0.046 mg / m³ にまで下がった。1978 年に微増した後、緩やかに低下し、2000 年度に 0.031 ～ 0.038 mg / m³、最近の 2010 年度に 0.026 ～ 0.031 mg / m³ である。なお、1982 年度から浮遊粉じんから浮遊粒子状物質測定に切り替えが進み、1989 年度にはこの地域の全測定局において、浮遊粒子状物質として測定されるようになった。(各年版「倉敷市における公害対策の概要」、「環境数値データベース (国立環境研究所)」による)

浮遊粉じんの 1 時間値の年最大値について、1970 ～ 1972 年度に、1.00 mg / m³ を超える測定例があり、1971 年度には 1.71 mg / m³ (塩生)、1972 年度に 1.50 mg / m³ であった。その後は 1 mg / m³ を超える事例はなくなったが、1974 年度に 0.92 mg / m³ (連島)、1976 年度に 0.74 mg / m³ (郷内) などの高濃度の事例があり、1980 年度に 0.52 mg / m³ の事例があった。しかし、その後 1980 年代には、これらの地点において 0.50 mg / m³ を超えることはほとんどなくなった。(同)

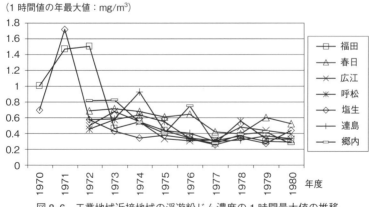

図 8-6　工業地域近接地域の浮遊粉じん濃度の 1 時間最大値の推移
　　注:「環境数値データベース」(国立環境研究所) により作成

2) 二酸化窒素

　二酸化窒素について、倉敷市の工業地域隣接地域においては、1972年度に福田において測定が始められ、その後、1973年度に連島、塩生、1974年度に春日、1975年度に松江において、それぞれ測定が行われるようになった。1975年度から、倉敷駅前（自動車排出ガス測定局）において測定が始められた。

　年平均値について、1972年度に福田において0.024 ppm、1973年度に連島0.023 ppm、1974年度に松江0.020 ppmなどの事例がある。1972年度の測定開始以降、1970年代には汚染の低下傾向がみられ、1980年度に年平均値は0.013 ～ 0.020 ppmであった。倉敷駅前においては、1976年度に0.045 ppmとなり、その後低下して、1980年度には0.028 ppmまで低下した。なお、その後の倉敷市における二酸化窒素汚染については、1980年代～ 1990年代にはすべての測定局において上昇し、2000年代に入ってから低下した。1990年代半ばの1996年度には、年平均値が0.020 ～ 0.026 ppmとなり、工業地域隣接地域において、1970年代を超える状態となった。しかし、二酸化窒素環境基準のゾーン内の比較的低いレベルにとどまり、ゾーンの上限を超えることはなかった。（第5章参照）

　倉敷市が1967年から、8地点においてアルカリろ紙法（補注11）による亜硝酸性窒素の測定を行ったデータがある。それによれば、1967年度に2.56 ～ 7.25 NO$_2$-N μg / 100 cm^2/日であった。その後、徐々に増加して1972年度に3.61 ～ 14.52 NO$_2$-N μg / 100 cm^2/日、1973年度に3.20 ～ 14.80 NO$_2$-N μg / 100 cm^2/日となった。このことからみて、工業地域隣接地域における二酸化窒素大気汚染については、1960年代後半から1970年の頃においては、1972年度、

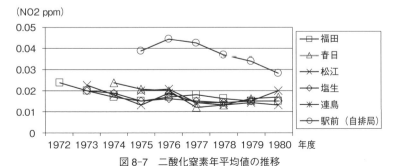

図8-7　二酸化窒素年平均値の推移
注1：「環境数値データベース」（国立環境研究所）により作成
　2：二酸化窒素光学測定法のザルツマン係数を0.86としている。

1973 年度よりも低濃度であったと考えられる。(各年版「倉敷市における公害対策の概要」による)

4 健康被害の救済と補償

(1) 倉敷市条例による救済

1968 年 2 月に、地区レベルの公害対策組織、政党、労働団体等が参加する「公害防止倉敷市民協議会」(以下「市民協議会」) が設立され、その運動方針の一つとして健康被害を含む被害者に対する正当な補償を行わせることを掲げた (中江・笹谷[1985])。市民協議会は倉敷市、岡山県に公害病を認定するなどの公害対策を要求する署名運動を行った。1969 年 2 月に二酸化硫黄が 0.5 ppm (1 時間値) を超える汚染が出現したことに関連して、5 月 1 日のメーデー、その後 6 月の街頭宣伝活動において大気汚染による健康被害を市民に訴えた (丸屋[1970b])。

1969 年 12 月に、「公害に係る健康被害の救済に関する特別措置法」(以下「公害健康被害救済法」) が制定されたが、倉敷市はその指定地域とはならなかった。当時の倉敷市議会においては、法制度による地域指定に反対意見が強く、倉敷市長は独自条例による救済の途を選んだ。岡田氏によれば、「1970 年頃をピークとする高濃度汚染によって公害病が多発し‥‥ (法律による) 地域指定により患者救済がなされるべき‥‥国からも倉敷市に‥‥ (地域指定の) ‥‥働きかけがあった‥‥しかし‥‥地域指定は‥‥イメージダウンになる‥‥との反対意見が多かった」という (岡田[1998])。

1971 年 12 月に倉敷市長は市議会における質問に答えて「一たん指定をしますとその指定を取り消すことが‥‥できない‥‥まちの名前をずっと法律に書く‥‥」(倉敷市議会[1971]) ことによる影響の懸念を示した。そのうえで「(法律による地域指定の) 調査をしてもらうということについてはいま私は考えておらんのでございますけれども、ただ市が独自で‥‥公害病の認定をするということに対しては前向きで検討をいたしております」(同) と答えている。

1972 年 2 月に、倉敷市は「倉敷市特定疾病患者対策協議会」に対策を諮問し、同年 5 月に答申を得ている。答申は大気汚染関連疾患等を指摘したうえで、法による補償的な救済とは異なる倉敷市独自の予防的な救済措置を行うべきとした。ま

第8章　倉敷市における大気汚染健康被害の発生と対応　*187*

た、適用する地域について、汚染度に応じた地域指定を行うとの考え方と、予防的救済措置としてより広い範囲とする考え方を示し、対象地域について両論併記とした。(倉敷市協議会［1972］)(補注12)

　この答申を得た後、1972年8月に倉敷市は「倉敷市特定気道疾ぺい患者医療費給付条例」(以下「医療費給付条例」)を制定・施行した。この条例により認定者に医療費の自己負担分を支払うこととしたが、支払いに必要な費用について、倉敷市は立地企業に負担を求め協議・了承を得て、市内立地企業が70%、岡山県と倉敷市が30%を負担した。(倉敷市長［1972］)(井上他［2010］)(補注13)

　協議会の答申は、条例の対象地域について、地域限定あるいはより広い範囲との両論併記であったが、条例は全市を対象とした。慢性気管支炎、気管支喘息、喘息性気管支炎、肺気腫の特定気道疾病にかかっている者であって、倉敷市内に住所を有する被保険者等で住民基本台帳の住民票に記載されている者、また、外国人登録法の規定による登録がなされている者で、引き続き3年以上倉敷市に居住し、慢性気管支炎等に罹患しているとの認定を受けた者を対象とした。市長は認定に当たって専門家による審査会の意見を聞くとした。医療費には、診察、薬剤または治療材料の支給、医学的処置、手術およびその他の治療、病院または診療所への収容、看護、移送等にかかる療養費を含むとした。

　医療費給付条例の施行当初の認定者数は362人であったが、1979年までに累積認定者数は約3.8倍の1,370人になった。

表8-2　倉敷市医療費給付条例による認定者数の推移

年度	1972	1973	1974	1975	1976	1977	1978	1979	1980	1981	1982
計	362	667	901	1,052	1,174	1,228	1,269	1,370	—	—	—
	—	—	—	—	—	*456	*458	*498	*460	*405	*344

出典：各年版「倉敷市における公害対策の概要」により作成
注1：上欄は累積認定者数、下欄(＊)は資格喪失者を除く各年度における認定者数の実数
　2：各年度末の認定者数。1983年3月末に給付打ち切り
　3：医療費給付条例の廃止により1979年9月以降の新規認定を打ち切り

　医療費給付条例の制定・施行後、1973年10月に公健法が制定された。1975年12月に公健法に基づき、倉敷市の一部の地域が公健法の指定地域となった。これに伴い、同じ市内に公健法と医療費給付条例の二つの制度が混在した。しかし、1978年7月に条例制度を検討する倉敷市、市議会、医師会の代表による倉敷市公

害健康被害等対策協議会が設立され、同年12月、市条例を全面的に廃止すべきであると答申した。これに対して患者家族会は抗議声明を発表し、医療費給付条例存続のために、各種の運動、市条例による負担金の支払いを拒もうとする加害企業へ交渉等を行った。しかし、受け入れられることはなく、1979年9月に条例は廃止され、新規認定が打ち切られ、1983年3月に医療費支給が打ち切られた。(刊行委員会［1998］)

(2) 公害健康被害補償法による地域指定と健康被害補償

　1973年の公健法の制定・施行当初、倉敷市は指定地域とならなかったが、1974年には患者団体は指定地域とするよう求める運動を行うようになった。1974年3月に記者会見した当時の市長は、「賛否両論があり、結論が出せず苦慮している」と述べている(倉敷新聞［1974］)(補注14)。1974年12月には倉敷市議会に提出された陳情文書(連島農協組合長他189名)が、公健法の地域指定については全市指定に尽力するよう求め、市議会はこの陳情を採択している(倉敷市議会資料［1974］)(補注15)。しかし、地域指定に反対する動きも存在し、また、市議会議員の多くが地域指定に反対し、さらには、地域指定反対の署名運動も行われた。

　地域指定について賛成、反対の署名運動が展開され、地域指定賛成の署名が、地域指定反対をわずかに上回る1万5千程度の署名数を得て、1975年の春に署名簿を国に提出した。地域指定については、患者団体は全市指定を求め、倉敷市行政当局においても全市指定の是非について検討されているが、最終的に全市指定ではなく、1975年12月に倉敷市の一部の地域が公健法の指定地域となった。(刊行委員会［1998］)

　公健法の地域指定後、1976年度末の認定者数は917名、公健法が改正・施行されて新たな認定を行わなくなる直前の1987年度末に2,910名となり、その後減少して2010年度末に1,340名となっている。

表8-3　公害健康被害補償法による認定者数の推移

年度末	1975	1976	1980	1985	1988	1990	1995	2000	2005	2010
認定者数	144	917	1,745	2,123	2,910	2,712	2,253	1,894	1,614	1,340

注：1975年度については1976年2月末
出典：「昭和51年版環境白書」「(各年版) 環境統計集」により作成

第8章 倉敷市における大気汚染健康被害の発生と対応　189

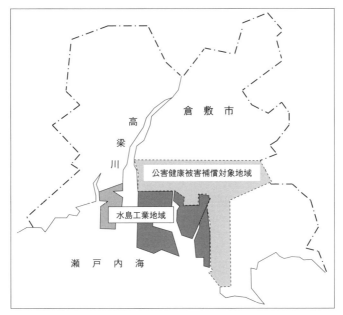

図8-8　倉敷市の公害健康被害補償法による補償対象地域

5　倉敷公害訴訟の経緯と和解

(1) 倉敷公害訴訟の提訴と背景

　倉敷公害訴訟は1983年11月に第一次訴訟（原告61名）、1986年11月に第二次訴訟（原告123名）、1988年11月に第三次訴訟（原告108名）が提訴された。
　この訴訟の背景として、政府による二酸化窒素環境基準の緩和、倉敷市の医療費給付条例の廃止、公健法の見直しの動きなどがあった。
　第1に二酸化窒素環境基準の見直しについては、以下のような経緯があった（第6章参照）。
　1973年に二酸化窒素環境基準が定められ、日平均値の1日平均値が0.02 ppm以下であることとされ、その後見直しが行われて1978年7月に現在の環境基準である1時間値の1日平均値が0.04〜0.06 ppmまでのゾーン内又はそれ以下であることとされた（環境庁［1973］［1978］）。1973年時点においては、動物実験か

ら二酸化窒素大気汚染により末梢気管支の上皮細胞に腺腫瘍増殖が見られるなどを根拠としたが、その後の研究から発がんに至ったとの結果は認められなかったことなどから、見直しが行われた。しかし、この見直しについては反対意見もあった。例えば、東京都は1978年5月に、(1973年の)環境基準を緩和するべきではない、社会的・医学的弱者の健康保護の観点から十分な安全率をみるべきであるなどの意見を提示した (東京都 [1978a])。東京都は1978年7月の環境庁による告示の直前にも、環境庁長官に告示の中止を要請している (東京都 [1978b])。また、改正に反対する代表者会議が、緩和の動きは産業界の主導によるものである、政府は環境基準の緩和を行ってはならない、などの決議を行った (代表者会議 [1978])。倉敷市議会においても、1978年6月に「NO2の環境基準緩和反対について (倉敷市公害病患者と家族の会代表幹事からの誓願)」を採択した (倉敷市議会 [1978])。

第2に倉敷市の医療費給付条例の廃止については以下のような経緯があった。

1972年に条例が制定され、認定者に医療費等を給付する制度が設けられたのであるが、1975年12月に、倉敷市の工業地域隣接地域について、公健法による地域指定が行われて、認定患者には、医療費だけでなく生活補償を含む全面的な補償が行われるようになった。このため、倉敷市内に公害健康被害の救済・補償に係る2つの制度が併存することとなり、医療費給付条例の存続について議論がなされた。1975年12月の倉敷市議会における質問に答えて、倉敷市長は条例をしばらくは続ける、医師会の意見を尊重するなどとした (倉敷市議会 [1975])。

1978年7月、倉敷市、倉敷市議会、医師会の代表による倉敷市公害健康被害等対策協議会が設立され、医療費給付条例のあり方を検討し、協議会は同年12月、市条例を全面的に廃止すべきであると答申した。これに対して患者家族会は医療費給付条例の存続を求める運動、市条例による負担金の支払いに否定的な企業との交渉等を行なったが、受け入れられず、1979年6月倉敷市議会において条例廃止が可決され、1979年9月に廃止・施行されて新規認定が打ち切られ、1982年3月末をもって医療費給付が廃止された。公害患者会は、1979年6月に条例廃止案が議会に上程されることが明確になった時点で民事訴訟を行う方針を打ち出し、訴訟の準備を行うようになった。(刊行委員会 [1998]) (太田 [1998])

第3に公健法の見直しについては以下のような経緯があった。

1973年の公健法の制定後、1978年までに全国の41地域が大気汚染に係る健康被害補償を行う地域として指定された。そして認定患者は増加し、1988年には10

第 8 章　倉敷市における大気汚染健康被害の発生と対応　　*191*

万人を超えることとなった。しかし、全国的に 1970 年代後半から 1980 年代には
地域指定要件である著しい大気の汚染（二酸化硫黄の年平均値が 0.05 ppm 以上）
を下回る状態に改善された。一方、二酸化窒素汚染や浮遊粒子状物質については環
境基準に不適合の測定局がかなりあった。1980 年度に、二酸化窒素に関して全国
の一般環境大気測定局 1,169 局のうち 89 局、自動車排出ガス測定局 233 局のうち
44 局の測定局が環境基準の上限（0.06 ppm）を超えていた。浮遊粒子状物質につ
いては全国の一般環境大気測定局 271 局のうち 192 局が環境基準に不適合であっ
た。（環境庁［1982］）

　大気汚染の改善、特に二酸化硫黄汚染の改善にも関わらず認定患者数が増加し
続けて補償給付総額は増大し、1987 年度には補償給付等の総額が 1,000 億円を超
え、そのうち主に産業界が負担する総額は約 860 億円（汚染負荷量賦課金）に達
した。一方、硫黄酸化物の排出量の削減が進んだにもかかわらず、全補償給付額が
確保される必要があるために汚染排出量あたりの賦課金額は増え続けた。産業界は
このような状態を踏まえて、制度の見直しを求めるようになった。（公健法研究会
［1988］）

　1979 年 2 月に経団連は自民党三役と懇談した際にこのことを取り上げ、また、
同年 6 月には大気汚染健康影響がない地域の公健法指定解除を主張する広報活動
を行うようになった（法政大学大原社研［1980］）。1983 年の第二臨時行政調査会
（以下「第二臨調」）は「（公健法の）第 1 種指定地域の地域指定及び解除の要件の
明確化を図る」ことを指摘した（行革審［1983］）（補注 16）。

　このような状況下で、環境庁（当時）は、1983 年に中央公害対策審議会（以下「中
公審」）に対して「公害健康被害補償法第 2 条第 1 項に係る対象地域にあり方につ
いて」諮問した（環境庁［1983］）。中公審の専門委員会は、1986 年 4 月 8 日に「昭
和 30 〜 40 年代の一部地域における慢性閉塞性肺疾患が‥‥大気汚染の影響と考
え得る状況に対して、現在の大気汚染の‥‥影響はこれと同様のものとは考えられ
ない」と報告した（中公審専門委［1986］）。

　この専門委員会の報告の前後に、環境庁に対して、経団連は地域指定の解除など
を早急に行うべきことを要望し、一方、患者団体は地域指定解除による患者の切り
捨てがないように申し入れている。（経団連［1986］）（全国公害患者連合会［1986］）

　中公審は専門委員会の報告を踏まえて「地域指定を継続、または新たに指定し
て、地域の患者集団の損害をすべて大気汚染と因果関係がありとみなし、大気汚染

物質の排出原因者にその補填を求めることは民事責任を踏まえた本制度の趣旨を逸脱する。よって、現行指定地域については、その指定を全て解除し、今後、新規に患者の認定を行なわないことが相当と考える」と答申した（中公審 [1986]）。

この答申を得て環境庁は公健法第2条第4項に基づいて、大気汚染系の公健法指定地域を有する関係自治体の10都府県、関係市区町村に地域指定解除について意見聴取した。関係自治体は、直接的な賛成・反対がほとんどなく、窒素酸化物（二酸化窒素）汚染に対する懸念から慎重なあり方を求める意見が多かった。指定解除に賛成できないとする自治体は窒素酸化物汚染について環境基準を達成していないこと、認定患者が増えていること、複合大気汚染が健康に影響していると考えられること、複合大気汚染の現状と健康影響が十分解明されていないことなどを挙げた。（公健法研究会 [1988]）

その他に、指定解除に反対する日本環境会議（要請）、患者団体（要求書）、日弁連（意見書）など、賛成する関西経済連合会、経済団体連合会、日本商工会議所などが、それぞれに考え方を表明している。（日本環境会議 [1986]）（全国患者連合会 [1986]）（日弁連 [1987]）（関経連 [1987]）（経団連 [1987]）（日商 [1987]）

地方自治体による意見、指定解除に反対する関係団体の意見等にみられた窒素酸化物（二酸化窒素）汚染と健康被害補償の関係について、環境庁は民事責任を踏まえた制度としての健康影響を及ぼしていると判断することはできず、指定地域解除は妥当とする考え方をとった。（公健法研究会 [1988]）

こうした検討・経緯を経て、1987年9月に公健法は「公害健康被害の補償等に関する法律」に改正・改称され、これにより大気系の第一種指定地域を解除して新規の認定は行わない、既存の認定患者の補償は継続する、基金を設けて大気汚染による健康被害の予防事業を行うなどとされた。

以上の3点の経緯が、倉敷市における倉敷公害訴訟の提訴の背景として指摘できる。

(2) 倉敷公害訴訟の経緯と和解
1) 倉敷公害訴訟の経緯と第一次訴訟判決の概要

倉敷公害訴訟は、第一次提訴は1983年11月、原告61名、第二次訴訟は1986年11月、原告123名、第三次訴訟は1988年11月、原告108名であった。被告は水島工業地域の立地企業8社であった。原告側は大気汚染物質の排出の差止め

第8章　倉敷市における大気汚染健康被害の発生と対応　　193

と損害賠償を求めた。

1984年3月に第1回口頭弁論が行われた後、第一次訴訟に係る52回の口頭弁論および臨床尋問、実地検証が行われ、1994年3月23日、第一次訴訟の第一審判決が言いわたされた。判決は、差止め請求については全面的に却下し、汚染と健康影響の因果関係を認めて被告に損害賠償責任があるとしたが、一部の請求を棄却した。このため、原告、被告双方は控訴し、控訴審で係争が続いたが、1996年12月に、第一次訴訟について高裁による和解、第二・第三次訴訟について地裁による和解が、それぞれ成立して、訴訟全体が和解に至った。（刊行委員会［1998］）

第一次訴訟の第一審判決は概ね以下のとおりであった。（岡山地裁［1994］）（判例大系刊行委［2001］）

原告らと疾病の因果関係について、工業開発以前の水島地域は人体の健康に影響を生ずる大気汚染物質が大量に発生する原因が存在するような環境ではなかったが、1960年代後半に入った頃から、水島地域の住民の間で呼吸器に異常を訴える患者が増加し公健法の第一種地域に指定された。医学的には大気汚染によって人に健康被害が生じることは認められており、1950年代後半から1960年代後半にかけて、水島地域に居住または通勤し、1970年代後半までに慢性気管支炎、気管支喘息および肺気腫を発症した者については、水島地域の高濃度の二酸化硫黄、二酸化窒素、浮遊粉じんによる大気汚染を原因として発症したものと認められるとした。（同）

共同不法行為について、水島臨海工業地帯において企業が工場・コンビナートを計画的に利用し、被告らの行為が極めて高度かつ密接な共同関係を有していたと認められる。被告らの過失について、被告らの排煙が原告らの居住地に到達し、地域住民に健康被害を発生させうることを認識しながら、立地、操業を開始・継続した、したがって過失がある、被告らが、国、岡山県、倉敷市と一体となって公害防止の努力をしたことは認められるが損害額を定める要素に過ぎないとした。（同）

損害賠償請求について、原告らが公健法により受けた給付のうち、損益相殺が相当であると認められる給付額を控除して原告61名中41名について約1億9,000万円を賠償すべきとし、被告らが賠償金額の80％について損害賠償責任を負うとした。なお、差止め請求については却下するとした。（同）

2) 第一次訴訟判決後から和解に至る経緯

第一次訴訟の判決があった 1994 年 3 月 23 日、原告らが被告企業の水島工場に分散して出向き、「申し入れ書」を提出し交渉を行った。被告企業の中国電力に対する原告の申し入れ書によれば、被告企業が加害責任を認めて原告に謝罪すること、二酸化硫黄、二酸化窒素および浮遊粒子状物質の環境基準が達成される公害対策を実施すること、治療・健康回復・生活面での補償対策を実施すること、公害防止協定を締結することなどであった。これに対して、中国電力は原告に対して以下の主旨の確認書を提出した。排煙があったことは事実であり申し訳ない、判決を厳粛に受け止める、公害防止対策・環境保全対策には引き続き一層努力する、倉敷訴訟が早期全面解決することを希望し努力する、今後本件訴訟の解決に向けての話し合いの申し入れには従前の経過を尊重し誠意をもって対処する、とした。他の被告企業との交渉においても被告から同主旨の回答があった。いずれの交渉も長時間にわたったが最も遅い例は深夜 1 時半に及んだ。（刊行委員会［1998］）

しかし、1994 年 3 月 30 日に被告企業は広島高裁岡山支部へ控訴した。原告側も判決において大気汚染物質の差止めが認められなかったことを不服として 4 月 4 日に控訴した。被害関係者は 1994 ～ 1995 年に早期解決のために街頭での署名活動や企業交渉等を行った。企業交渉について、1994 年 6 月 7 日～ 8 日まで「第 19 回全国公害被害者総行動デー」に代表を派遣し、また、川崎製鉄（株）（当時）と企業交渉を行って早期全面解決について交渉した。1994 年 7 月 28 日に三菱化学（株）、旭化成（株）と、患者・弁護士・支援者の 150 名で早期全面解決のため企業交渉を行った。1995 年 4 月 24 日には中国電力本社で交渉を行い、和解解決の協議を行った。企業交渉は 9 回にわたって行われた。署名活動では 1995 年 5 月 16 日に、岡山地裁へ「二次三次倉敷公害訴訟の早期結審と救済判決を求める要請署名」を新たに 30 万目標で始めた。さらに、1995 年 7 月 29 日に早期全面解決を目標に「解決運動推進委員会」が発足したことにより署名は急速に増えた。1996 年 3 月 27 日に、川鉄、中国電力、ジャパンエナジーと解決を決断することや交渉方式などを交渉し、川崎製鉄（株）に 40,000 名の署名を提出した。これにより、1995 年に目標とした 30 万を超える 32 万名の署名を集めた。署名活動は 6 回にわたって行われた。（同）

1996 年に和解が成立した。高等裁判所が一次控訴について、地方裁判所が二・三次訴訟について、同じ内容の和解勧告をし、これに原告および被告が同意し、和

第 8 章　倉敷市における大気汚染健康被害の発生と対応　　*195*

解が成立した。高裁・地裁による勧告・和解の内容は概ね以下のとおりであった。

　被告企業が操業に伴う大気汚染物質の排出と原告患者の疾病罹患との因果関係について争いを継続した場合、最終判断による決着には相当の日時が必要となること、患者原告の中に高齢者および死亡者もいること、被告企業は公害防止に努力を継続し、少なくとも水島周辺の環境は改善されてきていることなどの事情を考慮すると争いをやめ和解によって訴訟を終結させることが最も妥当な解決であること、とした。被告が一次訴訟に係る解決金として 4 億 100 万円、二・三次訴訟に係る解決金として 9 億 9,100 万円を、1997 年 1 月 31 日限り原告らに支払う、原告らおよび被告らは和解により原告らの公健法に基づく受給資格に何らの影響がないことを相互に確認する、被告らは今後とも公害防止対策に努力する、原告らは和解条項に定めるほか本件につき他に何らかの債権債務のないことを確認する、訴訟費用は原告患者及び被告企業各自の負担とする、とした。また、高裁・地裁の和解ともに、原告が解決金の一部を原告らの環境保健、地域の生活環境の保全などの実現に使用できるとした。（広島高裁［1996］）（岡山地裁［1996］）

　和解金の一部を充てて、環境保健、地域の生活環境の保全などの実現に使用できるとしたことについて、後に原告等は 1997 年 1 月からその趣旨に沿う活動を行うようになり、2000 年 3 月には「財団法人水島地域環境再生財団」を設立し活動を行うようになった。（水島財団［2001］）（補注 17）

6　倉敷市における大気汚染健康被害の発生と対応の特徴

(1) 健康被害の発生に至る経緯

　水島工業地域近接地域において、1963 年～ 1964 年頃においては健康被害があったとする調査結果は存在しない。しかし、1965 年頃からいくつかの調査結果が健康影響を示唆するようになり、1960 年代末までに健康影響がさまざまな形で顕在化した。

　1965 年には工場に近接した 2 つの小学校において眼および上気道粘膜刺激の自覚症状が多いとする調査結果、1965 ～ 1968 年に工業地域の南西の海風により大気汚染の影響を受け易い中学校に眼・上気道刺激症状に関係する自覚症状を訴える者が多い傾向を認めた（倉敷市［1968］［1969］［1970］）。1967 ～ 1969 年に国保

診療報酬請求をもとにした解析結果は工業地域隣接地域において呼吸器疾患受診率が高い傾向を認めた（倉敷市［1969］［1971］）。1968年に民間の医療機関が行った調査は呼松地域において咳・痰に悩むと訴える者が多いことを指摘した（丸屋［1970a］）。

　1969年2月8日〜14日（第2週）に工業地域隣接地域において高濃度の二酸化硫黄汚染が発生し、これに関連して倉敷市からの依頼により倉敷医師会が調査を行って第2週に喘息発作が増加したとし、また、この週の大気汚染に関連して市民のアンケート調査、有訴者等の検診調査が行われ、慢性気管支炎等14名の所見者があり、後に「公害喘息」とされた。（倉敷市［1970］［2005］）（倉敷市連合医師会［1969a］［1969b］）

　1969〜1974年において実施された行政による市民を対象とした調査により影響が実証された。

　咳・痰等の有訴について、工業地域隣接地域において1969年に9.4%（倉敷市調査）、1970年に12.1%（倉敷市調査）、20.6%（岡山県調査）、1971年に16.4%（倉敷市調査）、1972年に岡山県調査では宇野津・塩生18.1%、その他の隣接地域17.3%との結果が得られている。慢性気管支炎有症率については、1971年に工業地域隣接地域において4.5%（岡山県調査）、1972年の岡山県調査では宇野津・塩生地域3.6%、その他の隣接地域3.4%、1972年の倉敷市調査では隣接地域で2.5〜6.4%であった。1974年の岡山県調査（環境庁委託）では、咳・痰の急性憎悪（過去3年間に3週間以上持続する咳・痰）は10.9%、持続性咳・痰の有症率は8.8%（自然有症率2〜3%）であった。（倉敷市［1971］［1973］）（岡山県［1971］［1972］［1975］）（倉敷市・倉敷東保健所［1973］）

(2) 健康影響と大気汚染の関係等

　1960年代末〜1970年代に、住民の慢性気管支炎の有症率が自然有症率よりも高いなどが明らかにされるようになったことについて、大気汚染との関係は次のように言及されている。

　1967年〜1968年に調査した丸屋氏は、住民の咳・痰などの有訴が工業地域からの排煙によるとの考え方を示している（丸屋［1970a］）。倉敷医師会は、1969年2月第2週に二酸化硫黄の高濃度汚染が発生したことにより、統計的に工業地域隣接地域と非隣接地域に有意差があるとは言えないが、工業地域隣接地域の住民

に喘息発作が増加したとしており（倉敷市連合医師会［1969b］）、丸屋氏はこの時に一人の住民が激しい喘息発作を引き起こし、一人はこの汚染を機に気管支炎を患うようになったとした（丸屋［1970b］）。1969年に、倉敷医師会は咳・痰、喘息を訴える市民を検診し、その結果による慢性気管支炎等14人について、大気汚染の人体に対する影響として重視すべきものを感じる、精査研究を要するとした（倉敷市連合医師会［1969a］）。

　岡山県は、1971年、1972年に実施した調査結果から、工業地域隣接地域において慢性気管支炎有症率が清浄地域よりも高い結果が得られたことについて、大気汚染の影響があると指摘した（岡山県［1971］［1972］）。倉敷市教育委員会・倉敷医師会が1971〜1975年に調査を実施し、市内の小・中学生について咳・痰などの有訴が工業地域隣接校に多かったことについて、報告書において大気汚染の人体に対する影響として重視すべきものを感じるけれども、なお精査研究を要するとした（倉敷市教委・倉敷医師会［1976］）。

　1994年の倉敷公害訴訟に係る岡山地方裁判所の判決は、水島地域の慢性気管支炎、気管支喘息、肺気腫の原因が二酸化硫黄・二酸化窒素・浮遊粉じんと認めることが相当とした。なお、判決は、医学のみによって因果関係を認めるのは無理があり、大気汚染濃度と人の健康被害とのかかわりについて、特に個体差について医学的に解明されているとはいえない、医学的な因果関係が一般的に明らかでないが裁判所に提出された全証拠を検討して因果関係を判断することが許されるとした。（岡山地裁［1994］）（判例大系刊行委［2001］）

　これらの記述から知られるように、倉敷市、岡山県等の調査結果は、ほとんどの例において具体的な汚染物質を示さずに大気汚染の影響を指摘するにとどまっており、1994年の地裁判決においても、医学的な因果関係を認めるのは困難としたうえで、総合的に判断して大気汚染物質として二酸化硫黄、浮遊粉じん、二酸化窒素が原因とした。

　1975年に、環境庁の委託により公健法に基づく健康被害補償を行う地域として指定を検討するために調査が行われている。調査結果に基づく2つの報告書の一つは住民の呼吸器症状有症率に関する報告書、他の一つは大気汚染の経緯に関する報告書であるが、どちらも汚染と健康影響の関係を解析・記述していない。（岡山県［1975］）（倉敷市［1975b］）

　二酸化硫黄汚染について1969年に3測定点で年平均値が0.05 ppm以上であっ

たこと、1967 ～ 1969 年度に多くの測定点で 4 ～ 6 月平均値が 0.05 ppm を超えた
こと、1967 ～ 1973 年度に 1 時間値が 0.1 ppm を超える時間数が 1,000 ～ 200 時
間であったこと、1967 ～ 1973 年度に現在の環境基準の 2 ～ 3 倍程度の汚染であっ
たことなどの高濃度汚染があった。降下ばいじんについて 1967 年、1968 年に年
平均値が 20 t ／月／ km^2 を超え、月最大値では 50 t ／月／ km^2 を超える地点（中畝）
があり、浮遊粉じんについて、1970 ～ 1972 年度に 1 時間最大値が 1 mg ／ m^3 を
超える測定局（福田）のような事例があった。こうしたことから、1960 年代後半
～ 1970 年代初め頃にかけて、粉じん濃度の高い状態があったと考えられる。二酸
化窒素汚染について 1970 年頃に環境基準のゾーン内の下限値のレベル程度であっ
たと推定される。

　1960 年代後半～ 1970 年代前半における健康影響の原因物質として、二酸化硫
黄汚染が主因となったと考えられ、また、降下ばいじんおよび浮遊粉じんが直接的
あるいは間接的に、原因となった可能性がある。しかし、二酸化窒素汚染について
は、他の大気汚染物質と複合して影響した可能性はあるが主因となったとは考えに
くい。

(3) 健康被害の発生と水島開発および大気汚染対策

　1967 年制定の公害対策基本法（1993 年に環境基本法に吸収・廃止）が環境基
準という概念を規定し、それにより 1969 年に硫黄酸化物環境基準が定められ、
1973 年にそれを改定して現在の二酸化硫黄環境基準が定められた。水島地域など
の高度経済成長期の早い時期から開発が進められた地域について、国における大気
汚染環境基準の設定、環境基準を見据えた二酸化硫黄汚染対策は間に合わなかっ
た。水島地域における工業開発と大気保全対策については、開発と二酸化硫黄汚染
対策を同時に進める手法がとられ、健康被害の発生があったのだが開発を中断する
措置はとられなかった。（前田・井上・泉［2011］）

　四日市地域開発に数年遅れで進んだ水島開発は、四日市地域において見られた大
気汚染による健康被害の発生を回避することを目指したが、健康被害の発生を回
避できなかった。これに対して、水島開発の数年遅れで進んだ鹿島開発（茨城県）、
大分開発（大分県）はともに、被害補償を伴うような大気汚染健康被害を生じさせ
ることはなく開発が行われた（前田・井上［2011］）。水島開発は四日市の先行事
例の深刻な健康被害の発生を知り、未然防止を目指しつつ開発が行われたにもかか

わらず、後発のメリットを生かすことができなかったが、それは日本の二酸化硫黄汚染対策の過渡期において発生した典型的なできごとであった。

(4) 条例による健康被害救済

　1960年代末には、地区レベルの公害防止組織、政党、労働団体等による市民協議会が公害病の認定補償を含む公害対策の運動を行うようになり、倉敷市、倉敷市議会は健康影響について関心を寄せるようになったと考えられる。1960年代末頃の倉敷市議会では、健康被害の補償等の議論がなされており、1969年制定の公害健康被害救済法に基づく地域指定についても議論されている（岡田［1998］）。1971年12月の倉敷市議会の質疑において、市民の健康被害を懸念して公害健康被害救済法の地域指定をすることについて質問され、市長は法律に基づく地域指定が地域のイメージを悪くする懸念を勘案して、倉敷市独自の被害救済の仕組みを検討する考えを表明した（倉敷市市議会［1971］）。

　1972年に倉敷市は医療費給付条例を制定して、症状を認定して診察や薬に要した経費等の自己負担分を支払う制度を発足させた。必要な経費については水島地域企業70％、倉敷市・岡山県が30％とした。この条例による医療救済制度は、1975年に公健法により倉敷市の工業地域隣接地域が地域指定され、健康被害補償を行う地域とされた後、1979年6月に条例が廃止され、9月に施行されて新規認定が打ち切られ、1983年3月に医療費支給が打ち切られた。

　条例による救済を行ったことについてであるが基礎自治体としての倉敷市としては何らかの措置を行うことが求められたためと考えられる。この条例の制定以前に、四日市市による医療費給付制度など地方自治体による先行事例があった（補注18）。一方、公害健康被害救済法が制定されており、その地域指定の可能性があったにもかかわらず、それによらずに独自条例によっていることに特徴がある。これについては、倉敷市長が法律に基づく地域指定による地域イメージの悪化を懸念する発言をしており（倉敷市市議会［1971］）、市議会では法制度指定による地域のイメージダウンを心配する、法制度指定により水島地域企業の拠出金が大都市部にまわされて地域として負担増になるなどの意見があったとされる（岡田［1998］）。

(5) 公健法による補償地域指定

　1972年8月に条例による救済制度が施行された後、11月には「倉敷市公害病患者の会」（後に「患者家族会」）が結成され、救済にとどまらず補償などを求めるようになった（太田［1998]）。この頃までに四大公害裁判の判決が相次いでおり、1969年制定の公害健康被害救済法に替えて、1973年に公健法が制定・施行され、患者家族会は公健法の指定を受けるよう倉敷市に働きかけを行ったものの、市議会議員の多くが反対し、さらには地域指定反対の署名運動も行われるようになり、地域指定を求める署名運動と反対する署名運動が同時に繰り広げられた経緯がある（刊行委員会［1998]）。岡田氏によれば「寄せられた署名数は1万5,000程度だったと思います‥‥わずかに反対の署名数をうわまわり‥‥東京へ届け‥‥」（岡田［1998]）たと記述されている。

　公健法に基づく大気汚染系の補償地域指定の要件について、公健法は著しい大気の汚染とその影響による疾病が多発していること（公健法第2条第1項）と規定していたが、中央公害対策審議会は1974年に、著しい大気の汚染については二酸化硫黄汚染について年平均値が0.05 ppm以上、できるだけ長期間（例えば3～4年以上）の観測結果から判断することが適当、疾病が多発していることについては自然有症率の2～3倍以上を答申していた（中公審［1974]）。

　この要件に比べると、岡山県による1974年の呼吸器症状有症率に関する調査報告は、持続性咳・痰の有症率は8.8%で自然有症率の2～3倍であるとした（岡山県［1970]）。これは中公審答申の要件を満たしている。しかし、二酸化硫黄汚染については、1969年度に一部の測定局において年平均値が0.05 ppm以上であったが、それ以外の年度、測定局では年平均値が0.05 ppmに達していなかった。この点について倉敷市の報告書では、1967～1970年度の4月～6月に汚染濃度が高く、4年間を通じて水島地域のほぼ全域で0.04 ppm以上、1968～1970年4～6月には大部分が0.05 ppm以上であったとして、水島工業地域隣接地域の汚染特性を指摘した（倉敷市［1975b]）。

　中公審の答申は有症率が高いにも関わらず汚染レベルが低い場合に、季節別平均値、高濃度出現頻度を勘案することなどを指摘した（中公審［1974]）。また、倉敷市では1974年度の時点において二酸化硫黄汚染はかなり改善されて年平均値が0.05 ppmを大幅に下回っていたが、中公審答申は10年程度過去にさかのぼって判断することが必要な場合があるとしていた（中公審［1974]）。こうした中公審

の考え方をもとに、倉敷市の一部地域について、公健法にかかる地域指定要件を満たしているとの判断がなされたものと考えられ、1975 年 12 月に、倉敷市の工業地域隣接地域が公健法の大気汚染に係る健康被害補償地域に指定された。太田氏は、健康被害救済法に基づく地域指定を受けずに倉敷市条例による救済を行ってきたことのために、公健法の地域指定が 1 年以上にわたって遅れたと指摘している（太田［1998]）。

(6) 倉敷公害訴訟の経緯および和解等

　1983 ～ 1988 年にかけて、倉敷公害訴訟の第一次～第三次の提訴があったが、この背景としては 1978 年に二酸化窒素環境基準が見直されて濃度条件が緩められたこと、同年に倉敷市条例による医療救済制度が見直されて全面廃止すべきとされたこと、1983 年に第二臨調の最終答申において公健法制度の見直しが指摘され、環境庁が中公審に大気汚染系の対象地域のあり方を諮問したことなどがあった。第二臨調答申は大気汚染系の指定地域の指定・解除の要件の明確化を求めた（行革審［1983]）が、既認定者の補償給付の継続的な支払いについては言及しなかった。1986 年に中公審は既認定者の取扱いについて、補償給付を引続き行うことが適当との考え方を示し（中公審［1986]）、1986 年の改正公健法は既認定者への補償給付を継続するとした。

　患者家族会は、1979 年 6 月に条例廃止案が議会に上程されることが明確になった時点で民事訴訟を行う方針を打ち出し、訴訟の準備を行うようになった（刊行委員会［1998]）（太田［1998]）。1983 年 11 月～ 1988 年 11 月に第一次～第三次訴訟の計 292 人の原告による倉敷公害訴訟を提訴した。

　倉敷公害訴訟の前後に、大気汚染をめぐって 1975 ～ 1996 年の間に提訴された 7 つの訴訟（補注 19）の中で、倉敷公害訴訟は、1975 年 5 月の「千葉川鉄公害訴訟（第一次）」、1978 年 4 月の「西淀川大気汚染公害裁判（第一次）」、1982 年の『川崎公害裁判』に次いで、1983 年 11 月に提訴（第一次）された。7 つの訴訟の中で、千葉訴訟とともに、企業のみを被告とし、その他の訴訟が企業だけでなく国道、高速道路等の道路管理者を被告としたこと、また、東京大気汚染訴訟が道路管理者と自動車メーカーを被告としたことと異なる。

　倉敷公害訴訟は、1994 年 3 月に地裁判決が被告に損害賠償責任を認めるとし、原告・被告双方の控訴により高裁で係争が続いたが、1996 年 12 月 26 日に高裁（第

一次）・地裁（第二次・第三次）で和解が成立した。この和解は、1992年の千葉訴訟の和解、1995年の西淀川訴訟の和解（企業10社。道路管理者との和解は1998年）に次ぐもので、また、1996年12月25日に和解した川崎訴訟（企業12社。道路管理者との和解は1999年）と同時期であった。その後、1999年に尼崎訴訟、2001年に名古屋南部訴訟について、それぞれ原告と被告企業が和解した。

　倉敷公害訴訟の提訴・和解に至る経緯は、倉敷市における水島開発に伴う大気汚染と健康被害の発生という地域の公害をめぐる係争であるが、同時に全国各地における大気汚染をめぐる公害訴訟の一つに位置づけられるものである。

(7) 公害からの地域健康管理の重要性と主体

　健康影響の調査について、さまざまな関係者・関係機関が関与していることが知られ、主として倉敷市等によるそれらの経緯を知ることができる資料が残されていることは特筆される。倉敷市による調査が1963年から行われたが、その調査およびその後の調査においては、倉敷市の他に、倉敷市教育委員会、岡山県、岡山県倉敷東保健所、岡山大学医学部、倉敷医師会、地元病院・医師が直接に関わっている。また、環境庁は公健法の地域指定に係る調査を委託して健康影響の調査に関わっている。これらの他に、調査に応えて多くの住民、小・中学生が調査の対象者として協力し、また、地元関係者、医師会所属の医師、小・中学校の教員、市民らが調査を側面から支えた。調査を主導したのは倉敷市、岡山県、環境庁などの行政であることが多いが、中には地元病院・医師が関与した事例がある。なお、筆者が把握した調査の他に、研究者らによる他の調査・研究が存在するものと考えられる。さまざまな調査が科学的・医学的に行われ、その結果が公表されたことが正確な住民への健康被害を明らかにし、また、それに基づく対応を促したことが知られる。公害に対処して地域における健康管理を行うについては、さまざまな主体が関心を持って関与し、科学的・医学的に事実に向かい合うことが重要であることを倉敷市が経験した経緯が示している。

　水島開発は高度経済成長期における象徴的な地域開発構想である新産業都市・工業整備特別地域構想の中にあって、極めて典型的な成功とされる岡山県南新産都の中核をなすものであるが、経済成長の負の遺産の一つである公害の発生、特に公害健康被害の発生を伴った開発であった。

第8章　倉敷市における大気汚染健康被害の発生と対応　　*203*

【謝辞】

　この一文をまとめるにあたりご助言下さった水島財団専務理事・太田映知氏に深くお礼を申し上げます。

【補注】

補注 1 ：ピークフローメーター（できる限り息を吸い込んだ状態から、できる限り早く息を吐き出す時の速さと量を測定する機器）により肺機能を測定する方法による息を呼出する速さの最大値

補注 2 ：質問項目は「たえずまばたきしたり涙が出る」「眼がいたむ」「眼が赤くなる」「咳ばらいをよくする」「のどがつまる」「くしゃみがつづく」「鼻がつまる」「水ばながよく出る」「風邪をよくひく」「重い胸の中までの風邪をひく」「咳や痰になやむ」「息苦しい」の 12 項目（丸屋［1970a］）。

補注 3 ：資料ではグラフで図示されている。グラフから見て概ね以下のとおりである。連島地域と呼松地域の比較から「咳や痰になやむ」について、連島地域の 1967 年の訴えは約 3 ％、呼松地域では 1967 年に約 12 ％（4 倍）、1968 年に約 40 ％（10 数倍）である。呼松地域の 1967 年、1968 年を比較すると、「くしゃみがつづく」について、1967 年約 20 ％、1968 年約 39 ％、「風邪をよくひく」について 1967 年約 16 ％、1968 年約 36 ％、「咳や痰になやむ」について 1967 年約 12 ％、1968 年約 40 ％である。

補注 4 ：一秒率はピークフローメーターによる初めの 1 秒間に呼出する呼気量の肺活量に対する割合

補注 5 ：すべての週において発作があった者、第 1 週に発作があったが第 2 週・第 3 週には発作がなかった者は「影響がない」、第 3 週のみに発作があった者、第 2 週に発作があったが第 1 週・第 3 週に発作がなかった者、第 1 週・第 3 週に発作があったが第 2 週には発作がなかった者は「不明」としている。

補注 6 ：『倉敷市史 7 現代』は、1969 年 2 月に二酸化硫黄汚染の高濃度汚染が発生し、水島市街地に住む一人の高齢者が喘息の発作により入院し、「倉敷市初の『公害ぜん息』と診断された」（倉敷市［2005］）と記述しているが、この K さんであると考えられる。

補注 7 ：備前市の一部地域は、倉敷市の工業地域隣接地域と同様に、1975 年 12 月に公健法の指定地域となった。

補注 8 ：PbO_2 法は、二酸化鉛を塗布した陶製の筒を屋外に吊るしておいて硫黄酸化物を二酸化鉛と反応させて捕捉し、大気中の硫黄酸化物を測定する方法。

補注 9 ：硫黄酸化物（二酸化硫黄）大気汚染の PbO_2 法と自動測定機による測定結果の換算について、1.0 $mgSO_3$ / 100 cm /日 = 0.032 〜 0.035 ppm とされる。（中公審専門委員会「いおう酸化物に係る環境基準についての専門委員会報告 ― 1973 年 3 月 31 日 ― 」による）

補注10：二酸化硫黄汚染データは倉敷市資料による。天気図（山陽新聞掲載）によれば、2 月 11 日〜 13 日に移動性高気圧が四国沖を西から東へ移動している。

補注11：アルカリ性溶液に浸したろ紙を屋外に吊るしておいて、そこに付着する二酸化窒素など

の酸性大気汚染物質を捕捉して分析する方法により大気汚染測定を行う方法である。

補注 12：倉敷市特定疾病患者対策協議会答申（1972 年 5 月 3 日）は、「1　近時の本市の大気汚染程度は、国の基準に比する時は高度汚染とはいえないが、いわゆる複合汚染の傾向が強まってきている。2　疫学的には、昭和 45 年頃から市民のアンケートによる有訴者率の上昇が認められ、医学的所見より肺機能の低下がうかがえる。3　臨床的には、乳幼児・老人等いわゆる弱体層および体質上病的素因のある者に、大気汚染関連疾患の発症あるいはその病状を進行させる何らかの誘因の存在を感ずる。このような状況にかんがみ、高度汚染都市の国による補償的な救済措置とは異なり、気道疾病患者の健康保護と住民福祉の面から、倉敷市独自の予防的救済措置をとるべきであると考える……救済措置の適用範囲については……地域指定をすべきであるとの説と……対象を拡大せざるを得ないとする説とが討議の焦点となったことを付言しておく（以下略）」とした。

補注 13：倉敷市長は企業宛の文書の中で「特定気道疾ぺいの患者医療費給付……制度の運営に要する経費につき……原因者負担の基本的な方針に沿って、立地企業各位に対して、相応の分担を要望し、協議を重ね……このほどその大綱についてご了承を得ることがができました……ご了解のうえ、ご協力下さるようお願いいたします……経費（医療費及び事務費）を企業 70%、県市 30% の割合で分担する……」としている。対象企業については、倉敷市内全域を対象とし、ばい煙発生施設、粉じん発生施設を有していること、大気汚染防止法の有害物質・特定物質を使用・排出することに該当し、汚染物質排出量が一定規模以上、資本金 5,000 万円以上などの要件を満たす企業としている。

補注 14：倉敷新聞は当時の大山倉敷市長の記者会見の発言を次のように報道している。「公害にかかる健康被害損害賠償補償制度の適用については関係地域議員の間にも賛否両論があり、結論が出せず苦慮している。両者の御意見を十分に検討、また国指定地域とそれ以外の市分担などの案も含めて考えたい‥‥賛成の方のご意見は患者の方々の援助はそれ以外の人たちでするもので、多数の反対があっても、その意味から申請、受けるべきだといっておられる。それに対し一方の反対に方は、いわば『公害地域』の烙印を押されることになり、たえられないということで、どちらのご意見にもきくものをもっている。地域指定の区域の問題もふくめ各種のデータを十分、慎重に検討し、できるだけ早く結論を出したい」（倉敷新聞 1974 年 3 月 28 日）

補注 15：倉敷市議会資料「昭和 49 年第 7 回倉敷市議会第 4 回定例会陳情文書表」によれば、昭和 49 年 12 月 9 日提出（受理番号 151）「公害健康被害補償法に基づく地域指定について」陳情文書が提出されている。提出者は連島町農業協同組合組合長　三宅他 189 名、陳情要旨は「公害健康被害補償法に基づく地域指定が近く行われると聞きますが、これは倉敷市のうち一部分であるとのうわさもあるが、小部分になると患者に対する不公平が生まれると思う。よって、小部分でなく、市一円が指定されるよう尽力いただきたい」である。この陳情を、倉敷市議会は 12 月 20 日に採択している。

補注 16：臨調報告は公健法被害補償について以下のように指摘している。

「公害健康被害補償協会交付金：公害健康被害補償制度は、民事責任を踏まえ、公害による健康被害者の迅速かつ公正な保護を図ることを目的として創設されたものであり、発

第 8 章　倉敷市における大気汚染健康被害の発生と対応　　*205*

足後 8 年余を経過したところである。大気汚染の原因者が公害発生の防除に一層努めるべきことはもちろんであるが、今後とも制度を維持しつつ科学的見地からの検討を進め、第 1 種指定地域の指定及び解除の要件の明確化を図るとともに、レセプト審査の強化等により療養の給付の適正化を進める」(臨時行革審 OB 会『臨時行革審』(財) 行政管理研究センター　1987 年 1 月)

補注 17：水島財団の設立・活動等については第 1 章参照

補注 18：地方による救済制度としては、1965 年「四日市市公害関係医療審査会要綱」(四日市市)、1966 年「水俣病患者等に対する特別措置要綱」(新潟県)、1970 年「生活環境要因の変化にともなう健康障害者に対する特別措置要綱」(富山県)、1971 年「大気汚染に係る健康被害の救済措置に関する規則」(堺市)、1972 年「名古屋市特定呼吸器疾病患者医療救済条例」(名古屋市) など。(環境庁編『公害保健読本』中央法規出版 (1972) による)

補注 19：7 つの公害訴訟と提訴 (いずれも第一次訴訟) は以下のとおり。1975 年 5 月「千葉川鉄公害訴訟」、1978 年 4 月「西淀川大気汚染公害裁判」、1982 年 3 月「川崎公害裁判」、1983 年 11 月「倉敷公害訴訟」、1988 年 12 月「尼崎大気汚染公害訴訟」、1989 年 3 月「名古屋南部大気汚染公害裁判」、1996 年「東京大気汚染公害訴訟」。(提訴時期と名称については (独) 環境保全再生機構 HP による)

【引用文献・参考図書】

倉敷市 [1966]：倉敷市「倉敷市における公害の概要」1966

岡山県衛生研究所 [1966]：浜村他「岡山県南新産業都市水島地区における大気汚染」『岡山県衛生研究所年報 (14)』1966

倉敷市 [1967]：倉敷市「倉敷市における公害対策の概要第 2 報」1967

倉敷市 [1968]：倉敷市「倉敷市における公害対策の概要第 3 報」1968

倉敷市 [1969]：倉敷市「倉敷市における公害対策の概要第 4 報」1969

倉敷市議会 [1969]：倉敷市議会「昭和 44 年 6 月倉敷市議会会議録」1969

倉敷市連合医師会 [1969a]：倉敷市連合医師会「水島工業地帯における公害に関する住民健康調査第 2 報」『岡山県医師会報第 311 号』1969

倉敷市連合医師会 [1969b]：倉敷市連合医師会「水島工業地帯における公害に関する住民健康調査第 3 報」『岡山県医師会報第 313 号』1969

倉敷市 [1970]：倉敷市「倉敷市における公害対策の概要第 5 報」1970

丸屋 [1970a]：水島協同病院・丸谷博「水島地区における公害健康調査のまとめ」1970

丸屋 [1970b]：丸谷博『公害にいどむ』新日本図書　1970

倉敷市 [1971]：倉敷市「倉敷市における公害対策の概要第 6 報」1971

倉敷市議会 [1971]：倉敷市議会「昭和 46 年第 4 回倉敷市議会議事録 昭和 46 年 12 月」1971

岡山県衛生研究所 [1971]：北村ほか「岡山県南部における大気汚染 − 6 年間のまとめ−」『岡山県衛生研究所年報 (18)』1971

岡山県 [1971]：岡山県衛生部「住民健康調査報告書 昭和 46 年度調査」1971

倉敷市 [1972]：倉敷市「倉敷市における公害対策の概要第 7 報」1972

岡山県［1972］：岡山県衛生部「住民健康調査報告書 昭和47年度調査」1972

倉敷市協議会［1972］：倉敷市特定疾病患者対策協議会「特定の気道疾病患者の対策について・答申（昭和47年5月3日）」1972

倉敷市長［1972］：倉敷市長から関係企業宛「特定気道疾ぺい医療費給付制度に要する経費の負担について（47公第285号昭和47年12月20日）」1972

倉敷市［1973］：倉敷市「倉敷市における公害対策の概要第8報」1973

倉敷市・倉敷東保健所［1973］：倉敷市・倉敷東保健所「倉敷市における大気汚染に伴う健康調査 昭和48年度」1973

環境庁［1973］：環境庁告示第25号「大気の汚染に係る環境基準について（昭和48年5月8日）」1973

倉敷市議会資料［1974］：倉敷市議会資料「昭和49年第7回倉敷市議会第4回定例会陳情文書表（受理番号151）」1974

中公審［1974］：中央公害対策審議会「公害健康被害補償法の実施に係る重要事項について（答申）」1974

倉敷新聞［1974］：倉敷新聞（1974年3月28日）

岡山県［1975］：岡山県衛生部「呼吸器症状・有症率調査報告書　昭和49年度公害健康被害補償法地域指定基礎調査 倉敷市」1975

倉敷市［1975a］：倉敷市「倉敷市における公害対策の概要第10報」1975

倉敷市［1975b］：倉敷市「過去の大気汚染の解析（水島地域）」1975

倉敷市［1975c］：倉敷市「呼吸器症状有症率調査報告書（児島地区）昭和50年4月」1975

倉敷市［1975d］：倉敷市「呼吸器症状有症率調査報告書（玉島地区）昭和50年5月」1975

倉敷市教委・倉敷医師会［1976］：倉敷市教育委員会・倉敷医師会「倉敷市児童生徒特別健康調査報告書昭和50年3月」1976

倉敷市議会［1975］：倉敷市議会「昭和50年第7回倉敷市議会議事録 昭和50年12月」1975

環境庁［1978］：環境庁告示第38号「二酸化窒素に係る環境基準について（昭和53年7月11日）」1978

東京都［1978a］：東京都「二酸化窒素に係る環境基準の緩和について（意見）（昭和53年5月31日）」『環境問題資料集成6』旬報社 1978

東京都［1978b］：東京都「二酸化窒素に係る環境基準改訂の告示中止について（要請）（昭和53年7月11日）」『環境問題資料集成6』旬報社 1978

代表者会議［1978］：二酸化窒素の環境基準緩和に反対する緊急代表者会議「二酸化窒素の環境基準緩和に反対する決議（1978年7月4日）」『環境問題資料集成6』旬報社 1978

倉敷市議会［1978］：倉敷市議会「昭和53年第4回倉敷市議会議事録 昭和53年6月」1978

法政大学大原社研［1980］：法政大学大原社会問題研究所『日本労働年鑑第51集 1981年版』1980（http://oohara.mt.tama.hosei.ac.jp/rn/51/rn1981-312.html 2013年9月23日参照）

環境庁［1982］：環境庁『昭和57年版環境白書』1982

環境庁［1983］：環境庁諮問第71号「公害健康被害補償法第2条第1項に係る対象地域にあり方について（諮問）」1983

行革審［1983］：臨時行政調査会「行政改革に関する第 5 次答申—最終答申 – （昭和 58 年 3 月 14 日）」『臨調行革審』1983

中江・笹谷［1985］：中江好男・笹谷春美「公害問題と市民運動」『調査と社会理論』1985

中公審専門委［1986］：中央環境審議会専門委員会「大気汚染と健康被害との関係の評価等に関する専門委員会報告 1986 年 4 月 8 日」1986

中公審［1986］：中央公害対策審議会「公害健康被害補償法第一種地域のあり方について – 答申—（1986 年 10 月 30 日）」1986

経団連［1986］：経済団体連合会「公害健康被害補償制度の早期改正を要望する（1986 年 4 月 22 日）」（『環境問題資料集成 6』旬報社 2003 による）1986

全国公害患者連合会［1986］：全国公害患者の会連合会「中公審の公害指定地域見直し審議に関する申入れ（1986 年 4 月 23 日）」（『環境問題資料集成 6』旬報社 2003 による）1986

日本環境会議［1986］：日本環境会議「要望（昭和 61 年 10 月 17 日）」1986

全国患者連合会［1986］：全国公害患者の会連合会「公害指定地域の全面解除に反対し公害被害者の健康回復と完全救済を求める要求書（昭和 61 年 11 月 25 日）」1986

日弁連［1987］：日本弁護士連合会「中公審『公害健康被害補償法第一種地域のあり方について』に対する意見書（昭和 62 年 2 月 7 日）」1987

関経連［1987］：関西経済連合会「公害健康被害補償法改正に関する要望書（昭和 62 年 2 月 23 日）」1987

経団連［1987］：経済団体連合会「公害健康被害補償法改正法案の早期成立を要望する（昭和 62 年 2 月 24 日）」1987

日商［1987］）：日本商工会議所「公害健康被害補償法の改正について（昭和 62 年 2 月 24 日）」1987

公健法研究会［1988］：環境庁公健法研究会『改正公健法ハンドブック』エネルギージャーナル社 1988

岡山地裁［1994］：岡山地方裁判所「倉敷公害差止等請求事件判決（1994 年 3 月 23 日）」（刊行委員会［1998］『正義が正義として認められるまで』による）1994

広島高裁［1996］：広島高等裁判所岡山支部「第 12 回口頭弁論調書（和解）」（刊行委員会［1998］『正義が正義として認められるまで』による）1998

岡山地裁［1996］：岡山地方裁判所「第 46 回口頭弁論調書（和解）」（同上）1996

岡田［1998］：岡田信之「公害裁判提訴に踏み切るまで」『正義が正義として認められるまで』1998

太田［1998］：太田映知「患者会の運動と法廷闘争」『正義が正義として認められるまで』1998

刊行委員会［1998］：正義が正義として認められるまで刊行委員会「倉敷公害訴訟の経過」『正義が正義として認められるまで』1998

判例大系刊行委［2001］：判例大系刊行委員会「倉敷事件・岡山地裁判決」『大系環境・公害判例 1 総論・大気汚染』旬報社 2001

水島財団［2001］：水島財団「水島財団活動経過」『みずしま財団だより Vol.1』2001

倉敷市［2005］：倉敷市『新倉敷市史 7 現代』2005

井上他［2010］：井上他「水島工業地域をめぐる環境保全対策の経緯等に関する研究」『社会情報研究第8号』2010

前田・井上［2011］：前田泉・井上堅太郎「工業開発と二酸化硫黄汚染対策に係る政策マネジメント」『経営実務研究第6号』2011

前田・井上・泉［2011］：前田泉・井上堅太郎・泉俊弘「水島開発に伴う二酸化硫黄大気汚染および汚染対策とその主体について」『社会情報研究第9号』2011

第**9**章

倉敷市の自然保護
—— 自然環境保全から生物多様性保全へ ——

1 はじめに

　倉敷市は、第 2 次世界大戦後水島工業地域の開発により、干潟、浅瀬、自然海岸を消失させ、また、多くの林地、農用地等は宅地、交通網整備、その他用地として転用された。1950 年代後半～ 1960 年代に、水島開発について、干潟、自然海岸の消失を問題として開発に反対するような動きは生じなかった。

　水島開発の進展の後に、市内の林地の開発計画に関係して自然環境保全への関心が集まるようになり、1973 年に行政関係者、市民、専門家による検討が行われ、1974 年 3 月には「倉敷市自然環境保全条例」が制定された。条例に基づく「自然環境保全基本計画」を策定するなど、全国的にみて当時の市のレベルのあり方として早い時期の取組みがなされた。

　条例の制定以前に、倉敷市がその河口となる高梁川について流域の自然環境保全に関係する活動を行ってきた「高梁川流域連盟」による活動、自然保護に関心を持つグループの形成などがみられ、条例の制定とその後のこの地域の自然保護に影響を与えたとみられる。(高梁川流域連盟［2014］)(倉敷市［2014］)(倉敷の自然をまもる会ほか［1998］)

　市条例検討に関わった市民らにより、1974 年 1 月には「倉敷の自然をまもる会」が発足し、1983 年の「倉敷市自然史博物館」の設立を促し、その開館 9 年後に自然史博物館の活動と連携する「倉敷自然史博物館友の会」が設立された（倉敷市自然史博物館［1994］［2009］)(倉敷市［2005］)。

　「倉敷の自然をまもる会」「倉敷自然史博物館友の会」による活動にみられるように、倉敷市における自然環境保全が、一部の市民、自然保護の専門家、倉敷市長と行政担当者等により進められてきたことに特徴がある。

　地域における開発圧力は、高度経済成長期、バブル経済期に比べれば弱まっては

いるが、現在においても地域の自然環境が開発圧力下にある。開発は林地、農用地の減少とともに、希少な生物の生息地に影響を与えており、岡山県内で絶滅危惧種とされているスイゲンゼニタナゴ、ナゴヤダルマガエル（ダルマガエル）などへの影響が危惧され、また、地域の生物多様性の保全が求められている。倉敷市は2014年に「倉敷市生物多様性地域戦略」を策定し、これまでの自然環境保全を超えて、生物多様性保全という新しい政策課題に取り組もうとしている。（倉敷市［2014］）

2　倉敷市の自然

(1) 地勢

　現在の倉敷市は、1967年2月に当時の倉敷市、児島市、玉島市の3市が合併（3市合併）して倉敷市となり、1971年に旧・庄村、1972年に旧・茶屋町、2005年に旧・船穂町、旧・真備町を合併して今日に至っている。

　縄文時代の前期の5千年前頃に、現在の倉敷駅などの中心市街地などを含む平野部は入り海を形成し、北側の丘陵、児島・連島・乙島・柏島などの島々に取り囲まれるような地形であったが、その後、高梁川が運ぶ土砂が入り海を浅くし、400年前頃から平地が現れ始めるようになり「（近年の）百年足らずのうちに、児島・連島・乙島・柏島の北側では湿地として残った部分もあるが、ほとんどといってよいほどの広域が干拓農地となった」（倉敷市［1996a］）。干拓は南側の福田地域、連島地域、玉島乙島などの地域に広がり「連島の亀島新田、福田古新田のような大規模な干拓も江戸時代の中頃までに進められており、江戸時代の終わり頃になると、連島の鶴新田が完成し、福田新田や乙島新田の開発に続く‥‥」（倉敷市［1996a］）ように干拓がなされた。

　高梁川は氾濫を繰り返し、1628年から1934年の約300年間に、記録に残る113回の洪水が発生した。このため1911年（明治44年）に堤防工事を起工し、1924年（大正13年）に完成した。この工事前まで高梁川は現在の倉敷市酒津付近から東流、西流（現在の高梁川）に分岐していたが、東流は堤防工事により廃川地となり、1933年に分岐点にあたる場所に倉敷絹織工業（現在のクラレ倉敷工場）、1943年に水島灘への河口付近に三菱重工業水島航空機製作所（現在の三菱自

動車工業水島製作所）が建設された。廃川により生じた「四百五十四町歩余」の河川敷は県道、用排水路、市街地などの都市的な土地利用に供されている。（倉敷市［1996a］）

　沿岸と沖合海域について、1950年代の後半から1970年代にかけて水島開発が行われ、高梁川河口付近、水島沖、玉島沖などの干潟、浅海、アマモ場を失い、自然海岸を人工海岸に変えた。（岡山県［1971］）

　このような経緯を経て、市域の北部・西部、児島半島、中央部・種松山から鷲羽山に至る山地等に広がる林地、倉敷・水島・児島・玉島地域に広がる平野部、高梁川、ならびに瀬戸内海と海岸・干潟等からなる、現在の倉敷市の基本的な地勢が形成された。

　高度経済成長とその後の経済動向は地域の地勢に影響を与え、1965年頃から今日までに、3,000 ha以上の宅地（工業専用地域を除く）が増加し、海域・沿岸部に新たに約2,400 haの工業専用地域が形成された。（倉敷市［2014］）

(2) 市街地・農用地・山林

　市街地（宅地）について、1965年に、市街地面積が2,490 haとする資料がある（岡山大学農学部［1972］）。1972年の「住宅地」について、全体で4,677 haとする資料がある（倉敷市［1973］）が、この「住宅地」には工業専用（工専）地域が含まれるものと考えられる。1972年当時は水島開発がかなり進んでおり、推定で約1,900 ha程度の工業用地の造成が行われ、工場建設・稼働がなされており、工専地域に該当すると考えられる（補注1）。したがって、1972年当時における工専地域を除いた住宅地は約2,800 haと推定される。

　1975年に、資料は「住宅地」5,524 ha、工専地域2,390 haとしており、工専を除く住宅地は3,132 haとなる（倉敷市［1975a］）。なお、2005年度時点では宅地面積は8,444 ha、そのうち工業専用地域面積は2,479 haである（倉敷市［2006a］）（補注2）。

　1965年〜1975年にかけて、市街地（宅地）は約600 ha増加したと推定されるが、その後、最近の2005年度における工専以外の宅地は5,965 ha（市面積の19.9%）であるので、1975年の市街地面積2,490 haに比べて、約2,800 ha増加している。なお、2005年に2町を合併し、2010年時点における工専以外の宅地面積は6,850 ha（同19.3%）である。

倉敷市農業委員会資料は、農用地について総耕地面積が、1965 年に 7,843 ha、1970 年に 7,290 ha としている（倉敷市農委［1970]）。別の資料は経営耕地面積が、1965 年に 8,610 ha、1970 年に 7,737 ha としている（岡山大学農学部［1972]）。両資料は 1965 年〜 1970 年頃の農用地面積が約 7,500 〜約 8,000 ha であったことを示唆している。

　1985 年に利用区分別土地利用について計測された結果によれば、農用地は 6,957 ha であった（倉敷市［1988]）。別の資料は 1985 年における田畑の合計面積を 7,325 ha としている（倉敷市［1987]）。両資料は 1985 年頃の農用地が約 7,000 ha であったことを示唆している。

　その後の田畑の合計面積について倉敷市統計書は、1995 年に 6,518 ha、2005 年に 5,845 ha としている。（倉敷市［1996b]［2006a]）

　こうした資料を総合すると、倉敷市の農用地面積は、1965 年〜 1970 年頃に約 7,500 〜 8,000 ha、1985 年頃に約 7,000 ha、最近の 2005 年頃に約 5,800 ha のように推移し、1965 年以降の 40 年間に約 2,000 ha 減少したものと推定される。

　山林は、第二次世界大戦中からの荒廃に加えて、戦後の薪炭利用による伐採のために荒廃した。市域の児島半島の山々、倉敷地域や玉島地域の山々において、一部は山肌を全部露出させるような状態を含む激しい荒廃が見られた。1950 年代に入るとこうした状態を回復させる事業が行われるようになった。荒廃地に生育する樹種が選ばれ、中には外来種も選ばれて植樹が進み、緑が回復するようになったが、一方、戦前から見られた松枯れ被害が、1950 年代にはさらに拡大していることが確認されており、高度経済成長期に入ると「赤松林が激減する一方でヒサカキを初めとする照葉樹林が増えるなど植生が変化し、第二次大戦後とは異なる山地景観を呈するようになった」（倉敷市［2005]）。

　森林面積について、1965 年に 8,578 ha であったとする資料がある（岡山大学農学部［1972]）。倉敷市資料は 1966 〜 1969 年の山林総面積が 8,560 〜 8,677 ha としている（倉敷市農委［1970]）。両資料から、1960 年代後半頃の倉敷市の森林面積が 8,500 ha 前後であったと考えられる。

　倉敷市資料は、1970 年以降の森林（森林計画対象民有林）の状況について、1980 年に 8,443 ha、1990 年に 7,946 ha、2000 年に 7,831 ha、2005 年に 7,824 ha としている（倉敷市［2011c]）。こうした資料から、1960 年代後半から 2005 年の間に、約 600 〜 700 ha の森林が減少したものと考えられる。なお、1988 年の資

料によれば、倉敷市の国有林の面積は 86 ha である（倉敷市［1988］）。

　1960 年代からこれまでの間に、約 2,000 ha の農用地、約 600 ～ 700 ha の山林が市街地に転換され、水島灘の埋立と農用地の転換等により約 2,400 ha の工業専用地区が造成された。

表 9-1　1965 ～ 2005 年の間の土地利用の変化（概要）

	市街地	農用地	山林	工専地区
1965 年頃	2,490 ha	7,500 ～ 8,000 ha	8,500 ha 前後	—
2005 年頃	5,965 ha（注 1）	5,845 ha	7,824 ha	2,390（注 2）
増減	＋ 3,500 ha	－ 2,000 ha	－ 600 ～ － 700 ha	—

注 1：2005 年に 2 町が合併しており 2010 年に 6,850 ha
　 2：1975 年

(3)　水域

　前述のように、農業用干拓地域が江戸時代の終わり頃までには連島・乙島・柏島などの南側の福田地域、連島地域、玉島乙島などの地域に拡大した。岡山県による 1924 年（大正 13 年）の調査結果によれば、その沖合には現在の高島付近から玉島乙島にかけて干潟が形成され、その干潟の南側沖にアマモ場が分布し、その分布範囲は、現在の水島工業地域の北側半分を占めていたものとみられる。（倉敷市［1996a］［2014］）

　1950 年代の後半から水島開発が行われ、1970 年代までに現在の工業地域が形成された。これにより水島・玉島沖の干潟、アマモ場、自然海岸を消失させることとなった。水島灘に面する自然海岸は、工業地域の南東側および玉島地域の西側のみとなり、干潟は高梁川の河口付近に残されるのみとなった。水島開発により、「島」であった高島と対岸の塩生地区の間の海を工業用地として干陸化し、高島は陸続きとなった。倉敷市全体で自然海岸は 28.47％、半自然海岸 6.45％、河口部 3.27％に対して、人工海岸は 61.81％である。（倉敷市［2014］）

　東備讃瀬戸の味野湾に面する児島地域の海岸については、都市的な利用のために自然海岸が失われた地域があり、自然海岸が残されているのは東側の玉野市に近い海岸、および鷲羽山の下に広がる海岸である。児島湾にはアマモ場が存在し、その規模が大きく、海域生態系として貴重なものと考えられている。（倉敷市［1996a］［2014］）

　高梁川は、現在の倉敷市酒津付近から東流、西流（現在の高梁川）に分岐してい

たが、河川改修により西流（現在の高梁川）を残し、東流は廃川地となった。現在の総社市付近から河口にかけて、1960年頃から激しい砂利採取が行われ、採取された砂利は水島工業用地の造成地に、また、京阪神方面にも運ばれた。橋脚の基礎部分の砂利が採取されて補強を行わねばならない事態が起こり、また、砂利採取後の河川の流れ、川底の変化などのために水泳が禁止されるようになった。（倉敷市［1996a］）

(4) 自然公園、野生生物、生態系等

　倉敷市は鷲羽山等の瀬戸内海国立公園に属する地域を有し、吉備史跡県立自然公園、浅原郷土自然保護地域などの自然保護地域、唐琴の浦自然海浜保全地区などの自然保護地域等を有する。（倉敷市［2014］）

　倉敷市の生態系は、森・山、河川・水辺、海域・干潟・海辺・海岸などの自然生態系、里地・里山、農用地、ため池などの人と自然との触れ合いに係る生態系などからなる。（倉敷市［2014］）

　自然林は極めて少なく、二次林が多い。海辺、海域について、高梁川の下流域とその河口部およびその沖合の干潟、瀬戸内海のほぼ中央部に位置する海域・海岸を有し、児島湾に瀬戸内海を代表する藻場を有するが、自然海岸の割合は30%以下、人工海岸が60%以上を占める。（倉敷市［2014］）

　人と自然との触合いに係る生態系について、高梁川の東側の岡山平野の一部をなす平地、および高梁川の西側の平地に、市域の約20%を占める農用地が広く分布する。農用地の灌漑のために、最も古いものは平安時代にもさかのぼるとされる用水路が張り巡らされており、水田と水路の生態系を形成している（倉敷市［2014］）。森・山について、市域の約16%であるが、これは日本、岡山県の森林面積の割合が約67%であることと較べてかなり少なく、また一部に自然林が残されているものの、二次林が多い。近年、人が出入りする機会が少なくなり、アカマツが多くを占める二次林が、もともとの自然植生である常緑広葉樹林に遷移しているとされる（倉敷市［2014］）。

　野生生物について、「倉敷市生物多様性地域戦略」は、「記録されている維管束植物は約1,450種類‥‥哺乳類約20種、鳥類約230種、両生類・ハ虫類27種、淡水魚類は約70種‥‥昆虫類約2,800種、クモ類約150種‥‥絶滅のおそれのある生き物も数多く含まれます」（倉敷市［2014］）としている。岡山県版レッドデー

第9章　倉敷市の自然保護 —— 自然環境保全から生物多様性保全へ ——　　*215*

タブック（岡山県［2009］）において希少種とされている 1,250 種のうち、倉敷市
内に 635 種が生息していることが確認され、そのうち 387 種が採集等のおそれが
あるとして生息地情報が非公開とされている。それらの中に水生植物のミズアオイ
の岡山県内唯一の自生地があり、両生類のナゴヤダルマガエル、カスミサンショウ
ウオ、淡水魚のスイゲンゼニタナゴ、カワバタモロコ、サンヨウコガタスジシマド
ジョウ、その他の多くの希少種が生息し、生態系として由加地域に特定植物群落、
農用地に張り巡らされた用水路、里山に多くのため池、児島湾に藻場（アマモ群
落）などの特徴的な生態系を有する（同）。

3　自然環境保全条例および自然環境保全基本計画等

(1)　条例制定の経緯

　1974 年 3 月に倉敷市は「倉敷市自然環境保全条例」を制定した。

　この条例制定前の 1973 年 3 月に、市長が市議会における施政方針演説におい
て、3 つの最重点施策の第 1 に生活環境の保全を挙げ（第 2 は都市基盤整備、第 3
は福祉の充実）「私たちは‥‥自然の資源を消費し過ぎ‥‥公害となってあらわれ
私たち自身が危険にさらされ‥‥憩いと清浄な酸素を供給してくれる緑は失われつ
つあります‥‥倉敷市の将来のために、自然環境保全と公害対策を市政の大きな柱
として積極的に取り組んでいくべき‥‥公害対策諸事業‥‥緑を回復し、積極的に
自然を造成する緑化事業に‥‥取り組む」（倉敷市議会［1973］）とした。

　同年 5 月に倉敷市、市民、学識経験者からなる「自然環境保全対策プロジェク
トチーム」が発足し、そのプロジェクトチームの検討結果を基に条例案が作成され
た。室山氏は、このプロジェクトチームの発足後、チームが報告書を提出するまで
の経緯を「プロジェクトチーム奮戦記」に書き残している。室山氏によれば、前述
の市長の施政方針演説について当時の小坂企画部長が起草したとしている。（室山
［1974］）

　小坂氏はこの条例を制定した当時の倉敷市の自然および自然環境保全に関係して
自身の論文を倉敷新聞に転載している。その中で小坂氏は「倉敷市は‥‥青と緑の
自然に囲まれている‥‥ご多分にもれず‥‥徐々に破壊され、自然環境の保全を望
む声が心ある市民の間におこっている‥‥これを受けて‥‥本市における自然環境

の現状を明らかにし、かつ、これを保全するための体制を整えることとした‥‥自然環境の保全という複雑広範な問題に対して、市職員、市民、専門家の三者が一緒になって取り組もうとする‥‥これを『トロイカ方式』と呼んでいる」（小坂［1974]）と記述している。

1973年5月にプロジェクトチームは13名の市役所職員によって構成してスタートし、6月に植生、昆虫、魚、郷土史などに精通した人、および主婦等16名の市民委員の参加を得るとともに、地元に立地する岡山大学農業生物研究所の指導を得ることとし、活動を進めている。9月末に140項目の提案をまとめて報告書とし市長に報告した。（室山［1974]）

140項目の提案について、11月の庁議（市長、助役、収入役、各局長、市長公室長および企画部長による市の施策決定機関）において、①規制・条例化を必要とするもの、②事業化・予算化するもの、③行政姿勢により対処するもの、④関係先へ要望するものの4種に類別・決定された（室山［1974]）。これらのうち①に属するものとして自然環境保全条例案が1974年3月市議会に提案され議決を経て6月に施行された。

(2) 自然環境保全条例および自然環境保全基本計画等

1974年3月に条例案が倉敷市議会に提案された。市長はこの条例案の提案理由を「自然保護について‥‥市としての方向づけができた‥‥この条例は自然環境の保全と回復をはかることにより、現在、将来において市民が健康にして文化的な生活基盤の確保を図ることを目的としておりますが、もとよりこの条例も未だ十分とはいえないものがあろう‥‥（条例により）自然環境の保全と回復をはかる」とし、同時に「地域開発と自然保護との相関性等幾多の問題もございます」として自然保護の困難性への認識を示している。（倉敷市議会［1974a]）

提案された条例案は可決されて6月に施行された。

条例は前文において自然環境を将来の世代に継承するとの認識を示している（補注3）が、これはこの条例制定の2年前の1972年に制定されていた自然環境保全法の基本理念に沿う認識である。また、同じく「自然は、人間の力をはるかに超える偉大な存在であり、厳粛な法則と神秘的な摂理を有する。人間は、日光、大気、水、大地及びこれらにはぐくまれた動植物などとともに生存し、かつ、限りない恩恵を受けている」としているが、これについては自然環境保全法に基づいて1973

第9章　倉敷市の自然保護 —— 自然環境保全から生物多様性保全へ ——　　*217*

年11月に国が定めていた「自然環境保全基本方針」の記述に符合する。また、この条例制定後の1974年6月に自然保護憲章制定国民会議が制定した「自然保護憲章」にも、同じ趣旨がみられる（総理府［1973］）（自然保護憲章［1974］）。

　条例に規定された主要施策は、自然環境保全基本計画を策定すること、自然環境保全地区を指定すること、緑化計画を策定すること、事業者・土地所有者に緑化を義務づけること、土地利用・開発にあたって配慮する自然環境保全に必要な措置を定めることなどである。

　自然環境保全基本計画については、市長が審議会の意見を聞いて策定すると規定したことから、審議会の答申を得て、同年12月に策定した。計画期間を1975年度〜1985年度とし、自然環境保全地区の指定等に関するあり方、自然の荒廃地、土石採取跡地等における植生・風致等の回復の必要性、自然環境保全管理、必要な調査・監視、市民意識の高揚の必要性などを指摘した。（倉敷市［1975b］）

　この基本計画は1991年に改定され、2000年度までを期間とする次の計画が策定されており、前計画と同様に自然環境保全地区の指定を進めるなどとした（倉敷市［1991］）（補注4）。なお、自然環境保全条例の基本計画の策定に関する条項については、1999年の環境基本条例の制定時に、環境基本条例に基づく環境基本計画に吸収されて削除された。その後は環境基本計画の実施計画としての「くらしきネイチャープラン」に引き継がれている（補注5）。

　自然環境保全地区については、市長が景観保護地区、環境緑地保護地区、動植物保護地区、山林保護地区の4種の地区を指定することができることを規定した（補注6）。指定地域内における行為を規制し、一部の行為を許可制とするなどの意欲的な規定であった。しかし、条例に基づく自然環境保全地区は指定されずに今日に至っている。なお、ここに規定する自然環境保全地区は、法律、県条例により指定されている地域を含まないと規定した。

　緑化計画は自然環境の回復のための緑化を行おうとするもので、市長が審議会の意見を聞いて策定するとし、基本方針、基本計画などを盛り込むことを規定した。公共施設を緑化し、また、空閑地への緑化を進めるなどと規定した。この規定に基づく緑化計画については、1977年に最初の「倉敷市緑化計画」が策定された後、今日までほぼ10年ごとに改定されてきている。

　土地利用・開発にあたって配慮する自然環境保全に必要な措置については、条例第10条（事業者、土地所有者の緑化義務等）に規定された。事業者に対して樹木

を伐採した場合には同じ事業所内に植栽を行うこと、土地所有者・占有者に自然環境を破壊する行為を抑制し植栽・緑化を行うべきこととした。規則において、該当する事業所・敷地面積を 1,000 m² 以上、植栽は 4 m² あたり高木（成木が 3 m を超えるもの） 1 本、低木 1 本とした。この規定は今日においても適用されている。なお、倉敷市公園緑地課に聞き取りしたところによれば、倉敷市自然環境保全条例に定める植栽・緑化の義務を課せられる 1,000 m² 以上の開発が 2013 年度に約 150 件あり、該当する開発事業者が 15,000 本以上の植栽を行ったと推定されるとしている（2014 年 6 月 27 日）。（倉敷市［1974a］）（倉敷市［1974b］）（補注 7）

4　自然環境保全条例制定後の自然環境保全の推移

(1)　倉敷の自然をまもる会と由加山系開発等

　1974 年 1 月 26 日に「倉敷の自然をまもる会」が設立された。1974 年 9 月に「倉敷の自然をまもる会 会報」を創刊し、年 2 回の発刊を今日まで行ってきている。なお、途中から会報の名称を「倉敷の自然」に改称している。この会は今日においても活動を続けている。

　前述の「自然環境保全対策プロジェクトチーム」による検討が進められている最中に、プロジェクトチームの市民委員を中心として、1974 年 1 月に「倉敷の自然をまもる会」が設立された。会の規約によれば「無秩序な開発から自然を守り、風致を保存し、情操豊かな人間生活に寄与すること」（倉敷の自然をまもる会［1974］）を目的とし、一般市民等の参加を得て、自然保護思想の啓発、自然保護・風致保存に関する調査研究、対策の立案と実施等を行うとした。（倉敷の自然をまもる会［1974］）

　倉敷新聞は「かけがえのない倉敷市の自然を無秩序な開発から守って風致を保全し、情操豊かな人間生活に寄与しようと市民各界、各層から倉敷を愛する人が参加して“倉敷の自然をまもる会”を組織する‥‥」（倉敷新聞［1974a］）として結成総会が開かれたこと、当初の会員数は 129 人であったと報道している。また、報道の見出しにおいて「由加保全を決議」としており、設立総会において選出された会長が由加山（倉敷市児島地区）周辺に注目していると発言したことを報道している。（倉敷新聞［1974a］）

第 9 章　倉敷市の自然保護 ── 自然環境保全から生物多様性保全へ ──　　*219*

　この由加山系の開発については、以下のような経緯があった。

　1973 年頃に、倉敷市の児島地域、由加山系に民間による 3 か所のゴルフ場建設
が計画されていた。倉敷新聞によれば「竜王山、タラコ山を含む面積 191 ヘクター
ルの倉敷南ゴルフ場‥‥上峠から由加にかけて面積 88 ヘクタールの由加カント
リークラブ‥‥下住、筆の尾、白尾にかけての台地、面積 130 ヘクタールに総合
レジャーランド・由加カントリーヒルズ‥‥」（倉敷新聞［1973a］）の計画があっ
たと報道されていた。この報道の 3 月前、1973 年 9 月に開発事業者に土地を提供
した地権者 5 人が開発許可を市長に陳情した（倉敷新聞［1973b］）。

　1974 年 3 月に、当時の市長は記者会見で、由加山系の開発について、開発を
望んでいる向きもあるが乱開発をさせないという意向を表明している（倉敷新聞
［1974b］）（補注 8）。同年 6 月の定例市議会において、この開発について当時の倉
敷市企画部長は、岡山県によるゴルフ場の新規開発規制により、由加山は当分の間
凍結されると答弁している（倉敷市議会［1974b］）。

　同年 11 月の倉敷新聞は、倉敷市が 3 月に制定された自然環境保全条例に基づ
き、由加山系を条例指定（筆者注：自然環境保全地区指定を意味するものと考えら
れる）することを検討していることをうかがわせる内容を報道し、併せて倉敷市が
由加山系において、市による「少年自然の家」の建設と関連施設整備、林道の開設
の計画があり、また、凍結されているもののゴルフ場開発計画、その他の民間開発
計画があり、市としての対応を検討していると報道した。（倉敷新聞［1974c］）

　「倉敷の自然をまもる会」による由加山系に計画された 3 か所の民間のゴルフ場
建設計画に対する反対活動は継続された。1984 年には倉敷市長宛に「由加山観光
開発に関するお尋ねとお願い」を提出し、由加の森を保全することの重要性などを
訴えている（倉敷の自然をまもる会［1984］）。1991 年 6 月にも、倉敷市に対して、
由加山系南東部の開発に関し、地域のシイ林などの森林、ため池・細流・湿地・水
田などの水環境、昆虫などの生態系を生かしたあり方を要望している（倉敷の自然
をまもる会［1991c］）。

　同じ頃に、当時の公害防止事業団（1992 年「環境事業団」、2004 年から「（独）
環境再生保全機構」等）が計画した由加山系の東に位置する王子ケ岳（234m）の
瀬戸内海国立公園第 2 種特別地域内のホテル建設事業（補注 9）について、この計
画は当時の環境庁の考え方に沿う国立公園利用の分散と誘導を目的とするもので
あったが、自然をまもる会は公害防止事業団に要望書を提出し、「環境庁自然保護

局所掌‥‥として立地されることは、誠に残念でなりません」としたうえで、計画の縮小や自然環境保全への配慮などを要望している。これに対して公害防止事業団は、ホテル規模を縮小し高さを押さえデザインに配慮を加えること、保安林解除をできるだけ押さえ植栽に配慮すること、環境教育機能を充実させることなどを回答している。（倉敷の自然をまもる会［1991a］［1991b］）

由加山系におけるゴルフ場建設計画は、その後の日本の経済動向等の推移の中で実現することはなかった。公害防止事業団のホテル事業について建物は建設され、その後ホテルとしての完成に至らず廃墟となった。

「倉敷の自然をまもる会」は1970年代から「市の鳥」をカワセミとする要望を行って2003年に実現させた。カワセミの営巣を促すブロックの設置事業を2005年の倉敷市の事業として実現させた。会の独自の事業として、市北部の西坂地区において、使われなくなった田畑・果樹園などを利用する里山再生・維持の活動を続けている（2006年～）。2007年には市内の架橋計画に対する自然環境保全の観点から意見を求められ、現在の植生に配慮することなど13項目の意見書・要望書を提出した。（各号「倉敷の自然」による）

また2000年に、市内の由加山系の自然の調査を行った結果をとりまとめ、市内中心部の向山地域の自然を倉敷市の依頼により調査・報告している（倉敷の自然をまもる会［2000］）（倉敷市［2006b］）。会の機関誌であり専門性と広報性を備えた「倉敷の自然」を年2回発刊し続けている。

1987年11月には倉敷文化連盟賞、1990年6月には朝日森林文化賞をそれぞれ受賞した。

(2) 自然史博物館および自然史博物館友の会

倉敷市は1980年に、新しい市庁舎を建設・移転したのであるが、旧市庁舎等の跡地利用について、市民から寄せられた意見を参考に、再利用計画をまとめ、展示美術館、図書館等として利用する構想をまとめた。その具体的な利用検討の段階で、「倉敷の自然をまもる会」の関係者らが自然に関係する博物館の設立を示唆し取り入れられた。1983年には市の施設として「倉敷市自然史博物館」（倉敷市教育委員会に所属）が設立された。（倉敷市［1983a］）（倉敷市自然史博物館［2009］）

博物館は「自然史に関する科学について、資料を収集し、保管し、展示するとともに、その調査研究及び普及指導を行い、市民の教養文化の向上に寄与する」（倉

敷市［1983b］）ことを目的として、自然史に関する実物・標本・図書・写真等の収集・保管・展示、調査研究、講習会・研究会の主催・援助、刊行物・情報の交換等の他の博物館等との連携協力を行う機関とされた（倉敷市［1983b］）。博物館のホームページによれば、約68万点の資料（昆虫約39万点、植物約25万点、動物約3万点、地学分野約6,500点）を収蔵し、1986年から研究報告を発刊し、また特別展を開催してきている（倉敷市自然史博物館［2014a］［2014b］）。

　自然史博物館の開館9年後の1992年に「倉敷自然史博物館友の会」が設立された。資料によれば友の会の構想は当館の設立当初からあったがこの時期に実現した（倉敷市自然史博物館［1994］）。

　この友の会の会則によれば、「博物館の事業に協力して，楽しく自然を研究し、自然科学の普及発展に寄与するとともに、会員相互の親睦をはかる」ことを目的として、市民等の参加を得て博物館の活動を支援すること、会誌を発行するなどの活動を行うとしている（倉敷市立自然史博物館友の会［1992］）。

　博物館側は、友の会が博物館を活用して活動を行う市民の集まりであり、その活動は博物館の教育普及を担ってくれる重要な存在と位置づけたものと考えられる。友の会は発足当初から事務局を自然史博物館事務所内に置き、専任スタッフを持たなかったが、そのことは博物館と友の会が一体であることを意味するようにみられる。博物館のホームページによれば、博物館の設立30周年の記録として、博物館と友の会による実施事業が併記されて示されている。それによれば、友の会の設立の1992年以降、ほとんどすべての博物館の実施事業（自然観察会等）は友の会と共催している。（倉敷市自然史博物館［2014b］）

　一方、友の会は共催事業の他に、独自の自然観察会等を行い、また、博物館活動への協力などの活動を行うようになった。また、友の会設立直前の1992年1月10日（友の会設立は1月26日）に「友の会ニュース0号」を発刊したのを初めとして、「友の会ニュース」を毎月発刊して会員相互の情報交流を図り、また、専門的な記事を含む会報「しぜんくらしき」を年4回発刊し、今日まで続いている。

5　1990年代以降の自然環境保全および生物多様性保全への取組み

(1) 環境基本条例の制定と自然環境保全条例の改正

　1990年代半ば頃から、地方分権を推進しようとする考え方が拡大し、1999年12月議会に「倉敷市環境基本条例案」が市長から提案され可決成立したが、この条例の制定について市長（中田武志氏）は「倉敷市が単独で条例を制定する……来年4月以降は正式に地方分権一括法が動きだし……これからの町づくり等についての基本的な問題は……市民と我々行政が…みずから積極的に立案、企画、実施する……（環境基本条例の制定は地方分権の）ある意味で先取りと……御理解いただければと思います」との認識を示した（倉敷市議会 ［1999］）。

　条例案は可決・施行された。条例は国の環境基本法（1993年）が規定した地球環境保全等を含む幅広い環境保全を守備範囲とした。倉敷市は、この条例制定以前においては、公害健康被害の発生を初めとするさまざまな公害、産業廃棄物問題を経験したにも関わらず、そうした分野の条例を制定しなかったのであるが、環境基本条例の制定の頃から、倉敷市が環境保全に責任を負うとの考え方を明確にするようになった。倉敷市は2001年に、岡山県から、環境保全分野をはじめとして多くの事務の移管を受けたのであるが、それに先立って環境基本条例を制定した。

　この環境基本条例の制定時に、自然環境保全条例を改正して「自然環境保全基本計画」の策定に関する条項を削除したのであるが、「自然環境保全基本計画」については環境基本条例に基づく「環境基本計画」に吸収された。

(2) 生物多様性地域戦略の策定

　2008年に「生物多様性基本法」が制定され、都道府県、市町村に対して地域戦略の策定に努めねばならないと規定した（補注10）。この規定については「国家戦略に基づく全国的な視野に立った施策だけでなく、各地域の自然的社会的条件に応じたきめ細かな取組が必要である」とされた（谷津他 ［2008］）。これに関連して環境省は、2009年に都道府県、市町村が地域戦略を策定するにあたって参考となる基本情報を集め、その活用がなされることを目的とする「手引き」を作成、公表している（環境省 ［2009］）。

　倉敷市は2012年に策定に着手し、2014年3月に「倉敷市生物多様性地域戦略

第9章　倉敷市の自然保護 ── 自然環境保全から生物多様性保全へ ──　　*223*

──倉敷の豊かな自然と瀬戸内の恵みを未来へつなぐために」（以下「倉敷市地域戦略」）を策定した（倉敷市［2014］）。2011年度に「策定方針検討会」を2回開催して方針検討を行った。その結果を踏まえて、2012年8月に、倉敷市による地域戦略への提言を役割とする「倉敷市生物多様性地域戦略策定委員会」（倉敷市［2012］）を発足させ、2014年2月までに5回の委員会を開催して検討を重ね、2014年2月に成案を得て、同年3月に倉敷市が地域戦略を決定した。

　倉敷市地域戦略は、約100ページ、倉敷市の生物多様性の現状と課題、戦略の目標、目標へ向けた行動計画などからなる。

　倉敷市の生物多様性の現状について、山林・丘陵、平野部の農用地・市街地、河川・水路、海岸・干潟・港湾・瀬戸内海のそれぞれの自然環境の形成の経緯を記述している。地域の生物多様性に係る生物種、生態系、希少種の現状、さらには外来生物について、市内の地区ごとに把握され、記述されている。また、近年において干潟・浅海の埋立による水島工業地域の形成、林地・農用地の市街地への転換等に伴う生物多様性への影響を踏まえて、生態系、希少種の保護に係る問題・課題、生物多様性の保護に関係する環境教育の重要性、地域の生物多様性に係る基礎調査・モニタリング・地域評価手法の確立等の必要性、さらには今後の生物多様性の保護に係るさまざまな施策の必要性などを指摘している。

　倉敷市地域戦略の目標について、短期目標の目標年次である2020年度までに「生物多様性の損失を食い止め、持続的利用ができるようになっており、より豊かにする取組を始めている」（倉敷市［2014］）としている。長期目標の目標年次である2050年度までに「地域の生物多様性が現状よりも豊かになっている」（倉敷市［2014］）としている。

　目標達成に向けた基本的な取組について、生物多様性の保全を長期的な地域課題とし、総合的・計画的な保全体系の拡充に努めること、地域の生物多様性の評価手法の確立に努めること、多様な生態系の悪化や生物種の減少を食い止め、希少種・貴重な生態系の保全・回復・再生施策を推進すること、さまざまな主体の参加を得て生物多様性保全を推進する地域づくりを行うこととしている。具体的な取組みについて記述し、それらをまとめた施策の取組に係る体系を図示している。（倉敷市［2014］）

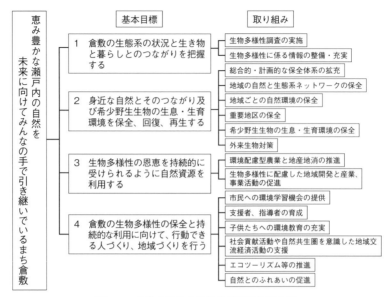

図 9-1 倉敷市生物多様性地域戦略施策体系
（倉敷市「倉敷市生物多様性地域戦略」による）

6 倉敷市の自然環境保全の特徴

(1) 倉敷市自然環境保全条例の制定の背景

　1971〜1973年度に実施された倉敷市の市民世論調査の結果では、市政に力を入れてほしい項目（25項目から3択）について、公害対策、交通安全施設の整備と安全教育、道路整備、ハエ・カ駆除・環境衛生、ごみ・し尿処理、下水道・排水処理などに対して、市民が高い割合で市政に求めた（19〜6％）。これに対して「治山事業、破壊防止など自然保護に力を入れる」について1〜2％であってかなり低く、「公園、緑地をふやす」について5％であってこちらの方が少し高い割合である。自然環境全条例の制定後の1974年度の世論調査においては、「治山事業、破壊防止など自然保護に力を入れる」について2.8％の市民が支持したが、大幅に増えたとはいえない。倉敷市［1973］［1974c］［1975c］)。

　1970年代における倉敷市民の自然環境への関心について以下のような事例がある。1971年の「広報くらしき」は、同年9月に市木、市花を「くすのき」「ふじ」

第9章　倉敷市の自然保護 ── 自然環境保全から生物多様性保全へ ──　　*225*

と決定した際に、市民の意向投票を行って決定しているが、その際の投票総数が
147 票であったとし、「投票総数は‥‥決して多い数ではありませんでしたが、寄
せられた投票には、推奨した理由など多くの意見が書かれており熱意ある内容のも
のでした」(倉敷市［1971］)と記述している。

　世論調査の結果や市木、市花への関心の度合いは、当時、自然環境保全について
多くの倉敷市民が関心を寄せていたとは言えないことを示している。

　倉敷市が自然環境保全条例を制定しようとした当時の状況について、小坂氏は
「市民は、よい環境を望みながらも、自ら創り出そうとせず、問題の深刻さに対す
る意識も関心もない‥‥それに対し、警告を発し、市民をひっぱっていかなければ
ならない立場にある市役所は、これまた無関心で、問題に取り組もうという姿勢
も態勢もない‥‥プロジェクトチーム員自身が驚くほどであった」(小坂［1974］)
と指摘している。

　しかし、例えば前述の「広報くらしき」の記事にみられるように、一部の市民は
高い関心を寄せていたと考えられる。小坂氏は倉敷市の自然環境が破壊されている
状況について「自然環境の保全を望む声が心ある市民の間におこっている」(小坂
［1974］)としている。1973 年 5 月に倉敷市役所内に設けられたプロジェクトチー
ムは発足後に市民代表 16 名の参加を得ているが、「(市民委員は委員就任に) 例外
なく‥‥快諾‥‥(チームの活動に) 献身的に協力‥‥倉敷の自然をまもる会も発
足‥‥市民運動に明るい見通しがついた」(室山［1974］)のである。自然に関心
を持つ市民・専門家・愛好家というような人たちが倉敷市の当時の自然保護の動向
に関心を持ち協力したと考えられる。

　一方、市当局は、一般市民の関心が強くはない状態であったが、市長は 1973 年
2 月の市議会における市長の施政方針演説において、「いままで急激な工業化、都
市化がもたらしたさまざまな問題に追われ‥‥本市が現在直面する最も重要な課題
‥‥第 1 に生活環境の保全‥‥倉敷市の将来のために、『自然環境の保全』と『公
害対策』を市政の大きな柱として積極的に取り組んでいくべきだと存じます」(倉
敷市議会［1973］)とした。

　この施政方針演説について、室山氏は「工業地帯の造成や相次ぐ住宅団地造成、
各種建設事業のため至るところで山の緑はえぐられ、鳥も昆虫も急速に姿を消し
た。その上、山陽新幹線の岡山開通を契機にゴルフ場など観光資本の流入が相次
ぎ、本市の自然環境は重大な時期‥‥このための警鐘を鳴らし、対策樹立を宣言し

たのが 48 年度の市長施政方針演説であり、その起草者が小坂企画部長である」（室山［1974］）と記述している。

1975 年 2 月に条例に基づき最初の自然環境保全審議会が開かれ、その席で当時の助役（市長代理）は「自然破壊などが‥‥人間を含め、生物の生存に関わる問題にまで及んでいる‥‥各種の開発事業の実施により、かけがえのない景観‥‥緑地‥‥貴重な動植物などが次第に失われつつある」（倉敷新聞［1975］）と会の冒頭であいさつしている。

市長を初め市の関係者は、当時の市の自然環境に関して、少なくともプロジェクトチームを発足させて検討を始めるべき時期にあると判断したと考えられる。プロジェクトチーム発足の時点で自然環境保全条例の制定を念頭においていたかどうかは分からないが、結果として条例案をまとめるに至った。

市民全体とは言えないものの倉敷市内における開発と自然環境への影響を懸念する一部の市民の自然環境保全への関心、市長および市職員の自然環境保全への認識、市政における自然環境保全への動きに同調してプロジェクトチームのメンバーとして関わった専門家等が条例制定を促したものと考えられる。

(2) 自然環境保全条例

自然環境保全条例が前文に指摘している認識（補注 3）は、条例制定前の 1972年に制定されていた「自然環境保全法」の基本理念、同法に基づいて 1973 年に策定された「自然環境保全基本方針」の記述に符合するものである。

この条例が特筆される点として、市長が 4 種の保護地区を指定することができること、保護地区内の行為を制限し野生動植物の捕獲・採取等を許可制とすること、野生動植物の捕獲・採取を許可を得た場合以外は禁止することとしたことである。そうした保護地区について、1975 年に条例に基づいて策定された「倉敷市自然環境保全基本計画」（計画期間 1975 年度〜 1985 年度）はそれぞれ 3 か所程度、指定面積各 1 〜 5 ha 程度とし、倉敷市の自然環境保全計画における主要課題と位置づけた（倉敷市［1975b］）。しかし、この保護地区の指定は今日まで行われていない。

1970 年代に、倉敷市において開発と自然環境保全に関係して大きな関心を集めたのは、由加山系において計画された 3 か所のゴルフ場計画であった。土地を提供するとした一部の市民は開発を進めたいとしたが、自然環境保全条例の策定に携

第9章　倉敷市の自然保護 —— 自然環境保全から生物多様性保全へ ——　　227

わった市民・専門家、倉敷市の自然をまもる会などが反対した。当時の市長は、開発を推進したいとする動きがあるものの、自然環境保全を求める動きを踏まえつつ、乱開発をさせない意向を表明している（倉敷新聞［1974a］）（補注8）。由加山系のゴルフ場開発は、当時の経済動向の変化の影響を受けて実現には至らなかったが、そのことは自然環境保全条例の保護地区指定の必要性を失わせたものと考えられる。

　もう一つの特筆される点は、事業者、土地所有者等に緑化義務を課するとしたことである（第10条）（補注7）。規則において具体的に敷地面積が1,000 m²を超える事業所に対して、建ぺい率に相当する面積を除いて、4 m²当たりに高木（樹高3 m以上）、低木を各1本の割合で植栽を義務づけ、これは現在においても条例による義務として有効に機能している。倉敷市公園緑地課に聞き取りしたところによれば、2013年度に条例により義務を課せられる1,000 m²以上の約150件の開発により、15,000本以上の植栽を行ったと推定されるとしている（2014年6月27日に聞き取り）。

　少なくともこの2点において、倉敷市自然環境保全条例は当時において評価されるべき側面を有したと考えられる。由加山系の3か所のゴルフ場建設計画について、当時の経済情勢を背景として中止に至ったが、関係者の自然環境への影響の懸念と条例の制定は性急にゴルフ場開発を進めることを抑制した可能性がある。また、緑化に係る条例の規定とその施行は今日まで有効に施行されてきており条例の意義をみることのできる側面である。

　堤口氏は、1972年当時の自然保護に関する地方条例について類別し「昭和46年（1971年）末現在でその数は17道県‥‥さらに目下準備中‥‥10都府県‥‥これらの条例は大別して二つのタイプ‥‥一つ（のタイプ）は‥‥自然の保護（を）‥‥総合的な環境保全の一環として位置づけ‥‥大綱的に規定する‥‥これに対して、他の条例は、もっぱら自然保護に重点をおいたもの‥‥このタイプは‥‥さらに二つのタイプに区分され‥‥一つは‥‥（関係者の責務、自然保護基本方針の策定等）大綱的に定めるにとどまり‥‥他の一つは、北海道、香川、長野‥‥等にみられるような、自然保護の措置や景観の規制等について比較的詳細に規定するタイプである」（堤口［1972］）としている。

　「昭和47年版環境白書」は1972年3月末に制定されていた22道県の自然保護条例について「大別して三つのタイプ‥‥第1のタイプ‥‥自然保護に関する

基本的な事項を定めた『自然保護基本条例』‥‥第2のタイプは、宮崎県にみられる‥‥『沿道修景美化条例』‥‥第3のタイプは、狭義の『自然保護条例』で‥‥自然保護に関する基本的事項を定めるとともに、特別の必要から保護すべき地域を定め‥‥一定の行為につき許可制ないし届出制を採用している条例」(環境庁[1972])としている。

　1976年に発刊された「自然環境保全条例総覧」は、総合的自然環境保全条例、個別的自然環境保全条例(都市環境の保全に関するもの、緑化の推進に関するもの)などに分類し、倉敷市自然環境保全条例を「総合的自然環境保全条例」に位置づけている。(荒・藤谷[1976])

　倉敷市自然環境保全条例は、堤口氏の分類の「比較的詳細に規定するタイプ」(堤口[1972])に、また「昭和47年版環境白書」の分類の「第3のタイプ」に属する「総合的自然環境保全条例」(荒・藤谷[1976])と位置づけられるものと考えられる。

(3) 国内の自然環境保全の動向等

　倉敷市が自然環境保全条例を制定する少し前の1970年代の前半頃に、日本の自然環境保全について大きな動きがあった。「環境庁十年史」は「(当時)自然公園法‥‥等の法律があったが、自然保護を直接の目的としたものではなく、また、各法制が必ずしも十分調整されて運用されているものではなかった‥‥既存法制度では保護が困難な土地の区域等について新たな視点からその保全を図り良好な生活環境を確保しようとする動きが顕著になり、各道県において自然保護条例の制定が進み‥‥根拠法の制定が求められ‥‥自然環境保全法が‥‥(1972年に)成立した」(環境庁[1982])とした。この法律に基づき1973年11月に「自然環境保全基本方針」(総理府[1973])が定められた。

　また、1974年に「自然保護憲章」(自然保護憲章[1974])が採択されたが、これについては、1960年代半ば頃に、国民運動的な自然保護運動のあり方が模索されるようになり、1974年6月に「自然保護憲章制定国民会議」において採択された(環境庁[1982])。なお、この国民会議は、「学術団体、経済団体、労働団体、婦人団体、社会教育関係の団体、産業分野の代表、自然保護及び野外活動団体、政党、中央及び地方の行政機関などの国民の各界代表」(自然保護年鑑編集委員会[1987])によって構成されるものであった。

　自然環境保全法、自然環境保全基本方針、および自然保護憲章に共通するの

は、自然全般を保護・保全の対象として捉えようとしている点である（補注11）。1974年3月制定の倉敷市自然環境保全条例は、その前文において同じ趣旨の自然に対する見方を示している（倉敷市［1974a］）。

　1973年発刊の「自然保護条例集」（日本建築学会近畿支部［1973］）によれば、1970年の北海道に始まり、1973年までに34都道県により自然環境保全条例あるいはそれらに類する名称の条例が制定されていた。市町村においても、自然保護、あるいは自然環境保全などを名称とする条例について、1973年までに少なくとも70の条例が制定されていた（自然保護年鑑編集委員会［1987］）（補注12）。

　倉敷市条例の制定について、国の動向を初めとする全国的な動向、特に全国の地方自治体の動向が、倉敷市の関係者に影響を与えていたものと考えられる。倉敷市の自然環境保全条例は全国的な自然環境保全への動向に符合し、市の取組みとして比較的早い事例であった。

(4) 倉敷市における自然環境保全の経緯の特徴

　倉敷市自然環境保全条例の他に、地域の自然環境保全への取組みについてはいくつかの特筆される事実がある。

　第1には「倉敷の自然をまもる会」の設立とその活動である。地域の自然環境保全に影響を与えて重要な役割を果たし今日においても活動が継承されている。第2には自然史博物館についてである。「倉敷の自然をまもる会」の関係者らがその設立を示唆し、受け入れられ、1983年に開設・開館され、自然史に関する実物・標本の収集・展示等、調査研究と研究報告の発刊、研究会の開催等の活動を行っている。第3に自然史博物館の開館9年後の1992年に設立された「倉敷自然史博物館友の会」とその活動についてである。友の会は自然史博物館と共催して、また単独で自然観察会などを開催し、毎月に会報（友の会ニュース）や季刊で専門性の高い「しぜんくらしき」を発刊し続けている。

　自然環境保全条例の制定以前に、あるいは制定当時に、条例制定や自然保護活動の動きを導いた可能性のある事実が存在する。

　第1には「高梁川流域連盟」である。大原總一郎氏（補注13）が提唱し、倉敷市を含む高梁川を水源とする市町と個人・法人が参加して「高梁川流域の文化、科学、教育、産業経済等に関する調査研究を行う‥‥ことを目的‥‥」（高梁川流域連盟［2014］）とする組織である。1954年に始まったこの組織の活動は、倉敷市

を含む流域の市町の自然環境保全に関係するものであり、倉敷市の自然保護に影響を及ぼしたと位置づけられている（倉敷市［2014］）。

第2には重井博氏と同氏を中心とする自然保護等に関わってきた専門家等の存在である。「倉敷の自然をまもる会」などによる重井氏の追悼集によれば、1962年に重井氏がみずから「倉敷昆虫館」を開設するなど、自然環境に関係する活動を行い、1974年の倉敷市自然環境保全条例の制定、倉敷の自然をまもる会に関わった。また重井氏のまわりに、追悼集に寄稿した人などの多くの賛同者があったことが知られる。（倉敷の自然をまもる会ほか［1998］）

(5) 倉敷市の生物多様性地域戦略の意義と課題

2008年に制定された生物多様性基本法が都道府県、市町村に対して「生物多様性地域戦略」の策定に努めねばならないと規定（同法第13条第1項）したことは、2011年度には倉敷市行政内部に影響を与え、策定に向けて必要な予算措置が講じられるに至ったものと考えられる。倉敷市は2012年度には外部の専門家などの参加を得て検討を進め、2014年2月までに成案を得て、同年3月に倉敷市地域戦略（「倉敷市生物多様性地域戦略 — 倉敷の豊かな自然と瀬戸内の恵みを未来へつなぐために」）（倉敷市［2014］）を策定した。

地域戦略の策定は以下の点において意味があったとみることができる。

第1に倉敷市地域戦略は、地域において戦略を策定する意義について認識を明確にしている。生物多様性はさまざまなスケールからみることができるが、基本的に地域レベルの生物種、生態系を基本としており、地域戦略を策定することに意味があるし、倉敷市の戦略はそのことを認識し「地域（の生物多様性保全）が、日本、さらには地球規模の生物多様性の一翼を担っている」と記述している。（倉敷市［2014］）

第2に生物多様性という側面から、希少種、希少な生態系に注目した課題を示すとともに、地域の包括的な環境基盤、林地・里地・農業地域・市街地を含む土地利用、沿岸域や海域などにかかる課題、生物多様性の側面から見た自然との触れ合いや環境教育の課題などを指摘している。

第3にこの地域戦略の策定以前に、2011年度に策定された倉敷市の環境基本計画において「これまで取り組んできた倉敷市自然環境保全実施計画を見直し、生物多様性基本法に基づく生物多様性地域戦略を策定し、市内の生物多様性の確保に努

めます」（倉敷市［2011a］）としてはじめて「生物多様性」という記述がなされて
いたが、地域戦略において地域が生物多様性の保全に取り組むことを明確にして
「生物多様性保全は‥‥地域の新しい課題です」（倉敷市［2014］）として、これから
らの環境政策の一つの課題として位置づけた。

　第4に倉敷市地域戦略が、数百年以上前から今日に至る地域の自然の形成の過
程を踏まえ、現在の生物多様性について、データベースともいうべき地域の生物多
様性に係る全般を網羅して、今後の地域の生物多様性保全を進めるうえで基本とさ
れるものとなっている。

　倉敷市地域戦略から浮かび上がってきた課題を指摘することができる。

　第1には戦略の目標についてである。倉敷市地域戦略は、短期目標について
2020年度までに「生物多様性の損失を食い止め、持続的利用ができるようになっ
ており、より豊かにする取組を始めている」（倉敷市［2014］）とし、長期目標に
ついて2050年度までに「地域の生物多様性が現状よりも豊かになっている」（倉
敷市［2014］）とした。行政計画の策定にあたって目標を明確にすることは基本的
に必要なことなので、倉敷市の地域戦略が生物多様性そのものに係る目標を掲げた
点において意義がある。この短期目標、長期目標は政府の「生物多様性国家戦略
2010-2020」の目標（閣議決定［2012］）（補注14）とほぼ一致する。

　問題は「2020年までに生物多様性の損失を食い止める」「2050年までに生物多
様性が現状よりも豊かになっている」ということが具体的にどういう状態であるの
か、明確にされていないことである。この点は国における国家戦略についても同様
である。生物多様性について「損失」「現状」「豊かになる」などを、対象とする地
域のスケールに応じて評価する手法を研究・開発する必要がある。

　第2に生物多様性を保全するための政策手法についてである。倉敷市の地域戦
略では、既存のさまざまな施策が網羅され、また、それらを活用・拡充・強化する
旨の記述がなされている。しかし、それらの既存の施策は生物多様性保全を本来の
目的としていないか、あるいは生物多様性の保全の観点を十分に考慮する仕組みを
整えていない。倉敷市地域戦略は環境影響評価を施策項目として挙げているもの
の、その仕組みをどのように具体的に活用して、地域の生物多様性を保全しようと
しているか、短期目標、長期目標の達成にどのように関連づけようとするのか、言
及していない。倉敷市の地域戦略は「総合的・計画的な保全体系の拡充」に取り組
むとしているが、自然環境保全条例の制定（1974年）から40年を経ており、現

在の条例を見直しつつこれから地域が取り組むべき生物多様性保全に関する新しい条例の制定等を含む施策体系の検討が進められることが必要である。

第3に市民の認識についてである。

2011年3月に策定された倉敷市の総合計画に記録されているアンケート調査結果によれば、過半数の市民は自然保護・環境保全に関心を寄せ、何らかの行動をとっていると考えられる（倉敷市［2011b］）。しかし、2010年に倉敷市が生物多様性・自然保護に関する市民アンケートを実施した結果によれば、「生物多様性」について、「よく知っている」4.3％、「ある程度知っている」25.4％であるのに対して、「あまり知らない」「まったく知らない」は、33.3％、36.1％である（倉敷市［2014］）。市民は自然保護・環境保全にはなじみがあるが、生物多様性になじみがないとみることができる。

最近における「倉敷の自然をまもる会」の会員数は191人（一般176人、賛助15人。2013年度末）であるが、1990〜1996年にかけて、1,000人を超える会員数であったにもかかわらず、2000年代に入ってから、急速に減ってきている（倉敷市環境保全課提供資料による）。最近の「倉敷自然史博物館友の会」の会員数は911人であるが、こちらも1994年度末に1,800人を超える会員数であったにもかかわらず、1990年代半ば頃以降徐々に減少の傾向にある（各年版「倉敷市自然史博物館報」による）。

1974年の倉敷市自然環境保全条例は、かなり大胆な規定を盛り込み、当時の市町村の取組みとして抜きん出たものであったが、その最も肝心な部分である「自然環境保全地区」の指定に関しては、現在まで「指定なし」の状態に止まっており、条例制定時の市民、専門家、行政関係者の意志が新しい地域課題としての生物多様性保全に引き継がれているとはいえないし、生物多様性保全に対する市民の意識も高い状態にあるとはいえない。

倉敷市の地域戦略が指摘しているように、倉敷市が多くの希少な野生生物種、児島湾の藻場、高梁川や用水路、高梁川河口の干潟などの貴重な生態系など、生物多様性保全の観点から注目される種と生態系を有しており、新たな地域課題としての生物多様性保全に取り組むことが望まれる。

第 9 章　倉敷市の自然保護 ── 自然環境保全から生物多様性保全へ ──　　*233*

【補注】

補注 1：1971 年当時の工業専用地域面積について、1971 年発刊の「水島のあゆみ」は、企業の
　　　　立地が決定している工業用地面積を 2,609 ha としており、そのうち未造成が 706 ha で
　　　　ある。同書発刊時点における造成済み用地は約 1,900 ha と推定される。

補注 2：倉敷市の面積は、2005 年度に船穂町、真備町を合併し、合併前の 29,942 ha から
　　　　35,472 ha に増えている。

補注 3：（条例前文）「自然は、人間の力をはるかに超える偉大な存在であり、厳粛な法則と神秘
　　　　的な摂理を有する。人間は、日光、大気、水、大地及びこれらにはぐくまれた動植物な
　　　　どとともに生存し、かつ、限りない恩恵を受けている。我々は、自然環境が人間自らの
　　　　生活基盤であり、かつ、有限であることを深く認識し、無秩序な開発による破壊や汚染
　　　　から郷土の自然をまもり、その恩恵を享受するとともに、その自然環境を将来の市民に
　　　　継承することを強く念願して、この条例を制定する。」

補注 4：当初の基本計画期間が 1975 ～ 1985 年度、次の基本計画は 1991 ～ 2000 年度であった。
　　　　空白期間があったものと推定される。

補注 5：「くらしきネイチャープラン 2001 ～ 2005」（2001 年）、「（同）2006 ～ 2010」（2007 年）、
　　　　「（同）2011 ～ 2020」（2011 年）が策定されている。

補注 6：1975 年策定の当初の「倉敷市自然環境保全基本計画」において、具体的な主要課題とし
　　　　て、4 種の自然環境保全地区についてそれぞれ各 3 か所、各地区指定面積 1 ～ 5 ha（景
　　　　観保護地区・緑地保護地区 2 ha、鳥獣保護地区 1 ha、山林保護地区 5 ha）とした。また、
　　　　1991 ～ 2000 年度を期間とする次の基本計画においても自然環境保全地区の指定の考え
　　　　方は踏襲された。

補注 7：倉敷市自然環境保全条例第 10 条、および同条例施行規則第 2 条は以下のとおり。

> ［倉敷市自然環境保全条例］
> 第 10 条　事業者は，事業活動を行うにあたり、当該事業区域内の樹木を伐採
> 　　　　したときは、緑を保全するため、その事業区域内に樹木を植栽し、自ら緑
> 　　　　化を図らなければならない。
> 2　土地の所有者又は占有者（以下「土地所有者等」という。）は、自然環境
> 　　を破壊するおそれのある行為を抑制するとともに、その土地に樹木を植栽
> 　　し、自ら緑化を図らなければならない。
> 3　前 2 項の樹木の植栽についての基準は、別に定める。
> ［倉敷市自然環境保全条例施行規則］
> 第 2 条　条例第 10 条第 3 項に規定する基準は、事業区域内面積又は敷地面積
> 　　　　（その面積が 1,000 平方メートル以上のものに限る。）に 1 から建ぺい率を
> 　　　　控除して得た数値を乗じて得た面積の 10 分の 2 の面積の敷地（その面積
> 　　　　が 80 平方メートル以上のものに限る。）とする。
> 2　前項に該当する植栽は、4 平方メートル当り高木（通常の成木の樹高が 3
> 　　メートルをこえる樹木をいう。）1 本及び低木（高木以外の樹木をいう。）1
> 　　本の割合を標準とする。

補注 8：倉敷新聞によれば市長の発言は「由加山の開発について、県から再度、意見を求められ

ているが、私としては、当初から、はっきりはいっていないものの、同地が貴重な昆虫や植物の宝庫であることなど、ニュアンスとして『意思表示』はしている。難しい点は地元が、すでに土地を譲渡し、生活に直結して、開発を強く望んでいることだ」とされている。（倉敷新聞［1974a］）

補注 9：公害防止事業団（当時）が建設し、倉敷市に隣接する玉野市の第 3 セクターに譲渡し、管理運営するホテル。瀬戸大橋開通に伴う観光客の増加が見込まれて公害が懸念されたことから、集中の緩和・分散をはかることを目的として計画された。計画では 8 階建て、12,000 m^2。

補注 10：生物多様性基本法第 13 条第 1 項「都道府県及び市町村は、生物多様性国家戦略を基本として、単独で又は共同して、当該都道府県または市町村の区域内における生物の多様性の保全及び持続可能な利用に関する基本的な計画を定めるよう努めなければならない。」

補注 11：自然環境保全基本方針は「自然は、人間生活にとつて、広い意味での自然環境を形成し、生命をはぐくむ母胎であり限りない恩恵を与えるもの‥‥人間活動も、日光、大気、水、土、生物などによって構成される微妙な系を乱さないことを基本条件としてこれを営む‥‥ことが要請される 」（総理府告示「自然環境保全基本方針」1973 年 11 月 6 日告示）としている。自然保護憲章は「自然は、人間をはじめとして生きとし生けるものの母胎であり、厳粛で微妙な法則を有しつつ調和をたもつもの‥‥」（自然保護憲章制定国民会議「自然保護憲章」1974 年 6 月 5 日）としている。

補注 12：市町村条例については、「自然保護年鑑昭和 62 年版」の自然環境保全に関する市町村条例一覧に、「自然保護」「自然環境保全」あるいはそれらを含む名称が付されている条例数で、文化財保護、緑化・緑地保全などを名称とするものを加えていない。また、「環境保全条例」を名称とするものも加えていないが、自然保護、自然環境保全を目的とするものがあると考えられる。

補注 13：倉敷絹織（現クラレ）、倉敷紡績（現クラボウ）社長など（1909 ～ 1968）。

補注 14：「生物多様性国家戦略 2012-2020」の長期目標と短期目標は以下のとおりである。

【長期目標・2050 年】生物多様性の維持・回復と持続可能な利用を通じて、我が国の生物多様性の状態を現状以上に豊かなものにするとともに、生態系サービスを将来にわたって享受できる自然共生社会を実現する。
【短期目標・2020 年】生物多様性の損失を止めるために、愛知目標の達成に向けた我が国における国別目標の達成を目指し、効果的かつ緊急な行動を実施する。

【引用文献・参考図書】

倉敷市農委［1970］：倉敷市農業委員会「倉敷市農業振興計画書 昭和 45 年 5 月」1970

倉敷市［1971］：倉敷市「広報くらしき 昭和 46 年 10 月 1 日」1971

岡山県［1971］：岡山県『水島のあゆみ』1971

岡山大学農学部［1972］：岡山大学農学部「倉敷市農業の現状と振興方向 昭和 47 年 7 月」1972

第 9 章　倉敷市の自然保護 ── 自然環境保全から生物多様性保全へ ──　*235*

堤口［1972］：堤口康博「自然保護に対する地方条例の分析 1972 年 5 月」
　　〈www.waseda.jp/hiken/jp/.../A04408055-00-008010001.pdf〉2014 年 4 月 15 日参照)
環境庁［1972］：環境庁『昭和 47 年版環境白書』1972
倉敷市議会［1973］：倉敷市議会「昭和 48 年第 3 回倉敷市議会議事録」1973
総理府［1973］：総理府告示第 30 号「自然環境保全基本方針 昭和 48 年 11 月 6 日」1973
倉敷新聞［1973a］：倉敷新聞（1973 年 12 月 25 日）1973
倉敷新聞［1973b］：倉敷新聞（1973 年 9 月 5 日）1973
倉敷市［1973］：倉敷市「広報くらしき 昭和 48 年 3 月 1 日」1973
倉敷市議会［1973］：倉敷市議会「昭和 48 年第 3 回倉敷市議会議事録」1973
日本建築学会近畿支部［1973］：日本建築学会近畿支部「自然保護条例集」1973
室山［1974］：室山貴義「プロジェクトチーム奮戦記 ─ 倉敷市における自然環境保全の歩み ─」
　　（『参画　第 5 号』）1974
小坂［1974］：小坂紀一郎「驚くほどの無関心（倉敷新聞 昭和 49 年 3 月 2 日）」1974
自然保護憲章［1974］：自然保護憲章制定国民会議「自然保護憲章（昭和 49 年 6 月 5 日）」1974
倉敷市議会［1974a］：倉敷市議会「昭和 49 年第 3 回倉敷市議会議事録昭和 49 年 3 月」1974
倉敷市議会［1974b］：倉敷市議会「昭和 49 年第 4 回倉敷市議会議事録昭和 49 年 6 月」1974
倉敷市［1974a］：倉敷市「倉敷市自然環境保全条例」1974
倉敷市［1974b］：倉敷市「倉敷市自然環境保全条例施行規則」1974
倉敷市［1974c］：倉敷市「広報くらしき 昭和 49 年 1 月 1 日」1974
倉敷の自然をまもる会［1974］：倉敷の自然をまもる会「倉敷の自然をまもる会規約 昭和 49 年 1
　　月 26 日」1974
倉敷新聞［1974a］：倉敷新聞（1974 年 1 月 28 日）
倉敷新聞［1974b］：倉敷新聞（1974 年 3 月 28 日）
倉敷新聞［1974c］：倉敷新聞（1974 年 11 月 2 日）
倉敷市［1975a］：倉敷市「倉敷市統計書昭和 50 年版」1975
倉敷市［1975b］：倉敷市「倉敷市自然環境保全基本計画」1975
倉敷市［1975c］：倉敷市「広報くらしき 昭和 50 年 1 月 1 日」1975
倉敷新聞［1975］：倉敷新聞（1975 年 2 月 12 日）1975
荒・藤谷［1976］：荒秀・藤谷正博「自然環境保全条例総覧」（ぎょうせい）1976
環境庁［1982］：環境庁『環境庁十年史』1982
倉敷市［1983a］：倉敷市「広報くらしき」1983 年 2 月 1 日
倉敷市［1983b］：倉敷市「倉敷市立自然史博物館条例」1983
倉敷の自然をまもる会［1984］：倉敷の自然をまもる会「倉敷の自然第 25 号」（1984 年 10 月 25 日）
倉敷市［1987］：倉敷市「倉敷市統計書昭和 61 年版」1987
自然保護年鑑編集委員会［1987］：自然保護年鑑編集委員会「自然保護年鑑昭和 62 年版」1987
倉敷市［1988］：倉敷市「倉敷市国土利用計画策定資料集 昭和 63 年 3 月」1988
倉敷市［1991］：倉敷市「倉敷市自然環境保全基本計画（平成 3 年度〜平成 12 年度）」1991
倉敷の自然をまもる会［1991a］：倉敷の自然をまもる会「倉敷の自然第 43 号」1991

倉敷の自然をまもる会［1991b］：倉敷の自然をまもる会「倉敷の自然第 46 号」1991

倉敷の自然をまもる会［1991c］：倉敷の自然をまもる会「倉敷の自然第 48 号」1991

倉敷市立自然史博物館友の会［1992］：倉敷市立自然史博物館友の会「倉敷市立自然史博物館友の
　　会会則 1992 年 1 月 26 日」1992

倉敷市自然史博物館［1994］：倉敷市自然史博物館「倉敷市自然史博物館報 No.5」1994

倉敷市［1996a］：倉敷市史研究会『倉敷市史第 8 巻自然・風土・民俗』1996

倉敷市［1996b］：倉敷市「倉敷市統計書平成 7 年版」1996

倉敷の自然をまもる会ほか［1998］：倉敷の自然をまもる会ほか「重井博先生追悼集」1998

倉敷市議会［1999］：倉敷市議会「平成 11 年第 4 回倉敷市議会議事録 平成 11 年 12 月」1999

倉敷の自然をまもる会［2000］：倉敷の自然をまもる会「倉敷市由加山系全域の自然」2000

倉敷市［2005］：倉敷市史研究会『倉敷市史第 7 巻現在』2005

倉敷市［2006a］：倉敷市「倉敷市統計書平成 17 年版」2006

倉敷市［2006b］：倉敷市環境部「倉敷の自然向山地区」2006

谷津他［2008］：谷津他『生物多様性基本法』（ぎょうせい）2008

倉敷市自然史博物館［2009］：倉敷市自然史博物館「倉敷市自然史博物館報 No.18」2009

岡山県［2009］：岡山県「岡山県版レッドデータブック 2009」2009

環境省［2009］：環境省「生物多様性地域戦略策定の手引き」2009

倉敷市［2011a］：倉敷市「倉敷市第二次環境基本計画」2011

倉敷市［2011b］：倉敷市「第六次総合計画」2011

倉敷市［2011c］：倉敷市「倉敷市農林水産の概要（平成 22 年度版）」2011

倉敷市［2012］：倉敷市「倉敷市生物多様性地域戦略策定委員会規約 平成 24 年 8 月 28 日」2012

閣議決定［2012］：閣議決定「生物多様性国家戦略 2012-2020」2012

高梁川流域連盟［2014］：高梁川流域連盟 HP「高梁川流域連盟とは」
　　（〈http://www.takahashigawa.sakura.ne.jp/〉2014 年 4 月 15 日参照）

倉敷市［2014］：倉敷市「倉敷市生物多様性地域戦略」2014

倉敷市自然史博物館［2014a］：倉敷市自然史博物館「倉敷市立自然史博物館出版物案内」（〈http://
　　www2.city.kurashiki.okayama.jp/musnat/publication.htm#study〉2014 年 3 月 13 日参照）

倉敷市自然史博物館［2014b］：倉敷市自然史博物館「倉敷市立自然史博物館 30 周年・倉敷市立博
　　物館と同友の会の主な実施事業」（〈http://www2.city.kurashiki.okayama.jp/musnat/temp/30-
　　anniversary〉2014 年 4 月 15 日参照）

第10章

倉敷市の地球温暖化対策

1　はじめに

　倉敷市は1990年代末まで、環境保全施策の策定や推進について岡山県に委ね、あるいは岡山県の対策に歩調を合わせるように対処し、どちらかといえば基礎自治体として公害問題等の収拾や後処理に役割を果たすことが多く、自ら環境保全に全面的に責任を負うとするような姿勢をとることがなかった。1993年制定の環境基本法は地球温暖化防止などを重要な環境保全施策に組み入れたが、地球環境保全を倉敷市の環境政策課題とすることはなかった。しかし、1990年代に地方分権をめぐる全国的な大きな動きに沿うように、1999年に倉敷市は地球環境保全を含む環境保全について全面的に責任を負うとの考えのもとに「環境基本条例」を制定した。2000年にこの条例に基づく環境基本計画を策定し温室効果ガス削減にも取り組むことを盛り込んだ。2001年に多くの環境保全事務を岡山県から引き継ぎ、2002年に中核市に位置づけられた。

　「地球温暖化対策の推進に関する法律」（以下「温対法」）は、同法の2008年改正により、都道府県知事、政令指定都市および特例市に「地球温暖化対策実行計画（区域施策編）」の策定を義務づけた。これはそれ以前にすべての地方自治体に事務事業に係る温室効果ガスの削減に係る計画を義務づけていたことに加えて、大規模自治体に区域全般に係る地球温暖化対策計画の策定を求めたものである。

　倉敷市はこれに基づき2011年2月に「クールくらしきアクションプラン・倉敷市地球温暖化対策実行計画（区域施策編）」（以下「倉敷市実行計画」）を策定・公表した。倉敷市は水島工業地域を要し、全国の市町村の中で最も温室効果ガスの排出が多い市である。法定の策定義務による計画であるが、倉敷市は「地球社会を構成する一主体としての自覚と責任を持ち、地球温暖化対策の推進に一層努めていくという強い決意のもと……」（倉敷市［2011］）で計画を策定したとしている。

国内的にも国際的にも環境政策上の重要課題である地球温暖化対策について、地域の環境保全に責任を負うとする倉敷市が、こうした実行計画を策定する意義について、その内容等を検証しつつ、検討した。また、倉敷市実行計画作成過程における市民・事業者の関わり等について検討した。さらに、倉敷市実行計画と、倉敷市と同様に産業部門の温室効果ガス排出量の比率が大きく、かつ高炉を有する製鉄所が立地する9市の計画と比較し、倉敷市実行計画の特徴について検討した。

2 倉敷市実行計画

(1) 倉敷市と温室効果ガス排出状況の概要・特徴

倉敷市は大規模な重化学コンビナートである水島工業地域を有する。倉敷市の総生産は約5兆5,000億円（2009年度）、製造品出荷額が約4兆3,000億円（同）である。製造品出荷額について、全国の市町村のなかで第3位にある（倉敷市[2011]）。倉敷市の温室効果ガス排出量は約3,957万t（2007年度）である。部門別に、産業部門の排出量が約3,213万t、81.2％、運輸部門が約185万t、4.7％、民生業務部門が約138万t、3.5％、民生家庭部門が約67万t、1.7％、エネルギー転換部門が約179万t、4.5％、その他約175万t、4.4％である（倉敷市[2011]）。倉敷市実行計画は「本市は日本有数の工業地域である水島コンビナートを有していることから、産業部門の温室効果ガス排出量が市全体の約81％（国の2.2倍、県の1.3倍）と極めて高く、全国的に見ても特徴的な排出構造」（倉敷市[2011]）としている。また、全国の市町村別に比較した場合に、最近の倉敷市の温室効果ガス排出量は全国で最も多いものと考えられる（補注1）。

(2) 倉敷市協議会および実行計画策定の経過

倉敷市は2009年8月に、倉敷市実行計画を策定するため温対法の規定に基づき「倉敷市地球温暖化対策実行計画（区域施策）策定協議会」（以下「倉敷市協議会」）を設けた（倉敷市[2009]）。9月28日の第1回協議会の開催を初めとして、8回の協議会と同協議会委員による5回の「勉強会」を経て、2010年12月に第8回の最終協議会で最終案を作成し、市長に検討結果を報告した。この協議会の検討結果をもとに、2011年2月、倉敷市は「倉敷市実行計画」（倉敷市[2011]）を決定し、

第 10 章 倉敷市の地球温暖化対策 *239*

表 10-1 倉敷市協議会の検討の経緯等

年月	内　　容
2009 年 8 月	協議会設置要項制定（注 1）
2009 年 9 月	第 1 回協議会（注 2） ・20 名の協議会委員の任命、委員長・副委員長の選出 ・実行計画策定手順の確認 ・市民・事業者アンケート調査の実施方法の協議
2009 年 10 月〜11 月	アンケート調査を実施。市民（2,000 人）、事業者（200 社）を対象に、地球温暖化に対する関心などについて調査
2009 年 12 月	第 2 回協議会 ・基準年を 2007 年度に仮決定 ・短期・中期・長期の目標年・削減目標について協議 ・「勉強会」の開催について了承（注 3）
2010 年 3 月	第 3 回協議会 ・短期・中期・長期の目標年・削減目標について協議（継続） ・削減対策・施策について協議
2010 年 5 月	第 4 回協議会 ・基準年を 2007 年度に決定 ・短期目標を 2012 年度・基準年比 6％削減に決定 ・中期・長期削減目標について協議（継続）
2010 年 6 月	第 5 回協議会 ・中期目標を 2020 年度・基準年比 12％削減、「12％」の前提条件を決定 ・基本理念・取組方針について協議 ・重点施策について協議
2010 年 7 月	第 6 回協議会 ・長期目標を 2050 年度・基準年比 80％削減、必要な見直し等について決定 ・基本理念・取組方針について協議（継続） ・7 項目の重点施策を協議・了承
2010 年 9 月	第 7 回協議会 ・実行計画（素案）について細部を委員長預かりとして了承
2010 年 10 月〜11 月	実行計画（素案）について市民から意見を公募
2010 年 12 月	第 8 回協議会 ・市民意見の説明 ・実行計画（素案）を了承 ・中期目標・長期目標達成に係る具体策を「進行管理」によることを確認

出典：倉敷市「クールくらしきアクションプラン　倉敷市地球温暖化対策実行計画（区域施策編）」（倉敷市［2011］）および倉敷市 HP の第 1 回〜第 8 回協議会議事録により作成した。

注 1：「倉敷市地球温暖化対策実行計画（区域施策）策定協議会設置要項」

　　2：「協議会」は「倉敷市地球温暖化対策実行計画（区域施策）策定協議会」。以下同じ。

　　3：上記の 8 回の協議会の他に、2010 年 1 月〜5 月の間（第 2 回協議会〜第 4 回協議会の間）に 5 回の「勉強会」が開催されている。実行計画策定に係るさまざまな検討事項について委員・事務局が理解を深めることを目的に開催された。（補注 2）

公表した。協議会の検討の経緯等は表 10-1 のとおりである。

　協議会は 20 名の委員で構成された。学識経験者 2 名、市民公募委員 2 名、団体代表 2 名、環境 NPO リーダー 2 名、水島企業等事業者 4 名、廃棄物事業者 1 名、交通輸送事業者 1 名、小売事業者 1 名、流通事業者 2 名、行政関係者 3 名である。

　倉敷市協議会の検討が始まった後、地球温暖化に対する関心や取組みの実施状況などについて、市民（2,000 人）、事業者（200 社）を対象に、調査を実施している。また、実行計画の素案ができた段階で市民に公開して「パブリックコメント」を求めている。

(3) 倉敷市実行計画の特徴

1）削減目標

　実行計画が長期目標（2050 年度）を掲げたことは実行計画の特徴の一つである。長期目標とともに、短期目標（2012 年度）、中期目標（2020 年度）を以下のとおりの経緯を経て設定している。

　第 3 回協議会において、基準年、目標年について事務局から説明され、2007 年度を基準年とする、ただし 1990 年度と比較できるようにする、短期目標・2012 年度、中期目標・2020 年度、長期目標・2050 年度とすることを決定した。（倉敷市［2010a］）

　短期目標について、第 4 回協議会において「基準年比 6％削減」とすることを決定した。策定された実行計画においては「……中期目標の達成に向けた基盤づくりの基幹と位置付け、短期目標は、2007 年度を基準年として 2012 年度に温室効果ガスを 6％削減する」（倉敷市［2011］）としている。この短期目標については、現在の技術等から実現可能な対策を取り入れることを見込んで削減が見込まれる 2012 年度の「削減ポテンシャル」によった（倉敷市［2011］）。

　中期目標について、2007 年度を基準年として 2020 年度に温室効果ガスを 12％削減する、部門別に、産業部門 12％、運輸部門 11％、民生業務部門 39％、民生家庭部門 49％をそれぞれ削減するとしている（倉敷市［2011］）。

　中期目標については、第 3 回〜第 5 回協議会の 3 回の協議会で審議され決定された。議事録によれば、第 3 回協議会において 2020 年度を目標年度とすることを決定した。第 4 回協議会において事務局から削減目標量について 3 案（ケース）

が提示された。現実的な削減量を基に目標を求めた「ケース1（2007年度比マイナス8％）」、市の特性を生かしてケース1よりも野心的に削減を実施した「ケース2（2007年度比マイナス12％）」、中長期ロードマップ（当時の環境大臣試案）の施策の中で市に関わりのある項目を積み上げた「ケース3（2007年度比マイナス25％）」の3案である。第4回協議会では継続審議とし、その後、協議会各委員に対して事務局から意見照会がなされた。

　第5回協議会において、協議会委員意見について「ケース2」賛同者が8人、「ケース3」賛同者が1人、その他1人であったことが披露された。審議の結果、「ケース2」を中期目標としさらに議論を深めることとした。第5回協議会において引き続き審議され、ただし書きを付することを前提とし「ケース2」を基に中間目標とした（倉敷市［2010a］［2010b］［2010c］）。

　最終的に「2007年度を基準年として2020年度に温室効果ガスを12％削減する‥‥市域の低炭素技術や低環境負荷製品、その他支援・協力等が市域外の排出削減に寄与したことを確認できる場合は、対策の評価に含める‥‥短期目標の達成状況を検証する時点において‥‥見直しを行う」（倉敷市［2011］）とした。

　長期目標について、第4回協議会において事務局から、2007年度を基準年として2050年度に温室効果ガスを80％削減するとの案が提示された。これに対して、協議会委員から、事務局提案を支持する意見、人口などの市の2050年の姿の不確定さを指摘する意見、水島工業地域を擁する地域の特性から60〜80％削減が良いとの意見、市の目標として前提条件を付して80％とする意見、などがあった。結論として「前提条件を入れて80％削減を目指すということで、具体的な文章表現については事務局でとりまとめる」（倉敷市［2010d］）とした。

　最終的に「長期目標の設定に当たっては、本市が人口減少・少子高齢化の影響を受けつつも、一定の経済成長を維持する活力ある社会であること、地域の産業構成・都市計画の枠組やエネルギーを使用する生活水準が現在と同様に維持されていることを前提‥‥革新的な技術やまちづくりの手法が駆使されることにより‥‥目指すべき低炭素都市像を実現する。長期的に目指す将来像への道標として『2007年度を基準年として2050年度に温室効果ガスの80％削減を目指す』‥‥今後、国内外の地球温暖化問題を取り巻く状況や社会動向等を踏まえて必要に応じて見直しを行う」（倉敷市［2011］）とした。

2）基本理念と取組方針

　計画策定の基本理念として「低炭素技術と環境にやさしい文化で未来を創る」（倉敷市［2011]）としている。その理念について「‥‥すべての主体が、将来の世代に対して責任を持ち、率先して温暖化対策に取り組むことにより、環境と調和したまちをつくります」（同）とし、取組みに当たって、産業技術力、観光、伝統的な生活文化、太陽の恵沢などの地域特性を最大限に活用するとしている。（倉敷市［2011]）

　5つの取組方針を掲げている。「4つのクールと1つのホット」というキャッチコピーのもとに、①ものづくりをクールに ― 環境調和型産業への転換、②まちをクールに ― 低炭素型まちづくりの推進、③暮らしをクールに ― 低炭素型ライフスタイルへの転換、④観光をクールに ― 環境調和型観光地づくりの推進、⑤つながりをホットに ― 主体間交流・連携の強化、を掲げている。①について「ものづくりを通じた世界の温室効果ガス削減を目指します」とし、④について「環境に配慮した観光地づくりを推進します」「人と環境にやさしいおもてなしで観光振興を図ります」、⑤について「市内のあらゆる主体が活発に交流し、皆が連携・協力して温暖化対策に取り組める環境をつくります」としている。（倉敷市［2011]）

3）施策

　基本理念、取組方針に基づき、重点施策である「クールくらしき80プロジェクト」および一般施策を推進するとしている。実行計画の施策体系については図10-1のとおりである。なお、「80」については長期目標削減率（80%削減）の数値の象徴的な数字としている（倉敷市［2011]）。

　重点施策を構成するのは7項目のプロジェクトで、①世界に誇る「環境調和型コンビナート」の形成、②中小事業者の環境経営支援「ものづくりエコサポート」の推進、③低炭素なまち「クールタウン」形成の推進、④太陽エネルギーを活かしたまちづくり「太陽のまちプロジェクト」の推進、⑤環境にやさしい生活様式「良環スタイル」（補注3）の推進、⑥人と環境にやさしいおもてなし「エコころ観光」の推進、⑦主体間連携を強化する「エコの環づくり」の推進である。これらに係る施策として、エネルギー・資源の高度利用推進、環境関連産業の創出推進、中小企業の環境経営支援、低炭素モデル街区の形成推進、電気自動車の普及促進、温暖化防止活動拠点施設の整備などの13の施策を推進するとしている。

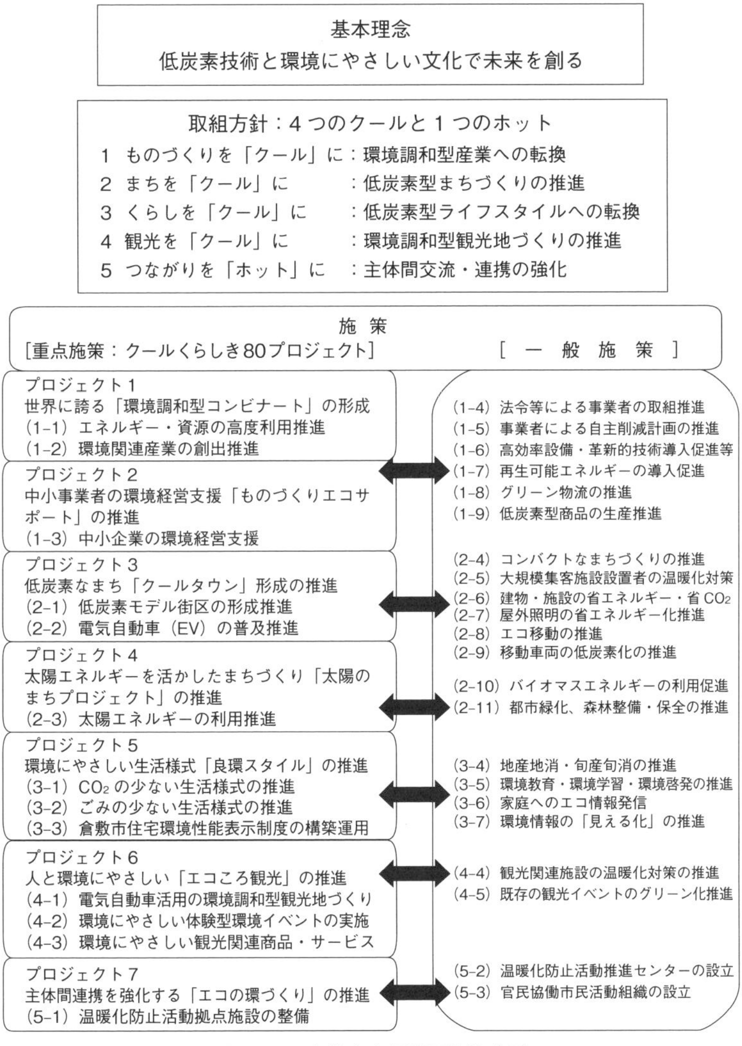

第 10 章　倉敷市の地球温暖化対策　　*243*

```
┌─────────────────────────────────────┐
│                基本理念                │
│    低炭素技術と環境にやさしい文化で未来を創る    │
└─────────────────────────────────────┘

┌─────────────────────────────────────┐
│       取組方針：4 つのクールと 1 つのホット       │
│  1  ものづくりを「クール」に：環境調和型産業への転換   │
│  2  まちを「クール」に　　　：低炭素型まちづくりの推進  │
│  3  くらしを「クール」に　　　：低炭素型ライフスタイルへの転換│
│  4  観光を「クール」に　　　：環境調和型観光地づくりの推進 │
│  5  つながりを「ホット」に　　：主体間交流・連携の強化   │
└─────────────────────────────────────┘
```

施　策
[重点施策：クールくらしき 80 プロジェクト]　　　　[　一　般　施　策　]

プロジェクト 1
世界に誇る「環境調和型コンビナート」の形成
(1-1) エネルギー・資源の高度利用推進
(1-2) 環境関連産業の創出推進

プロジェクト 2
中小事業者の環境経営支援「ものづくりエコサポート」の推進
(1-3) 中小企業の環境経営支援

プロジェクト 3
低炭素なまち「クールタウン」形成の推進
(2-1) 低炭素モデル街区の形成推進
(2-2) 電気自動車（EV）の普及推進

プロジェクト 4
太陽エネルギーを活かしたまちづくり「太陽のまちプロジェクト」の推進
(2-3) 太陽エネルギーの利用推進

プロジェクト 5
環境にやさしい生活様式「良環スタイル」の推進
(3-1) CO_2 の少ない生活様式の推進
(3-2) ごみの少ない生活様式の推進
(3-3) 倉敷市住宅環境性能表示制度の構築運用

プロジェクト 6
人と環境にやさしい「エコころ観光」の推進
(4-1) 電気自動車活用の環境調和型観光地づくり
(4-2) 環境にやさしい体験型環境イベントの実施
(4-3) 環境にやさしい観光関連商品・サービス

プロジェクト 7
主体間連携を強化する「エコの環づくり」の推進
(5-1) 温暖化防止活動拠点施設の整備

[　一　般　施　策　]

(1-4) 法令等による事業者の取組推進
(1-5) 事業者による自主削減計画の推進
(1-6) 高効率設備・革新的技術導入促進等
(1-7) 再生可能エネルギーの導入促進
(1-8) グリーン物流の推進
(1-9) 低炭素型商品の生産推進

(2-4) コンパクトなまちづくりの推進
(2-5) 大規模集客施設設置者の温暖化対策
(2-6) 建物・施設の省エネルギー・省 CO_2
(2-7) 屋外照明の省エネルギー化推進
(2-8) エコ移動の推進
(2-9) 移動車両の低炭素化の推進

(2-10) バイオマスエネルギーの利用促進
(2-11) 都市緑化、森林整備・保全の推進

(3-4) 地産地消・旬産旬消の推進
(3-5) 環境教育・環境学習・環境啓発の推進
(3-6) 家庭へのエコ情報発信
(3-7) 環境情報の「見える化」の推進

(4-4) 観光関連施設の温暖化対策の推進
(4-5) 既存の観光イベントのグリーン化推進

(5-2) 温暖化防止活動推進センターの設立
(5-3) 官民協働市民活動組織の設立

図 10-1　倉敷市実行計画施策体系
注：「倉敷市地球温暖化対策実行計画（区域施策編）」による。

　一般施策として、「（重点施策に次いで）重要度や優先度の高い施策……（重点施策の）補足的施策、あるいは本市の特性等によらず普遍的な施策をまとめた」（倉敷市［2011］）として、22 の施策を推進するとしている。例えば、事業者による自主削減計画の推進、再生可能エネルギーの導入促進、コンパクトなまちづくりの推

進、「地域地球温暖化防止活動推進センター」の設立などである。

　倉敷市実行計画は、重点施策を構成する13施策、22の一般施策の35施策について、施策の説明、取組事例、倉敷市の推進策（倉敷市の関わり）、各主体の役割、ロードマップを掲げている。重点施策を構成する13施策について、主として取組みを進める主体と施策の成果の評価に着目して類別を行うことができる。

　市行政において推進する施策として「温暖化防止活動拠点施設の整備」がある。この施策については、施設整備が実現するかどうかにより成果を測ることができる。市行政において制度構築などから取り組む施策として「低炭素モデル街区の形成推進」「倉敷市住宅環境性能表示制度の構築と運用」がある。いずれも制度の検討、制度の実現手法の検討などから行わねばならない施策である。「中小企業の環境経営支援」についても、市行政が推進役となって、大企業、その他の協力を得ながら取り組むべき施策である。「太陽エネルギー（太陽光、太陽熱）の使用推進」についても推進役として市行政の役割が重要である。

　事業者に期待されている取組みとして「エネルギー・資源の高度利用促進」「環境関連産業の創出推進」がある。行政がさまざまな形で関与する余地はあるものの、これらの推進は主として水島コンビナート企業に期待されている。

　観光に関連する取組みとして電気自動車活用環境調和型観光地づくり、環境にやさしい体験型観光イベント実施、環境にやさしい観光関連商品・サービスの推進が掲げられている。いずれもこれから取り組む施策とみられる。推進役として市行政の役割は重要と考えられるがさまざまな事業者の関与が期待されている。

　市民に期待されている取組みとして「CO2の少ない生活様式の推進」「ごみの少ない生活様式の推進」がある。いずれも市行政がこれまでに取り組んできている「グリーンくらしきエコアクション」（補注4）、「くらしキック20」（補注5）を基本に施策を推進するとしているが、基本的に取組みの主体は市民である。

　実行計画に示されている事業の内容によれば、どの事業についても具体的な成果指標、目標値を想定することができる。しかし、5施策について成果指標、目標値が掲げられているが、その他の施策については掲げられていない。この点について実行計画は「定量的な目標設定が困難な施策等については、成果指標及び目標値を設けていませんが、実施主体において、計画的な取組みの推進に努めることとします」（倉敷市［2011］）としている。

第 10 章　倉敷市の地球温暖化対策　*245*

表 10-2　成果指標・目標値が示されている施策

施　策	成果指標・目標値
1-1　エネルギー・資源の高度利用促進	成果指標：高度利用を行う水島コンビナート企業の割合 目標値　：2020 年度の時点で 8 割到達
2-2　電気自動車（EV）の普及促進	成果目標：電気自動車保有台数 目標値　：2020 年度時点で 14,000 台
2-3　太陽エネルギー（太陽光、太陽熱）の利用促進	成果目標：太陽光発電設備の設置規模 目標値　：2020 年時点で住宅用　累計　28,000 件 　　　　　　　　　　事業用　累計　10,000 kw
3-1　CO$_2$ の少ない生活様式の推進（「G-KEA」）	成果目標：「G-KEA」に取り組む人の割合 目標値　：2020 年度時点で 53%（現状は 24.6%）
3-2　ごみの少ない生活様式の推進	成果目標：ごみ排出量及びリサイクル率の改善率 　　　　　（2007 年度比） 目標値　：2024 年度までにごみ排出量 20% 削減、リサイクル率 10% 向上

注 1：施策の番号は実行計画の施策に付されている番号（図 10-1 の番号に同じ）
　2：「G-KEA」は「グリーンくらしきエコアクション」

4）実行計画の推進体制と進行管理

　実行計画は計画の推進体制と進行管理について記述している。市民・事業者・行政・学識経験者等により組織する「倉敷市地球温暖化対策協議会」を設置すること、市役所内に「環境保全推進本部・温暖化対策ワーキンググループ（庁内委員会）」を設置すること、普及啓発の促進のために、市内活動団体を温対法に基づく「地域地球温暖化防止活動推進センター」として指定検討することなどとしている。

3　倉敷市実行計画の意義と特徴等

(1)　倉敷市実行計画策定の意義等

　倉敷市実行計画が策定されたことについては後述するようにさまざまな問題点・課題等はあるものの、以下の点で意義を認めることができるものであると考える。
　第 1 に全国の 1,700 余の市町村の中でも温室効果ガス排出量が最も多いと考えられる地域において、日本を代表する大企業の工場の温室効果ガスの削減を含む区域施策実行計画を策定したことである。
　水島工業地域のような地域では、立地する大規模な工場の温室効果ガス削減対策

の進み具合によって地域全体でみた場合の削減率が左右される。大企業の温室効果ガス削減の取組みは、政府の「京都議定書目標達成計画」（閣議決定［2008a]）、「エネルギー基本計画」（資源エネルギー庁［2010]）などの国全体のあり方に組み込まれている。立地する大企業の工場の削減について、倉敷市実行計画に盛り込むことの意味が問われることになる。一般的に、大企業の工場の温室効果ガス削減に関する取組を、地域実行計画などに取り込むことが妥当性を持つ一つの側面は、企業側の認識、つまり大企業の工場が地域の一員として地域の削減計画に共感を持って取り組むとの認識を持つことにより確保される可能性がある。また、もう一つの側面は技術力・資金力を持つ大企業が地域の中小企業・行政・市民・NGO／NPOなどと連携して取り組むことになれば妥当性を持つことになり、さらには単に立地する工場における生産活動に止まらず、立地企業の存在が、関連する中小企業、多くの従業員や家族などの社会的経済的活動に関係することから、そうした側面に着目する施策が計画に盛り込まれ、地域の温室効果ガス削減が進むことにより妥当性が確保されることになる。

　倉敷市実行計画の策定においては、協議会に大企業の関係者が委員として入っている。また倉敷市実行計画は、取組方針、重点施策、一般施策にさまざまな主体の連携の確保を盛り込んでいる。また、企業関係者にも求められる多くの施策が掲げられている。それらの点から最低限の妥当性は確保されているものと考えられる。

　第2に短期目標、中期目標についてである。短期目標は、2007年度比で2012年度に温室効果ガスを6％削減するとし、現在の技術等から実現可能な対策を取り入れることを見込んだ2012年度の「削減ポテンシャル」によっている。これは、計画策定年から目標年までに2年しかないということから、現実的な選択をしたということである。

　中期目標は、2007年度を基準年として2020年度に温室効果ガスを12％削減するとし、評価方法と見直しに関するただし書きを付している。これを決める段階で、事務局から3つのケースが提示され、そのうちの「ケース2」と決定されたのであるが、「市の特性を生かして野心的に実施したケース」（倉敷市［2010b]）である。協議会の議事録によれば、「ケース2」が「産業部門の目標設定の根拠である平均年1％削減」（倉敷市［2010b]）を見込んでいるものと考えられるが、これについて厳しいレベルであることを指摘する意見が示され、「原単位」による目標設定が望ましいとする意見が示されている。一方、議事録では、平均年1％削減は

産業界が以前から掲げていたものであると認識するとの意見も示されており、これ
は容認せざるを得ないとの考えとみられる。少数意見であるが、中長期ロードマッ
プに基づく「ケース3（2007年度比マイナス25%）」を支持する委員もあったが、
実現の困難性を指摘する協議会委員の意見があり、事務局も「ケース3」の目標達
成が難しいとの意見を示した。最終的に、単に実現可能性のみを見込んだ「ケース
1」でもなく、実現可能性を見通すことができない「ケース3」でもなく、ある程
度の困難性があるものの、地域の努力によって目指す削減目標として「ケース2」
が選択された。（倉敷市［2010b］［2010c］）

　中期目標において、産業部門、運輸部門、民生業務部門、民生家庭部門の4種
の部門別に削減目標が示されたことは意味のあることであると考える。倉敷市に
おいては2007年度の温室効果ガス排出量の81%は産業部門から排出されている。
市域全体の温室効果ガスの排出量の増減は産業部門に左右される。産業部門以外の
3部門が削減努力を行ったとしても、市域の全削減量にはあまり影響しない。し
かし、実行計画の趣旨および人口47万人の地域が求められる温暖化対策の責任か
ら、あらゆる主体に温室効果ガス削減努力が求められる。したがって4つの部門
がそれぞれに約10年後の2020年に目指す削減目標が示されていることは適切で
ある。なお、倉敷市実行計画が長期目標を示したことについては別に考察する。

　第3に実行計画の基本理念と取組方針について評価することができる側面があ
るものと考える。基本理念については「低炭素技術と環境にやさしい文化で未来を
創る」としている。水島工業地域等がものづくりの地域であることから「低炭素技
術」という言葉を用いるとともに、古い町並みの観光地を持つこと、古くからの生
活文化を持つ地域であるとして「文化」という言葉を用いている。地域の特性を意
識しているとみることができる。取組方針として「4つのクールと1つのホット」
というキャッチコピーのもとに5つの取組方針を掲げている。取組方針は温室効
果ガス削減に取り組むべき主体（部門）に対応しており、第1の取組方針「ものづ
くりをクールに」は産業部門、第2の「まちをクールに」は運輸部門・民生業務
部門、第3の「暮らしをクールに」は民生家庭部門に関わる。第4の取組方針「観
光をクールに」は倉敷市が美観地区などの観光地を擁することに由来し、地域特性
を踏まえているとみることができる。第5の取組方針「つながりをホットに」は、
単にそれぞれの主体の個別分野ごとに温室効果ガス削減を寄せ集めた計画とするの
ではなく、各主体の連携から生み出される削減を期待したものとなっている。

「文化」を冠した理念を掲げていること、あらゆる主体の削減を網羅した取組方針となっていること、地域特性である観光に関係する温室効果ガス削減に取り組む方針を示していること、さらには各主体間の連携による取組みを視野に入れていることなどについて、計画の枠組としては確かなものになっていると考える。

(2) 倉敷市の環境保全責任からみた倉敷市実行計画の意義等

地域の環境保全に責任を持つべき倉敷市のあり方という側面から倉敷市実行計画の意義があると考えられる。倉敷市は1990年代末以降、環境基本条例を制定し、条例に基づく環境基本計画を策定するなど、総合的・計画的に市域の環境の保全を図るようになっている。倉敷市実行計画の策定はその一環に位置づけられる。倉敷市実行計画に盛り込まれている施策は、行政はもとより、市内に立地する大企業、中小企業、交通輸送、製造業以外の事業活動、市民生活などに関係する。それはあらゆる社会経済活動が温室効果ガスの排出を伴うものであることによっている。倉敷市実行計画は環境基本計画の守備範囲ほどではないが、広範な分野に関わる施策を含んでいる。

温室効果ガスの削減の取組みは国際社会および国のレベルの取組みが欠かせないのであるが、地域レベルの取組みも重要な側面である。その意味から、温対法が2008年改正により「区域施策実行計画」（区域施策編）の策定を特例市以上の市に義務づけたことに意義がある。そのことについて環境省は、それまで地方公共団体にみずからの事務事業の温室効果ガス削減である「区域事務事業計画」に加えて、「これからは一層きめ細かい地域レベルでの総合的に計画的な取り組みが必要」（環境省［2008］）と説明している。倉敷市は温対法の改正によって特例市に義務づけられた「区域施策実行計画」をいち早く策定したのである。

倉敷市は、1960～1980年代に水島開発に関係して発生した公害の事後処理等において基礎自治体として対処した（補注6）。しかし、1990年代に至るまで独自に総合的に環境保全対策に取り組むことはなかった（井上他［2010］）（第3章参照）。変化が見られるようになるのは1990年代末頃であった。1990年代半ば頃からの地方分権改革・推進の動向を背景に、倉敷市は1999年に「倉敷市環境基本条例」を制定し、条例に基づき2000年に策定された環境基本計画は「条例に基づき、21世紀に向けて本市が実施すべき環境保全に関する各種施策の基本的方向……などを示す」（倉敷市［2000］）とした。倉敷市実行計画をいち早く策定したことは、

1999 年に環境基本条例を制定して、地域の環境保全について倉敷市が責任を持つ
との考え方の枠組の一環に位置づけられる意義のあるものと評価される。

(3) 長期目標と環境省マニュアルについて

　倉敷市実行計画は長期目標を掲げた。「長期的に目指す将来像への道標として」
（倉敷市［2011］）という前提条件を付して、2050 年度に基準年の 2007 年度比で
温室効果ガスの 80％削減を目指すとした。地域が長期目標を設定することについ
てはさまざまな議論の余地がある。

　第 1 に倉敷市の 2050 年頃の温室効果ガス排出量および社会経済の枠組が明確で
ないにも関わらず長期目標を掲げていることである。協議会議事録によれば、第 4
回協議会において「2050 年の市の姿（概要）」が説明されている。配布資料の「低
炭素社会の将来像（案）」であるが、それには抽象的に温室効果ガスの排出量が
削減された状態の産業、都市・市民生活、交通・輸送、エネルギー供給などのビ
ジョンが示されているだけで、社会経済などの定量的な将来推計ではない（倉敷市
［2010e］）。倉敷市は「現状のまま推移した姿を前提……生活様式等は今と大きな
変化がないという前提……40 年後の姿を描く上で人口や GDP 等……正確に把握
することは困難……現状と変わらない社会を前提として将来像を描く手法をとる」
（倉敷市［2010e］）としている。

　第 2 に 2050 年度に 2007 年度比で温室効果ガス 80％削減としていることであ
る。第 4 回協議会議事録によれば、「80％削減」について、支持する意見、もう少
し低いレベルとするべきとの意見、60 〜 80％の幅の中で議論されるべきとする意
見が示された。また、削減目標の性格として、規制的に削減を強制するような目標
ではないこと、見直しを行うこと、個別分野の削減を明確にするものではないこ
と、などを前提とすべきとの意見が示された。さらには目標達成の評価において国
際協力による削減などを考慮するべきとの意見が示された。事務局から、長期目標
達成は困難という認識があるものの環境先端都市を目指して、実現性というよりも
努力目標として 80％削減を掲げる、さまざまな意見を踏まえた前提条件を明示す
る、との考えが示され了承された。最終的に「長期的に目指す将来像への道標とし
て 80％削減を目指す、必要に応じて見直しを行う」とされた。（倉敷市［2010b］
［2010c］［2010d］［2011］）

　第 3 にこうした地域の長期目標の設定に関係の深い環境省マニュアル（環境省

[2009］）についてである。このマニュアルは目標設定について、長期目標を2050年とすること、60〜80％削減という政府の長期目標を踏まえ目標を設定することを推奨すること、産業部門の割合が大きい地域では全体の削減率が低くなることが想定されること、などを示し、目標設定の基本的な考え方として、フォアキャストによる方法、バックキャストによる方法があることを示している。一方、40年後の2050年の長期目標を設定するにあたって、地域の社会経済の枠組を踏まえるべきことについては言及していない。倉敷市は環境省マニュアルの示すバックキャストによる方法により長期目標を定めた。

　2008年3月に開催された中央環境審議会地球環境部会において、特例市以上の市に区域施策実行計画を義務づけることを含む温対法改正案が国会に提案されていることについて、環境省から説明されている。これに対して一部の審議会委員から、地方自治体に新しい対応を求めるような法改正にあたっては、関係者から意見を聴くべきであったこと、地方の仕組みを設ける場合には地方との連携が必要であること、などの発言がなされている（環境省［2008］）。

　その後、法改正案は国会で可決・成立したのであるが、環境省はその施行に参考とされるマニュアルを作成し、その中で「短期・中期・長期の削減目標を定めることが推奨されます……長期目標は……政府の目標値『2050年に現状比60〜80％削減』を踏まえて設定することを推奨します」（環境省［2009］）としている。ここで「政府の目標値」としているのは2008年7月に閣議決定された「低炭素社会づくり行動計画」（閣議決定［2008b］）と考えられる。

　閣議決定されている国の行動計画をもとに、温対法に基づく区域施策実行計画策定において、マニュアルを示して2050年の削減目標設定を促していることになる。ひとたびマニュアルが示されれば、多くの地方自治体はそれに沿って計画策定を進めることになり、政令、規則などではないマニュアルが、区域計画づくりの枠組みを決めることを意味する。地方自治体が長期目標を設けて取組みを進めることは意味のあることであるが、中央環境審議会地球環境部会において委員から指摘があったように、地方が計画を策定するという法制度づくり、それに基づいて策定される計画の内容のあり方などについて、国と地方の対話が深められる必要がある。

(4) 倉敷市実行計画の施策について

　倉敷市実行計画の施策については、それぞれの具体性、成果指標などから類別することができる。

　施策について一つの視点は施策の具体性から類別してみることができることである。具体的な政策手法をこれから検討しようとするもの、具体的な事業を含む施策となっているもの、および施策が事業そのものを示唆するものの3つに類別できる。

　第一の類別に属するのは「施策」というよりもこれから施策を具体的に検討しなければならないものである。例えば「1-1　エネルギー・資源の高度利用促進」において収組例として示されているのは、「企業間連携システムの構築」「低炭素・低コストの資源・エネルギーへの転換」であるが、具体的な手法は示されておらず、これから検討されることとされている。同様に、「1-2　環境関連産業の創出推進」「1-3　中小企業の環境経営支援」「2-1　低炭素モデル街区の形成推進」「4-1　電気自動車を活用した環境調和型観光地づくりの推進」「4-3　環境にやさしい観光関連商品・サービスの推進」などについても具体的な政策手法が示されていない。施策の具体化は今後の計画の推進に委ねられている。

　第二の類別に属するのは、既存の事業を含む具体的な事業を含む施策となっているものである。例えば「2-2　電気自動車（EV）の普及促進」は、電気自動車・充電設備に対する補助、電気自動車の貸出し、普及啓発などを含む具体的事業が示されている。また、「2-3　太陽エネルギーの利用促進」は、太陽エネルギー普及組織の設置検討、公共施設への太陽光発電システムの設置推進、メガワットソーラー発電所の設置検討などの具体的事業が示されている。同様に、「3-2　ごみの少ない生活様式の推進」「4-2　環境にやさしい体験型観光イベントの実施」などにおいても、具体的な事業を含むものとなっている。しかし、事業としては具体的に示されているのであるが、これから新たに検討・導入するとする事業も多く掲げられている。例えば、電気自動車の普及に係るモデル事業の実施、太陽エネルギー普及のための協議会の設置、市民共同出資の市民発電所設置、環境にやさしい観光関連商品・サービスの推進などである。既存の事業経験があるものについても、今後のあり方についてはさまざまな工夫が求められている。例えば、住宅用太陽光発電システム・太陽熱温水器の設置推進、ごみの排出抑制・再資源化の推進などである。事業内容の具体的なあり方は今後の計画の推進に委ねられているのである。

第三の類別に属するのは、施策の題目が事業となっているものである。例えば、「3-3　倉敷市住宅環境性能表示制度の構築と運用」は、住宅環境性能表示基準、運用ルール、表示ラベルなどからなる制度を構築しようとしている。また、「5-1　温暖化防止拠点施設の整備」は、環境学習、および市民・民間団体・事業者・行政の交流のための施設整備を行うなどとしている。施策や手法等について具体的であるが、これらについても実際のあり方は今後の計画の推進に委ねられている。

　施策についてのもう一つの視点は成果指標からの類別である。重点施策の13項目のうち、成果指標が数値で示されているのは5項目である。その他の項目については前述の施策の具体性からみた類別で考察したように、これから具体的な施策を検討する段階にある。

　倉敷市実行計画は、「第7章　計画の推進体制と進行管理」において、倉敷市役所が事務局となること、「倉敷市地球温暖化対策協議会」を設けて、取組内容の協議、実践の支援、対策推進の提言を行う組織とすること、行政内部の推進組織を設けること、市民への普及啓発の促進のため市内の環境活動団体を「地域地球温暖化防止活動推進センター」（補注7）として指定を検討することとしている。

(5)　倉敷市実行計画の作成過程と市民・事業者との関わり

　倉敷市実行計画は、前述の「2-2」、および「表10-1」に示したような経過を経て策定された。計画策定の経過の中で、市民・事業者等と計画検討を進めた協議会・事務局の関わりは2度あった。1度目は地球温暖化に関するアンケート調査を行ったこと、2度目は協議会において成案を得た後に市民に公開しパブリックコメントを募集したことである。

　1度目のアンケート調査についてであるが、第1回協議会の後、市民（2,000人）、事業者（200社）を対象に、地球温暖化に対する関心などについて調査を実施している。その結果は倉敷市実行計画にまとめられている。市民は関心があるものの「日常生活において‥‥利便性を損なう‥‥取組が進んでいない‥‥」（倉敷市［2011]）などと集計されている。

　市民の環境問題に関する情報入手媒体の比率について、テレビ、新聞の各々92％、75％に対して、行政や環境団体が発行するパンフレット等20％、倉敷市のホームページ5.5％であった。また「事業者は‥‥新たな低炭素型設備の導入や建物の省エネルギー改修等は取組が進んでいない」（倉敷市［2011]）などと集計さ

れている。しかし、そうしたアンケートの結果をどのように倉敷市実行計画に反映したのか記述していないし、パソコン、通信端末の普及が拡大する状況を踏まえた広報等のあり方に言及していない。

　2度目の市民意見の募集についてであるが、第7回協議会で成案を得た後、成案がインターネットを通じて市民に公開され、市民意見が募集された。募集に応じて10名の意見提出者から52項目の意見が寄せられている。これらの意見に対して示されている「市の考え方」は、意見等に対して、計画の内容を説明する、あるいは参考意見として受け止めるとするものが多く、成案の修正に言及するような考え方は示されていない。（倉敷市［2010f］）

　成案に対して寄せられた市民意見は、計画策定手続きに関するもの、計画目標に関するもの、施策と計画推進に関するものなどである。計画策定手続きに関する意見について、策定過程が公開されなかったことを指摘するもの、削減目標等について議論を尽くすべき点があることを指摘するものがある（倉敷市［2010f］）。こうした意見は、計画における重要な事項を、市民や事業者等に直接に説明し、議論をすることが望ましいあり方であることを示唆している。

　計画目標に関する意見については、短期・中期目標の設定については議論を尽くすべきとする意見、中期目標についてより厳しくするべきであるとする意見、市の計画において産業部門の目標を設けることを疑問とする意見、個別の施策について具体的な数値目標を設けるべきとする意見などである（倉敷市［2010f］）。計画においてきわめて重要な意味を有する削減目標の設定について、特に中期・長期目標について、協議会においてさまざまな意見が交わされたのであるが、協議会の枠を超えて議論し、理解を深める機会が設けられることが望ましいあり方であった。

　施策に関する意見については、施策の根幹に関わるものとして条例の制定、企業との環境保全協定の締結を促す意見が寄せられている。条例や協定の内容はさまざまなものが想定できるのであるが、実行計画における具体的な推進の手法として、成案をまとめる前の段階において、議論するに値する意見と考えられる。

　また、計画の主要施策として、環境調和型コンビナートの形成を掲げていることに関連して、そのようなコンビナート形成の意義、具体的な進め方などの意見が寄せられている。その他に、低炭素型まちづくりに関する具体的な意見、温室効果ガス削減に関するバイオマス利用、その他の削減施策に関する意見などが寄せられている。これらは、計画の施策の中に何らかの形で盛り込まれ、あるいは盛り込まれ

ている施策を具体化する段階で取り上げていくことができるものが多い。成案をまとめる前の段階で意見を交換することによって、実行計画がより具体性を確保するものとなった可能性が高い。

こうした点を総合すると、成案を公開して市民・事業者から意見を求める段階の前後において、計画を補強し、拡充する余地を確保して、市民・事業者・各種団体・NGO / NPO などに説明し、意見を求め、協議会・事務局のとりまとめに反映させることが望ましいあり方であったと考える。

(6) 倉敷市実行計画と銑鋼一貫製鉄所のある主要市の実行計画

倉敷市と同様に産業部門の温室効果ガス排出量の比率が高く、かつ高炉を有する銑鋼一貫製鉄所が立地する9市（千葉市、川崎市、和歌山市、堺市、加古川市、姫路市、福山市、北九州市、大分市）による計画等（補注8）を調査し、倉敷市の計画と比較した。

各市の計画は 2006 年 10 月（北九州市）～ 2014 年 3 月（和歌山市）の間に策定されている。なお、北九州市の計画は 2008 年の温対法の改正以前に策定されており、川崎市の基本計画については市条例に基づくものとされている。また、堺市は同市環境審議会の答申を得た後、東日本大震災が発生したことから計画策定を中断したとしている（堺市 [2014]）。

10 市について、温室効果ガスの排出量は 3,957 万 t／年（2007 年度倉敷市）～ 828 万 t／年（2008 年度堺市）、産業部門の排出比率は 87.2%（福山市）～ 59%（堺市）である。銑鋼一貫製鉄所における温室効果ガスが多いこと、およびほとんどの市が他の大規模工場とともに工業地域を形成していることを反映している。

10 市計画は基本的な事項についてさまざまな差異と特徴がみられる。

第1に最も大きな差異は産業部門の取扱いと目標年次、削減目標についてである。3 市計画（千葉市、加古川市、福山市）は産業部門を含まない計画である。

産業部門を含む計画について、短期目標のみ設定している計画（和歌山市）、中期目標を設定しているが長期目標を設定していない計画（川崎市）、中期・長期目標を設定している計画（姫路市、倉敷市、大分市）に区分される。なお、堺市審議会答申は中期・長期目標を記述しているが実行計画策定作業が中断されている。（堺市 [2014]）

削減目標について、産業部門を含む計画について、2020 年度の目標（中期目標）

は川崎市 25％削減（1990 年度比）、姫路市 20％削減（2007 年度比）、倉敷市 12％
削減（同）、大分市 12％削減（2010 年度比）である。

　長期目標について、産業部門を含む姫路市、倉敷市が 80％程度の削減、大分市
が 40％の削減を目指すとしている。産業部門を含まない計画について加古川市が
60 ～ 80％削減、福山市が 80％削減としている。産業部門を含む長期目標を設定
しているのは姫路市、倉敷市、大分市の計画、および堺市環境審議会の答申であ
る。その他の計画には産業部門を含む長期目標が設けられていない。姫路市の計画
は「革新的エネルギー技術の開発、エネルギーの低炭素化など、我が国の温室効果
ガス削減シナリオに基づき」2007 年度比 81.5％削減、倉敷市の事例は「2050 年
に 2007 年度比 80％削減」とし「長期的に目指す将来像への道標として」と注釈
を付している。堺市環境審議会の答申は 80％削減とし「長期的に目指す方向とし
て」と注釈を付し、また答申において「地方自治体として‥‥40 年後の 2050 年
の目標を現段階で設定することは、その責任と能力において困難‥‥『長期的に目
指す方向』とすることが適切‥‥80％削減するという‥‥世界共通の目標を共有
することと位置づけられる」としている。大分市計画は長期目標として「産業界
の自らの排出量削減努力を反映している低炭素化率を見込んだ数値」（大分市計画）
とし、40％削減を掲げている。

　一方、和歌山市計画は極めて短期の 2017 年度目標のみを掲げ、千葉市、加古川
市、福山市の計画は産業部門を除いた削減目標を掲げている。堺市審議会答申の指
摘のように、地域が独自に大規模な製造業に温室効果ガス排出抑制を求めることは
困難であり、各市の計画において異なる考え方が採られている。

　第 2 に各市計画等における施策についてであるが、ほぼ共通してみられるのは、
産業部門・民生部門（業務・家庭）の省エネ・省 CO2、交通輸送の低炭素化、低
炭素都市形成、廃棄物の減量・循環型社会形成、都市緑化・森林整備等の施策であ
る。これは環境省が示している「マニュアル」（環境省［2009］）に示されている
施策体系を参考としていることによると考えられる。

　地域的な特徴がいくつかの計画にみられる。倉敷市計画は基本理念に「低炭素技
術と環境にやさしい文化で未来を創る」「‥‥環境と調和したまち‥‥産業の技術
力‥‥観光の文化発信力‥‥古くからの生活文化、太陽の恵み等、本市の豊富な地
域資源を最大限に活用し、魅力ある低炭素都市の形成を図る」としている。堺市環
境審議会答申が 3 つの基本戦略の 1 つを「環境文化を創造する」「‥‥環境を基調

とした価値観に基づき行動する堺市独自の環境文化を創造する」としている。

主体間の連携について、倉敷市計画が重点プロジェクトとして主体間連携を強化する「エコの環づくり」を挙げ、千葉市計画が対策の視点として「複数の主体による対策の推進」を挙げている。

川崎市計画が「環境技術による国際貢献」を基本施策の1つに掲げ、北九州市計画が「環境国際協力」を施策部門の1つに掲げている。堺市審議会答申が堺市での削減努力・環境エネルギー産業を国際貢献に結びつける、倉敷市計画が計画を通じて世界の温室効果ガス削減に寄与する、などのような例がみられる。

他に特徴的な施策として、倉敷市計画が人と環境にやさしい「エコころ観光」を掲げて観光と環境の調和を掲げていること、北九州市計画が環境配慮型高度部材の共同研究、従業員の環境意識醸成を挙げている例がある。

第3に計画策定の時期と東日本大震災による影響等についてである。10市の計画が策定された時期は、2006年北九州市、2010年川崎市、2011年加古川市、姫路市、倉敷市、福山市、2012年千葉市、2013年大分市、2014年和歌山市である。2011年までに策定された計画はいずれも東日本大震災の発生を前提としていないとみられる。一方、東日本大震災後、2012年策定の千葉市計画は「現時点で国の地球温暖化対策に係る方針が不透明‥‥長期の計画策定が困難状況となっている」として、3年間（2014年度目標）の計画とするとともに、家庭、業務、運輸等の部門の目標を設定し、産業部門の目標を設定しない。

2014年策定の和歌山市計画についても、2017年度を目標とする家庭、業務、運輸等の部門の削減目標による計画である。2013年策定の大分市計画は、産業部門を含む短期目標（2016年度）、中期目標（2020年度）、長期目標（2050年度）を掲げた計画である。なお、堺市については2011年3月に堺市環境審議会から地球温暖化対策実行計画に関する基本的な考え方について答申（堺市環境審議会[2011]）を得た後に、東日本大震災が発生したことを踏まえて「素案作成作業を中断した」（堺市[2014]）とされている。

以上の整理から倉敷市実行計画の特徴として、産業部門を含む長期目標（2050年度目標）を掲げていること、「長期的に目指す将来像への道標として」との前提条件を付して基準年比80%削減としていること、東日本大震災前に策定された計画であることが挙げられる。東日本大震災による東京電力福島第1原子力発電所の事故は、倉敷市実行計画が前提としていた原子力発電による電力利用の考え方に

見直しを求めるものとなっており、倉敷市計画について今後の検討課題である。このことは単に倉敷市計画の見直しに止まらず、これからの地域、日本の地球温暖化対策の重要な視点である。

4　倉敷市実行計画について

　倉敷市実行計画およびその策定の過程、さらには温室効果ガス排出量の多い代表的な地域における計画の比較から以下の点を指摘できる。

　第1に温対法が都道府県、特例市以上の市にこのような実行計画の策定を義務づけたことは意義のあることと考えられることである。特例市などの多くの地方自治体による計画が策定されているのであるが、法律による規定がなければ、計画づくりは「環境」に関心の高い地方自治体に限られる可能性が高い。地球温暖化は地域住民にとって、公害・廃棄物・自然破壊などのように身近に感じられる環境問題とはいえない。法律が計画策定を求めたことにより、計画づくりが促され、計画策定が始まれば、さまざまな地域の工夫が盛り込まれ、一度策定された計画は推進が図られる可能性がある。

　第2に計画づくりにおける地域住民の関与についてである。倉敷市実行計画の策定にあたって、市民等はあまり関心を寄せたとは考えられないし、策定する側の倉敷市や倉敷市協議会は市民等と直接対話をするような機会を用意しなかった。市民等の関心を高めるためにも、何らかの方法でさまざまな主体と直接対話する機会を設けつつ、計画策定を進めることが望ましいあり方といえる。

　第3に計画における施策が抽象的となりがちであることである。倉敷市実行計画の主要施策、その他の施策の多くが抽象的な表現で示されており、具体的な施策の検討と導入・推進か計画の進行管理に委ねられている。この傾向は他の県、市の計画にも認められ、進行管理に委ねている施策の確かな進行管理が課題である。

　第4に長期目標についてである。環境省マニュアルは実行計画区域施策編において長期目標の設定を示唆した。40年後の地域の温室効果ガス排出削減目標を数値で定めることは実際には困難なことである。しかし、一度、マニュアルが示せば地方は何らかの対応をせざるを得ない。10市の計画の一部の計画においては、長期目標を設定しない、産業部門の削減目標を設定しない、「長期的に目指す道標」

という表現にとどめる、などの選択をしている事例がある。これらは全体として地方の柔軟な対応といえるものである。地方に40年後の削減目標設定を求めるということにおいて、日本全体で改めて十分に議論を深める必要がある。

【注記】

　この章は、既発表の論文（前田泉・安倍裕樹・羅勝元・井上堅太郎「地域環境マネジメントとしての倉敷市の地球温暖化対策実行計画に関する研究」『ビジネス・マネジメント研究』第8号2012年1月）、および研究ノート（井上堅太郎「銑鋼一貫製鉄所のある地域の地球温暖化対策の問題・課題」『大気環境学会中国四国支部発表会（予稿集）』2015年1月）をもとに、修文・加筆している。

【謝辞】

　倉敷市環境局関係職員の方々と資料をご提供くださった関係自治体職員の皆様に深くお礼を申し上げます。

【補注】

補注1：倉敷市の温室効果ガス排出量は3,953万t（2007年度、倉敷市［2011]）である。この一文が着目した各地の高炉を有する製鉄所が立地する工業地域の温室効果ガス排出量について、千葉市の排出量は1,829t（2007年度）、川崎市2,517万t（2008年度）、和歌山市1,235万t（2010年度）、姫路市1,039万t（2007年度）、福山市2,748万t（2007年度）、北九州市1,476万t（2002年度）、大分市3,112万t（2010年度）などとなっている。

補注2：「勉強会」で取り上げられた事項は以下のとおり。（倉敷市［2011]）

　　　第1回（2010年1月）：温室効果ガス現況推計、温室効果ガス削減ポテンシャル（2012年、2050年）、実行計画骨子、実行計画キャッチフレーズ（キャッチコピー）

　　　第2回（2010年3月）：削減ポテンシャル・削減目標、目標年・削減目標、国における2050年削減公開資料

　　　第3回（2010年4月）：温室効果ガス削減施策（参加者によるワークショップ）

　　　第4回（2010年4月）：産業部門の削減対策、温室効果ガス削減対策・施策、協議会委員（NPOリーダー）提案、削減ポテンシャル

　　　第5回（2010年5月）：2050年の倉敷市低炭素都市ビジョン

補注3：「良環スタイル」は、倉敷市玉島地区で修行した良寛和尚の清貧の生き方や今も残る「町家文化」をヒントに、限りある資源とエネルギーを大切にし自然環境との調和を図る環境に優しい生活様式。

　　　〈http://www.city.kurashiki.okayama.jp/secure/41183/cool_kurashiksmall.pdf〉（参照：

2011 年 10 月）

補注 4：「グリーンくらしきエコアクション」は 2009 年度に倉敷市が策定したエコ活動の指針、略して「G-KEA」とされる（倉敷市［2011］）。

補注 5：「くらしキック 20」はごみ排出量およびリサイクル率の改善率（2007 年度比）向上を目指し、目標値とし 2024 年度までにごみ排出量を 20%削減、リサイクル率 10%向上としている。（倉敷市［2011］）

補注 6：たとえば、公害を心配して移転を希望する市民に移転助成を行ったこと（1974 ～ 1978 年呼松地区・高島地区、1980 ～ 1981 年松江地区）、公害による農作物被害・水産物被害に対処して被害の補償等を仲介したこと（1967 ～ 1975 年）、大気汚染に関わる呼吸器症状を有するとして認定した住民に医療費の自己負担分を支払う医療救済を行ったこと（1971 ～ 1982 年）、公害防止協定に基づき工場の新増設を一時凍結する措置をとったこと（1973 ～ 1983 年）などである。

補注 7：温対法（第 24 条）は、都道府県・指定都市等が、一般社団法人・一般財団法人・NPO 法人の中から一つを、普及啓発・広報活動、民間団体の活動支援等を行う「地域地球温暖化防止活動推進センター」として指定することができるとしている。

補注 8：千葉市地球温暖化対策実行計画（平成 24 年 3 月策定）、川崎市地球温暖化対策推進基本計画（2010 年 10 月策定）、和歌山市地球温暖化対策実行計画・区域施策編（2014 年 3 月策定）、加古川市地球温暖化対策地方公共団体実行計画・区域施策編（平成 23 年 3 月）、姫路市地球温暖化対策実行計画・区域施策編（平成 23 年 3 月）、福山市地球温暖化対策実行計画・区域施策編（2010 年 12 月）、北九州市地球温暖化対策地域推進計画（2006 年 10 月）、大分市地球温暖化対策実行計画・区域施策編（2013 年 3 月）である。なお、堺市については堺市環境審議会答申（「堺市地球温暖化対策実行計画」の策定に係る基本的な考え方について・答申―平成 23 年 3 月）である。

【引用文献・参考図書】

倉敷市［2000］：倉敷市「倉敷市環境基本計画（2009 年 6 月）」

北九州市［2006］：北九州市「北九州市地球温暖化対策地域推進計画（2006 年 10 月）」

閣議決定［2008a］：閣議決定「京都議定書目標達成計画（2008 年 3 月 28 日全面改定）」

閣議決定［2008b］：閣議決定「低炭素社会づくり行動計画（2008 年 7 月 29 日）」

環境省［2008］：環境省「中央環境審議会地球環境部会（第 76 回）議事録（2008 年 3 月 19 日）」

環境省［2009］：環境省「地球温暖化対策地方公共団体実行計画（区域施策編）策定マニュアル」2009

倉敷市［2009］：倉敷市「倉敷市地球温暖化対策実行計画（区域施策）策定協議会設置要項」（2009 年 8 月 24 日）

井上他［2010］：井上・前田ほか「水島工業地域をめぐる環境保全対策の経緯等に関する研究」『社会情報研究第 8 号』（2010 年 9 月）

倉敷市［2010a］：倉敷市 HP「倉敷市地球温暖化対策実行計画策定協議会第 3 回（2010 年 3 月 19 日）議事録」

倉敷市［2010b］：倉敷市HP「倉敷市地球温暖化対策実行計画策定協議会第4回（2010年5月28日）議事録」

倉敷市［2010c］：倉敷市HP「倉敷市地球温暖化対策実行計画策定協議会第5回（2010年6月25日）議事録」

倉敷市［2010d］：倉敷市HP「倉敷市地球温暖化対策実行計画策定協議会第6回（2010年7月27日）議事録」

倉敷市［2010e］：倉敷市「倉敷市における低炭素社会の将来像（案）」（「倉敷市地球温暖化対策実行計画策定協議会第4回会議（2010年5月28日）」配布資料）

倉敷市［2010f］：倉敷市HP「倉敷市地球温暖化対策実行計画（区域施策編）（素案）に関する意見及び市の考え方について」2010

〈http://www.city.kurashiki.okayama.jp/23045.htm〉（2014年9月20日参照）

川崎市［2010］：川崎市「川崎市地球温暖化対策推進基本計画（2010年10月）」

資源エネルギー庁［2010］：資源エネルギー庁「エネルギー基本計画2010年9月1日」

姫路市［2011］：姫路市「姫路市地球温暖化対策実行計画（区域施策編）2011年3月」

倉敷市［2011］：倉敷市「クールくらしきアクションプラン　倉敷市地球温暖化対策実行計画（区域施策編2011年2月）

加古川市［2011］：加古川市「加古川市地球温暖化対策地方公共団体実行計画2011年3月」

福山市［2011］：福山市「スクラムふくやま・エコトライ 福山市地球温暖化対策実行計画 区域施策編2011年3月」

堺市環境審議会［2011］：堺市環境審議会「地球温暖化対策の推進に関する法律に基づく『堺市地球温暖化対策実行計画』の策定に係る基本的な考え方について（答申）（2011年3月）」

千葉市［2012］：千葉市「千葉市地球温暖化対策実行計画2012年3月」

大分市［2013］：大分市「大分市地球温暖化対策実行計画（区域施策編）2013年3月」

和歌山市［2014］：和歌山市「和歌山市地球温暖化対策地方公共団体実行計画（区域施策編）2014年3月」

堺市［2014］：堺市HP「重要取組シート　新たな環境施策の構築・新堺市地球温暖化対策実行計画の策定」（2014年8月31日参照）

〈http://www.city.sakai.lg.jp/shisei/gyosei/shingikai/kankyokyoku/kankyousuishinb〉（2014年9月20日参照）

執筆・初出論文および執筆者等

【執筆者】

井上堅太郎：序章、第 2 章、第 5 章、第 6 章、第 8 章、第 9 章の執筆者
　　　　　　第 1 章、第 3 章の初出論文の筆頭執筆者
　　　　　　第 4 章、第 7 章、第 10 章の初出論文の共同執筆者

前田　泉　：第 4 章、第 7 章、第 10 章の初出論文の筆頭執筆者
　　　　　　第 1 章、第 3 章の初出論文の共同執筆者

泉　俊弘　：第 1 章、第 3 章、第 4 章の初出論文の共同執筆者

安倍　裕樹：第 1 章、第 3 章、第 10 章の初出論文の共同執筆者

待井　健仁：第 3 章の初出論文の共同執筆者

羅　勝元　：第 1 章、第 3 章、第 10 章の初出論文の共同執筆者

【執　筆】

　序章、第 2 章、第 5 章、第 6 章、第 9 章については編著者による書き下ろしである。

　第 1 章、第 3 章、第 4 章、第 7 章、第 10 章については【初出論文】をもとに、井上が一部加筆・補完している。なお、「第 8 章　倉敷市における大気汚染健康被害の発生と対応」については、編著者が執筆したものであるが、内容の一部を「研究ノート」（井上堅太郎「水島工業地域の後背地における健康被害発生の経緯」『大気環境学会中国四国支部発表会（予稿集）2014 年 1 月』）として発表している。また、2015 年 1 月に第 10 章の一部に関係する「研究ノート」（井上堅太郎「銑鋼一貫製鉄所のある地域の地球温暖化対策の問題・課題」『大気環境学会中国四国支部発表会』（予稿集））を発表している。

【初出論文】

第 1 章　倉敷市の環境保全と住民・市民のかかわり

　井上堅太郎・前田泉・安倍裕樹・羅勝元｜倉敷市における環境をめぐる住民運動・市民運動の経緯と課題について」『社会情報研究第 9 号（2011 年 10 月）』

第 3 章　倉敷市における環境保全をめぐる問題・課題と対応

　井上堅太郎・前田泉・泉俊弘・待井健仁・安倍裕樹・羅勝元「水島工業地域をめぐる環境保全対策の経緯等に関する研究」『社会情報研究第 8 号（2010 年 9 月）』

第 4 章　水島開発に伴う二酸化硫黄大気汚染および対策

　前田泉・井上堅太郎・泉俊弘「水島開発に伴う二酸化硫黄大気汚染および汚染対策とその主体について」『社会情報研究第 9 号（2011 年 10 月）』

第 7 章　水島地域におけるベンゼン大気汚染と対策

　前田泉・井上堅太郎「水島地域におけるベンゼンによる大気汚染と新しい地域環境マネジメント」『日本ビジネスマネジメント研究 第 7 号 2011 年 1 月』

第 10 章　倉敷市の地球温暖化対策

　前田泉・安倍裕樹・羅勝元・井上堅太郎「地域環境マネジメントとしての倉敷市の地球温暖化対策実行計画に関する研究」『日本ビジネスマネジメント研究 第 8 号 2012 年 1 月』

【執筆者略歴】

井上堅太郎（いのうえ・けんたろう）

1941 年生

1964 年　岡山大学工学部卒

1966 〜 1996 年　岡山県庁

1997 〜 2012 年　岡山理科大学総合情報学部 教授

2013 年〜　岡山市に在住

1978 年　医学博士

前田　泉（まえだ・いずみ）

1948 年生

1971 年　北海道大学工学部卒

1972 〜 2009 年　岡山県庁

2009 〜 2011 年　環境監視指導員：岡山県嘱託

2012 年　岡山理科大学大学院総合情報研究科（博士課程）修了

2012 年　学術博士

泉　俊弘（いずみ・としひろ）

1958 年生

1981 年　立命館大学経済学部卒

1981 〜 1989 年　京都府庁

1989 〜 1996 年　立命館大学大学院経済学研究科

1997 〜 2011 年　岡山理科大学総合情報学部 講師/助教授/准教授/教授

現在　産業能率大学添削指導講師

1994 年　博士（経済学）

安倍　裕樹（あべ・ゆうき）

1982 年生

2010 年　岡山理科大学大学院総合情報研究科（博士課程）修了

2010 〜 2012 年　岡山理科大学特別研究生

2012 〜 2013 年　アセス（株）

2013 年〜　民間企業の自然エネルギー部門に在職

2010 年　学術博士

待井　健仁（まちい・たけひと）
1978 年生
2009 年　岡山理科大学大学院総合情報研究科（博士課程）修了
2009 ～ 2010 年　岡山理科大学特別研究生
2010 年～　アセス（株）
2009 年　学術博士

羅　勝元（な・すんうぉん）
1979 年　韓国（慶尚北道）生
2010 年　岡山理科大学大学院総合情報研究科（博士課程）修了
2010 ～ 2015 年　加計学園
2015 年現在　韓国に在住
2012 年　学術博士

■編著者紹介

井上堅太郎（いのうえ・けんたろう）

1941 年生
1964 年　岡山大学工学部卒
1966 ～ 1996 年　岡山県庁
1997 ～ 2012 年　岡山理科大学総合情報学部　教授
2013 年～　岡山市に在住
1978 年　医学博士

環境と政策
― 倉敷市からの証言 ―

2015 年 12 月 20 日　初版第 1 刷発行

■編 著 者──井上堅太郎
■発 行 者──佐藤　守
■発 行 所──株式会社大学教育出版
　　　　　　〒 700-0953　岡山市南区西市 855-4
　　　　　　電話(086)244-1268(代)　FAX(086)246-0294
■印刷製本──モリモト印刷㈱
■Ｄ Ｔ Ｐ──北村雅子

© Kentaro Inoue 2015, Printed in Japan
検印省略　　落丁・乱丁本はお取り替えいたします。
本書のコピー・スキャン・デジタル化等の無断複製は著作権法上での例外を
除き禁じられています。本書を代行業者等の第三者に依頼してスキャンやデ
ジタル化することは、たとえ個人や家庭内での利用でも著作権法違反です。

ISBN978-4-86429-351-8